高等职业院校互联网+新形态创新系列教材·计算机系列

MySQL 数据库项目实践教程
(微课版)

韦 霞 罗 宁 主 编
聂振传 曾庆毅
陈美其 潘育勤 副主编

清华大学出版社
北京

内 容 简 介

本书按照由易到难、逐步加深的原则，依次探讨了较为初级阶段的 MySQL 数据库的安装与配置、数据库的创建与管理和数据查询等内容，以及较为高级阶段的优化数据查询、数据库编程、维护数据库的安全性和数据库的设计等内容，特别加入了 Java 访问 MySQL 数据库的实用扩展内容。

为了便于读者阅读，全书还穿插着一些技巧、提示等小栏目以及经验点拨等辅助性栏目。

为了加强学习效果，在每个项目后都配备有相应的思考练习题，使读者能够运用所学知识完成实际的工作任务，达到举一反三、学以致用的目的。

本书既适合作为软件开发入门者的自学用书，也适合作为高等院校相关专业的教学参考书，并可供开发人员查阅、参考。

本书封面贴有清华大学出版社防伪标签，无标签者不得销售。
版权所有，侵权必究。举报：010-62782989，beiqinquan@tup.tsinghua.edu.cn。

图书在版编目(CIP)数据

MySQL 数据库项目实践教程：微课版/韦霞，罗宁主编. —北京：清华大学出版社，2021.9（2025.1 重印）
高等职业院校互联网+新形态创新系列教材. 计算机系列
ISBN 978-7-302-59098-9

Ⅰ. ①M… Ⅱ. ①韦… ②罗… Ⅲ. ①关系数据库系统—高等职业教育—教材 Ⅳ. ①TP311.138

中国版本图书馆 CIP 数据核字(2021)第 182108 号

责任编辑：章忆文　杨作梅
封面设计：杨玉兰
责任校对：李玉茹
责任印制：沈　露

出版发行：清华大学出版社
　　　　网　　址：https://www.tup.com.cn，https://www.wqxuetang.com
　　　　地　　址：北京清华大学学研大厦 A 座　　邮　编：100084
　　　　社 总 机：010-83470000　　　　　　　　　邮　购：010-62786544
　　　　投稿与读者服务：010-62776969，c-service@tup.tsinghua.edu.cn
　　　　质量反馈：010-62772015，zhiliang@tup.tsinghua.edu.cn
　　　　课件下载：https://www.tup.com.cn，010-62791865

印 装 者：三河市龙大印装有限公司
经　　销：全国新华书店
开　　本：185mm×260mm　　印　张：24　　字　数：581 千字
版　　次：2021 年 9 月第 1 版　　　　　　印　次：2025 年 1 月第 4 次印刷
定　　价：59.00 元

产品编号：092668-01

编委会

主　编　韦　霞　罗　宁
副主编　聂振传　曾庆毅　陈美其　潘育勤
参　编　周　毓　许淮钦　郭　彦　陈坤铃
　　　　彭子真　冯　伟　李超宇　李达宇

前 言

数据库技术是计算机科学技术的一个重要分支，是信息技术的重要支撑，是衡量信息化程度的主要标志之一。数据库的应用领域非常广泛，各行各业实施信息化都需要使用数据库。数据库与人们的学习、工作和生活已密不可分。数据库管理、数据库应用系统开发等方面数据库人才的需求呈增长趋势。

MySQL 是一个关系型数据库管理系统，由瑞典 MySQL AB 公司开发，目前属于 Oracle 旗下公司。MySQL 是当前最流行的关系型数据库管理系统，在 Web 应用方面，MySQL 是最好的 RDBMS(Relational Database Management System，关系数据库管理系统)应用软件之一。特别是 MySQL 5 的出现，使得 MySQL 具备了企业级数据库管理系统的特性，其强大的功能和卓越的运算性能使其成为企业级数据库产品的首选。

全书由课程准备和 10 个学习项目组成，主要内容如下。

课程准备　认识 MySQL。着重介绍 MySQL 数据库的基本知识，包括数据库的基本概念与技术构成、MySQL 的管理与设计工具、系统数据模型的建立方法等内容。

项目 1　MySQL 的安装与环境配置。本项目介绍 MySQL 的安装和配置过程，并使用命令行和 Navicat 工具操作 MySQL 数据库。

项目 2　操作数据库。本项目练习数据库的基本操作，主要内容包括创建数据库、管理数据库、删除数据库和 MySQL 中常用的存储引擎。

项目 3　管理数据表。本项目主要介绍 MySQL 数据库中表的管理，包括表的类型、创建表的语法形式、数据表的各种操作等。

项目 4　数据表的数据查询。本项目主要介绍数据查询的操作，包括单表查询、多表查询、子查询和正则表达式查询。

项目 5　数据库索引与视图。本项目主要介绍使用索引和视图优化查询性能以及各种写出高效查询语句的方法。

项目 6　数据库的编程。本项目在数据库编程的基础上，详细介绍 MySQL 中函数、存储过程、触发器、事件在数据库应用系统开发中的作用，并通过实例阐明它们的使用方法。

项目 7　数据库安全。本项目着重介绍 MySQL 数据库中的安全机制，包括对数据库中的权限进行授予、查看和收回操作，以及通过事务控制程序的执行。

项目 8　数据库性能优化。本项目通过服务器优化、表结构优化、查询优化等技术提高数据库的整体性能，包括使用 EXPLAIN 语句对 SELECT 语句的执行效果进行分析，并通过分析提出优化查询的方法；使用 ANALYZE TABLE 语句分析表；使用 CHECK 语句检查表；使用 OPTIMIZE TABLE 语句优化表。另外，通过图形化界面进行了数据备份与恢复操作，基本保障了系统的高可用性。

项目 9　数据库开发设计。本项目通过数据库项目设计开发全过程的展示，系统地介绍了数据库开发项目从需求分析到设计实现的设计开发流程。

项目 10　Java 访问 MySQL 数据库。本项目着重介绍 Java 语言如何通过 MySQL 数据库的接口操作 MySQL 数据库。

本书在设计上采用"双案例，一主一辅，贯穿到底"的思路，以一个"电商购物系统"的数据库设计、操纵和管理为主线串联全书知识点，并以一个"技能大赛管理项目"为拓展案例，配套巩固训练和拓展实战能力，以引导学生加强基本技能的训练，拓宽眼界，使基础知识得到有效提升。

为了便于读者阅读，全书还穿插着一些技巧、提示等小贴士，体例约定如下。

提示：通常是一些贴心的提醒，让读者加深印象，或提供建议或者是解决问题的方法。

注意：提出学习过程中需要特别注意的一些知识点和内容，或者相关信息。

技巧：通过简短的文字，指出知识点在应用时的一些小窍门。

经验点拨：主要针对初学者经常提出的问题展开讲解，有利于学生对知识边界和易混的概念进行有效的把握。

为了加强学习效果，在每个项目后都配备有相应的思考练习题，使读者能够运用所学知识完成实际的工作任务，达到举一反三、学以致用的目的。

本书既适合作为软件开发入门者的自学用书，也适合作为高等院校相关专业的教学参考书，并可供开发人员查阅、参考。

- MySQL 数据库开发入门者。
- MySQL 数据库初学者及在校学生。
- 各大中专院校的在校学生和相关授课老师。
- 准备从事与 MySQL 数据库相关工作的人员。

本书由广西梧州职业学院韦霞、广西经贸职业技术学院罗宁任主编；聂振传、曾庆毅、陈美其、潘育勤任副主编。撰写本书是一个团队合作的过程，由主编提出了全书框架、体例和写作思路，各成员分工完成初稿并进行了多次修改，最后由主编统稿和定稿。撰写分工如下：韦霞编写课程准备和项目 1、2、3；罗宁编写项目 4、5；曾庆毅编写项目 6、7；聂振传编写项目 8、9；潘育勤、陈美其编写项目 10。其他参与编写、资料整理、案例开发的人员还有周毓、许淮钦、郭彦、陈坤铃、彭子真、冯伟、李超宇、李达宇等，在此一并表示感谢。在本书的编写过程中，我们力求精益求精，但其中难免存在一些疏漏与不足之处，敬请广大读者给予批评、指正。

编　者

目录

课程准备　认识 MySQL 1

0.1 数据库的基本概念与技术构成 2
　　0.1.1 数据库的基本概念 2
　　0.1.2 数据库的类型 2
　　0.1.3 数据库的技术构成 5
0.2 MySQL 的管理与设计工具 7
　　0.2.1 常用的图形化管理工具 7
　　0.2.2 数据模型及设计工具 8
0.3 系统数据模型的建立方法 13
　　0.3.1 建立 E-R 模型 13
　　0.3.2 逻辑结构设计 16
　　0.3.3 关系模式的规范化 17
　　0.3.4 关系代数 20
0.4 实践操作：电商购物系统需求分析
　　与数据库建模 27
自我小结 35
思考与练习 35
拓展训练 37

项目 1　MySQL 的安装与环境配置 51

1.1 知识准备：MySQL 的下载路径
　　与安装配置方法 52
　　1.1.1 MySQL 的下载路径 52
　　1.1.2 MySQL 的安装配置方法 52
　　1.1.3 MySQL 的启动与登录方法 53
1.2 实践操作：下载与安装 MySQL 并
　　进行配置 53
　　1.2.1 下载 MySQL 安装文件 53
　　1.2.2 安装 MySQL 5.7 56
　　1.2.3 MySQL 服务器的配置 58
　　1.2.4 在图形界面下启动、停止、
　　　　　登录 MySQL 服务器 64
　　1.2.5 初步使用图形化管理
　　　　　工具 Navicat 65
项目小结 70
思考与练习 70

拓展训练 71

项目 2　操作数据库 75

2.1 知识准备：数据库的基本操作方法 76
　　2.1.1 数据库的创建与查看方法 76
　　2.1.2 数据库的字符集和校对规则 77
　　2.1.3 数据库的修改与删除方法 79
　　2.1.4 数据库的组成 80
　　2.1.5 数据库的存储引擎 81
2.2 实践操作：使用 Navicat 操作电商
　　购物系统数据库 84
项目小结 88
思考与练习 88
拓展训练 89

项目 3　管理数据表 97

3.1 知识准备：操作数据表的基础 98
　　3.1.1 MySQL 的数据类型 98
　　3.1.2 MySQL 的数据表类型 103
　　3.1.3 创建表的语法形式 104
　　3.1.4 完整性约束 105
　　3.1.5 主键约束 106
　　3.1.6 外键约束 107
　　3.1.7 非空约束 108
　　3.1.8 唯一性约束 109
　　3.1.9 默认约束 110
　　3.1.10 设置表的属性值自动增加 110
3.2 实践操作：创建和操作电商购物系统
　　数据库表 111
项目小结 140
思考与练习 140
拓展训练 141

项目 4　数据表的数据查询 143

4.1 知识准备：数据表的数据查询
　　基础 144
　　4.1.1 基本查询语句 144

4.1.2 单表查询 145
  4.1.3 使用集合函数查询 167
  4.1.4 连接查询 172
  4.1.5 子查询 178
  4.1.6 合并查询结果 184
  4.1.7 为表和字段取别名 187
  4.1.8 使用正则表达式查询 189
 4.2 实践操作：电商购物系统数据表查询操作 196
 项目小结 216
 思考与练习 217
 拓展训练 218

项目 5   数据库索引与视图 221

 5.1 知识准备：索引与视图的基本概念及应用方法 222
  5.1.1 索引简介 222
  5.1.2 索引的创建与相关操作方法 224
  5.1.3 视图的含义与作用 227
  5.1.4 视图的创建与相关操作方法 228
 5.2 实践操作：索引和视图的创建及管理电商购物系统 239
 项目小结 251
 思考与练习 251
 拓展训练 252

项目 6   数据库的编程 255

 6.1 知识准备：数据库编程基础知识 256
  6.1.1 常量和变量 256
  6.1.2 流程控制语句 260
  6.1.3 重置命令结束标记 265
  6.1.4 自定义函数 265
  6.1.5 自定义存储过程 268
  6.1.6 自定义触发器 276
  6.1.7 游标 280
  6.1.8 事件与事务 282
 6.2 实践操作：使用程序逻辑操作电商购物系统数据 286

 项目小结 298
 思考与练习 298
 拓展训练 299

项目 7   数据库安全 301

 7.1 知识准备：数据库安全机制 302
  7.1.1 用户与权限 302
  7.1.2 用户账户管理 303
  7.1.3 权限管理 305
  7.1.4 用户的锁定与解锁 305
  7.1.5 图形管理工具管理用户与权限 306
  7.1.6 访问控制 307
 7.2 实践操作：综合管理电商购物系统安全 309
 项目小结 316
 思考与练习 316
 拓展训练 317

项目 8   数据库性能优化 319

 8.1 知识准备：高性能、高可用性数据库基础 320
  8.1.1 优化查询 320
  8.1.2 优化数据库结构 324
  8.1.3 优化 MySQL 服务器 330
  8.1.4 高可用性 332
 8.2 实践操作：维护电商购物系统的高性能 335
 项目小结 342
 思考与练习 342
 拓展训练 343

项目 9   数据库开发设计 345

 9.1 知识准备：如何设计数据库 346
  9.1.1 软件项目开发中数据库设计的生命周期 346
  9.1.2 设计数据库的步骤 346
  9.1.3 数据模型的优化 349
  9.1.4 物理设计 349

9.1.5 数据库的实施..........................350
　　9.1.6 数据库的运行维护.................350
　　9.1.7 开发工具及相关技术.............351
9.2 实践操作：电商购物系统的设计
　　与开发..352
项目小结..358
思考与练习..358
拓展训练..358

项目 10　Java 访问 MySQL 数据库........363

10.1 知识准备：JDBC 介绍.....................364

　　10.1.1 下载与安装 MySQL
　　　　　Connector/J..............................364
　　10.1.2 Java 连接 MySQL 数据库.....365
　　10.1.3 Java 操作 MySQL 数据库.....366
　　10.1.4 数据库的备份........................367
10.2 实践操作：Java 访问 MySQL
　　数据库实例..368
思考与练习..371

参考文献..372

课程准备 认识 MySQL

学习目标 ☞

【知识目标】
- 了解数据库与数据库管理系统的概念与关系。
- 掌握数据库的分类。
- 了解关系型数据库的概念与发展史。
- 掌握实体关系模型的概念及相关的几种关系。

【技能目标】
- 会进行应用项目需求分析。
- 会根据需求分析进行 E-R 图、E-R 模型设计。

【拓展目标】
- 利用所学内容进行电商购物系统的搭建。
- 掌握 MySQL 数据库的基本操作要领。
- 熟练掌握几种数据库的类型。

▌情境描述

B2C(Business-to-Customer,商家对顾客)是电子商务的典型模式,是企业通过 Internet 开展的在线营销模式,它直接面向线上消费者销售产品和服务。

一个电商购物系统通常包括用户购物和信息管理两大功能。课程准备阶段通过对电商购物系统需求的分析,引导读者对这种系统有初步了解,并尝试演绎电商购物系统数据模型的设计。

0.1 数据库的基本概念与技术构成

在设计和使用 MySQL 数据库之前,需要了解数据库的基本概念以及关系型数据库数据的存储方式。

0.1.1 数据库的基本概念

1. 数据

数据(Data)是用来记录信息的可识别符号,是信息的具体表现形式。在计算机中,数据是采用计算机能够识别、存储和处理的方式对现实世界的事物进行的描述,其具体表现形式可以是数字、文本、图像、音频、视频等。

2. 数据库

数据库(Database,DB)是用来存放数据的仓库。具体地说,就是按照一定的数据结构来组织、存储和管理数据的集合,具有较小的冗余度、较高的独立性和易扩展性、可供多用户共享等特点。

3. 数据库管理系统

数据库管理系统(Database Management System,DBMS)是操纵和管理数据库的软件,介于应用程序与操作系统之间,为应用程序提供访问数据库的方法,包括数据的定义、数据操纵、数据库运行管理及数据库建立与维护等功能。当前流行的数据库管理系统包括 MySQL、Oracle、SQL Server、Sybase 等。

4. 数据库系统

数据库系统(Database System,DBS)由软件、数据库和数据库管理员组成。其软件主要包括操作系统、各种宿主语言、数据库应用程序以及数据库管理系统。数据库由数据库管理系统统一管理,数据的插入、修改和检索均要通过数据库管理系统进行,数据库管理系统是数据库系统的核心。数据库管理员负责创建、监控和维护整个数据库,使数据能被任何有权使用的人有效使用。图 0-1-1 描述了数据库系统的结构。

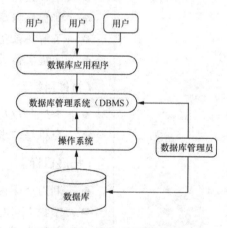

图 0-1-1 数据库系统的结构

0.1.2 数据库的类型

1. 数据结构模型

1) 数据结构

所谓数据结构是指数据的组织形式或数据之间的联系。如果用 D 表

扫码观看视频学习

示数据，用 R 表示数据对象之间存在的关系集合，则将 DS=(D, R)称为数据结构。例如，假设有一个电话号码簿，它记录了 n 个人的名字和相应的电话号码。为了方便地查找某人的电话号码，将人名和号码按字典顺序排列，并在名字的后面跟随对应的电话号码。这样，若要查找某人的电话号码(假定他的名字的第一个字母是 Y)，那么只需查找以 Y 开头的那些名字就可以了。该例中，数据的集合 D 就是人名和电话号码，它们之间的联系 R 就是按字典顺序排列，其相应的数据结构就是 DS=(D, R)，即一个数组。

2) 数据结构的种类

数据结构又分为数据的逻辑结构和数据的物理结构。数据的逻辑结构是从逻辑的角度(即数据间的联系和组织方式)来观察数据、分析数据，与数据的存储位置无关。数据的物理结构是指数据在计算机中存放的结构，即数据的逻辑结构在计算机中的实现形式，所以物理结构也被称为存储结构。这里只研究数据的逻辑结构，并将反映和实现数据联系的方法称为数据模型。

比较流行的数据模型有三种，即按图论理论建立的层次结构模型和网状结构模型以及按关系理论建立的关系结构模型。

2. 层次、网状和关系结构数据库系统

1) 层次结构模型

层次结构模型实质上是一种有根结点的定向有序树(在数学中"树"被定义为一个无回路连通图)。按照层次结构模型建立的数据库系统称为层次模型数据库系统。IMS(Information Management System，信息管理系统)是其典型代表。

2) 网状结构模型

按照网状数据结构建立的数据库系统称为网状数据库系统，其典型代表是 DBTG(Data Base Task Group，数据库任务组)。用数学方法可将网状数据结构转化为层次数据结构。

3) 关系结构模型

关系式数据结构把一些复杂的数据结构归结为简单的二元关系(即二维表格形式)。由关系数据结构组成的数据库系统被称为关系数据库系统。

在关系数据库中，对数据的操作几乎全部建立在一个或多个关系表格上，通过对这些关系表格的分类、合并、连接或选取等运算来实现数据的管理。

因此，可以概括地说，一个关系称为一个数据库，若干数据库可以构成一个数据库系统。数据库系统可以派生出各种不同类型的辅助文件和建立它的应用系统。

3. 关系型数据库

数据存储是计算机的基本功能之一。随着计算机技术的不断普及，数据存储量越来越大，数据之间的关系也变得越来越复杂，怎样有效地管理计算机中的数据，成为计算机信息管理的一个重要课题。

在数据库设计发展的历史长河中，人们使用模型来反映现实世界中数据之间的联系。1970 年，IBM 的研究员 E. F. Codd 博士发表了名为"大型共享数据银行的关系模型"的论文，首次提出了关系模型的概念，为关系型数据库的设计与应用奠定了理论基础。

在关系模型中，实体和实体间的联系均由单一的关系来表示。在关系型数据库中，关系就是表，一个关系型数据库就是若干二维表的集合。

关系型数据库是指按关系模型组织数据的数据库，其存储结构基础是采用二维表来实现数据存储。其中，二维表中的每一行(row)在关系中称为元组(记录，record)，表中的每一列(column)在关系中称为属性(字段，field)，每个属性都有属性名，属性值是各元组属性的值。

图 0-1-2 描述了某电商购物系统后台数据库中 User 表的数据。在该表中有 uId、uName、uSex 等字段，分别代表用户 ID、用户名和性别。表中的每一条记录代表了系统中一个具体的 User 对象，如"李平""张诚"等。

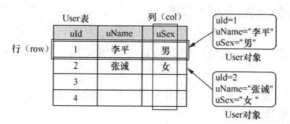

图 0-1-2　用户数据表

常见的关系型数据库产品如下。

1) Oracle

Oracle 是商用关系型数据库管理系统中的典型代表，是甲骨文公司的旗舰产品。Oracle 作为一个通用的数据库管理系统，不仅具有完整的数据管理功能，还是一个分布式数据库系统，支持各种分布式功能。作为一个应用开发环境，Oracle 提供了一套界面友好、功能齐全的数据库开发工具。Oracle 使用 PL/SQL 语言执行各种操作，具有可开放性、可移植性、可伸缩性等特点。

2) MySQL

MySQL 是最流行的开放源码的数据库管理系统，它具有快速、可靠和易于使用的特点，由 MySQL AB 公司开发和发布，2008 年被 Sun 公司收购。2009 年 Sun 公司又被 Oracle 公司收购，因而 MySQL 成为 Oracle 公司的又一重量级数据库产品。MySQL 具有跨平台的特性，可以在 Windows、UNIX、Linux 和 Mac OS 等平台上使用。由于其开源免费，运营成本低，受到越来越多的公司青睐，如雅虎、Google、新浪、网易、百度等企业都使用 MySQL 作为数据库。

3) SQL Server

SQL Server 也是一种典型的关系型数据库管理系统，广泛应用于电子商务、银行、电力、教育等行业，它使用 Transact-SQL 语言完成数据操作。随着 SQL Server 版本的不断升级，使得该 DBMS 具有可靠性、可伸缩性、可用性、可管理性等特点，可为用户提供完整的数据库解决方案。

4) DB2

DB2 是美国 IBM 公司开发的一套关系型数据库管理系统，主要应用于大型应用系统，具有较好的可伸缩性，可支持从大型机到单用户环境，应用于所有常见的服务器操作系统平台。DB2 提供了高层次的数据利用性、完整性、安全性、可恢复性，以及小规模到大规模应用程序的执行能力,具有与平台无关的基本功能和 SQL 命令。

本书选用的关系数据库产品为 MySQL。

0.1.3 数据库的技术构成

数据库系统由硬件部分和软件部分共同构成。硬件主要用于存储数据库中的数据,包括计算机、存储设备等;软件部分则主要包括 DBMS、支持 DBMS 运行的操作系统,以及支持多种语言进行应用开发的访问技术等。

1. 数据库系统

数据库系统有 3 个主要的组成部分。

(1) 数据库(Database):提供了一个存储空间用于存储各种数据,可以将数据库视为一个存储数据的容器。一个数据库可能包含许多文件,一个数据库系统中通常包含许多数据库。

(2) 数据库管理系统(Database Management System,DBMS):用户创建、管理和维护数据库时所使用的软件,位于用户与操作系统之间,对数据库进行统一管理。DBMS 能定义数据存储结构,提供数据的操作机制,维护数据库的安全性、完整性和可靠性。

(3) 数据库应用程序(Database Application):虽然已经有了 DBMS,但是在很多情况下,DBMS 无法满足对数据管理的要求。数据库应用程序的使用可以满足对数据管理的更高要求,还可以使数据管理过程更加直观和友好。数据库应用程序负责与 DBMS 进行通信,访问和管理 DBMS 中存储的数据,允许用户插入、修改、删除数据库中的数据。

数据库系统如图 0-1-3 所示。

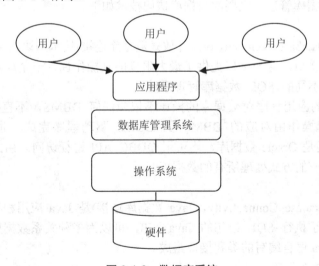

图 0-1-3 数据库系统

2. SQL

SQL(Structured Query Language,结构化查询语言)是关系型数据库语言的标准,最早是由 IBM 公司开发的,1986 年由美国国家标准化组织和国际化标准组织共同发布 SQL 标准 SQL-86。随着时间的变迁,SQL 版本经历了 SQL-89、SQL-92、SQL-99、SQL-2003 及

SQL-2006。SQL 根据功能的不同被划分成数据定义语言、数据操纵语言和数据控制语言。

1) 数据定义语言

数据定义语言(Data Definition Language，DDL)用于创建数据库和数据库对象，为数据库操作提供对象。例如，数据库、表、存储过程、视图等都是数据库中的对象，都需要通过定义才能使用。DDL 中主要的 SQL 语句包括 CREATE、ALTER、DROP，分别用来实现数据库及数据库对象的创建、更改和删除操作。

2) 数据操纵语言

数据操纵语言(Data Manipulation Language，DML)主要用于操纵数据库中的数据，包括 INSERT、UPDATE、DELETE、SELECT 等语句。INSERT 用于插入数据；UPDATE 用于修改数据；DELETE 用于删除数据；SELECT 则可以根据用户需要从数据库中查询一条或多条数据。

3) 数据控制语言

数据控制语言(Data Control Language，DCL)主要实现对象的访问权限及对数据库操作事务的控制，主要语句包括 GRANT、REVOKE、COMMIT 和 ROLLBACK。GRANT 语句用于给用户授予权限；REVOKE 语句用于收回用户权限；COMMIT 语句用于提交事务；ROLLBACK 语句用于回滚事务。

数据库中的操作都是通过执行 SQL 语句来完成的，它可以方便地嵌套在 Java、C#、PHP 等程序语言中，以实现应用程序对数据的查询、插入、修改和删除等操作。

3. 数据库访问技术

不同的程序设计语言有各自不同的数据库访问技术，程序语言通过这些技术，执行 SQL 语句，进行数据库管理。主要的数据库访问技术如下。

1) ODBC

ODBC(Open Database Connectivity，开放式数据库连接)技术为访问不同的 SQL 数据库提供了一个共同的接口。这一接口提供了最大限度的互操作性：一个应用程序可以通过共同的一组代码访问不同的 SQL 数据库管理系统。

基于 ODBC 的应用程序对数据库的操作不依赖任何 DBMS，不直接与 DBMS 打交道，所有的数据库操作由对应的 DBMS 的 ODBC 驱动程序完成。也就是说，不论是 Access、MySQL 还是 Oracle 数据库，均可用 ODBC API 进行访问。由此可见，ODBC 的最大优点是能以统一的方式处理所有的数据库。

2) JDBC

JDBC(Java Database Connectivity，Java 数据库连接)是 Java 应用程序连接数据库的标准方法，是一种用于执行 SQL 语句的 Java API，可以为多种关系数据库提供统一访问。JDBC 由一组用 Java 语言编写的类和接口组成。

3) ADO.NET

ADO.NET 是微软在.NET 框架下开发设计的一组用于和数据源进行交互的面向对象类库。ADO.NET 提供了对关系数据、XML 和应用程序数据的访问，允许和不同类型的数据源以及数据库进行交互。

4) PDO

PDO(PHP Data Object，PHP 数据对象)为 PHP 访问数据库定义了一个轻量级的、一致性的接口，提供了一个数据访问抽象层，这样，无论使用什么数据库，都可以通过一致的函数执行查询和获取数据。PDO 是 PHP 5 新加入的一个重大功能。

针对不同的程序语言，MySQL 提供了不同的数据库访问连接驱动，读者可以在相关网站的下载页面(http://dev.mysql.com/downloads/)下载相关驱动。

0.2 MySQL 的管理与设计工具

0.2.1 常用的图形化管理工具

MySQL 的图形化管理工具极大地方便了数据库的操作与管理。常用的图形化管理工具有 MySQL Workbench、phpMyAdmin、Navicat、MySQLDumper、SQLyog、MySQL ODBC Connector。其中，phpMyAdmin 和 Navicat 提供中文操作界面；MySQL Workbench、MySQL ODBC Connector、MySQLDumper 为英文界面。

1．MySQL Workbench

MySQL 官方提供的图形化管理工具 MySQL Workbench 完全支持 MySQL 5.0 以上的版本。在 5.0 版本中，有些功能不能使用；在 4.X 以下的版本中，MySQL Workbench 分为社区版和商业版，社区版完全免费，商业版则是按年收费。

下载地址：http://dev.mysql.com/downloads/workbench/。

2．phpMyAdmin

phpMyAdmin 使用 PHP 编写，必须安装在 Web 服务器中，通过 Web 方式控制和操作 MySQL 数据库。通过 phpMyAdmin 可以完全对数据库进行操作，例如建立、复制、删除数据等；管理数据库非常方便，并支持中文，不足之处在于对大型数据库的备份和恢复不方便。

下载地址：http://www.phpmyadmin.net/。

3．Navicat

Navicat 是一个强大的 MySQL 数据库服务器管理和开发工具。它可以与任何 3.21 及以上版本的 MySQL 一起工作，支持触发器、存储过程、函数、事件、视图、管理用户等，对于新手来说也易学易用。其精心设计的图形用户界面(GUI)，可以让用户用一种安全简便的方式来快速方便地创建、组织、访问和共享信息。Navicat 支持中文，提供免费版本。

下载地址：http://www.navicat.com/。

4．MySQLDumper

MySQLDumper 使用基于 PHP 开发的 MySQL 数据库备份恢复程序，解决了使用 PHP 进行大型数据库备份和恢复的问题。对数百兆的数据库都可以方便地备份恢复，不用担心网速太慢而导致中断的问题，非常方便易用。

下载地址：http://www.mysqldumper.de/en/。

5. SQLyog

SQLyog 是一款简洁高效、功能强大的图形化 MySQL 数据库管理工具。使用 SQLyog 可以快速直观地让用户从世界的任何角落通过网络来维护远端的 MySQL 数据库。

下载地址：http://www.webyog.com/en/index.php，读者也可以搜索中文版的下载地址。

6. MySQL ODBC Connector

MySQL ODBC Connector 是 MySQL 官方提供的 ODBC 接口程序，安装这个程序后，就可以通过 ODBC 来访问 MySQL，这样就可以实现 SQLServer、Access 和 MySQL 数据库之间的数据转换，还可以支持 ASP 访问 MySQL 数据库。

下载地址：http://dev.mysql.com/downloads/ connector/odbc/。

0.2.2 数据模型及设计工具

当今时代，代码变得日益简单，在数据模型的指导下，思想、设计、分析已经变得异常重要。

模型是对现实世界的抽象，它是反映客观事物及事物之间关系的数据组织结构和形式。在关系型数据库系统中，数据模型用来描述数据库的结构和语义，反映实体与实体之间的关系。

1. 数据模型的分类

根据不同的用户视角，数据模型从面向用户到物理实现，可以分为概念数据模型、逻辑数据模型和物理数据模型。

1) 概念数据模型

概念数据模型是面向用户的数据模型，是用户容易理解的现实世界特征的数据抽象。概念数据模型能够方便、准确地表达现实世界中的常用概念，是数据库设计人员与用户之间进行交流的语言。最常用的概念模型是实体—关系模型(Entity-Relationship Model，E-R 模型)，概念模型中的主要对象如下。

扫码观看视频学习

实体(Entity)：是客观存在的可以相互区分的事物，如一件商品、一个用户、一名学生等。

属性(Attribute)：每个实体都拥有一系列的特性，每个特性可以看作是实体的一个属性，如商品的编号、名称、价格，会员的用户名、密码、性别等。

标识符(Identifier)：能够唯一标识实体的属性或属性集。例如，可以使用商品编号标识一件商品，用会员 ID 标识一个用户。

实体集(Entity Set)：具有相同属性的实体集合，如所有商品、所有会员、所有类别等。

2) 逻辑数据模型

逻辑数据模型是用户在数据库中所看到的数据模型，它通常由概念数据模型转换得到。逻辑数据模型主要包括如下几个部分。

字段(Field)：用来表示概念模型中实体的属性，它是数据库中可以命名的最小信息单位。每个属性对应一个字段。

记录(Record)：用来表示概念模型中的一个实体。

关键字(Keyword)：能够唯一标识记录集中每个记录的字段或字段集，对应于概念模型中的实体标识符。

表(Table)：相同结构的记录集合构成一个数据表，每个数据表对应于概念模型中的实体集。

3) 物理数据模型

物理数据模型描述数据在物理存储介质上的组织结构，它与具体的 DBMS 相关，也与操作系统和硬件相关，是物理层次上的数据模型。每种逻辑数据模型在实现时都有其对应的物理数据模型。

在数据库应用系统中，上述 3 种数据模型的关系如图 0-2-1 所示。

图 0-2-1　数据模型的关系

2. 实体和关系

1) 实体集

实体是一个数据对象，是客观存在且相互区分的事物。在电商购物系统中，如商品类别、商品、会员等。具有相同类型和相同属性的实体的集合构成了实体集。

例如，"迷彩帽"是商品实体集中的一个实例，通过对商品实体的名称、价格、库存数据、商品描述信息等属性的描述，获得更清晰的实体的特性。只有当属性值描述越多时，所描述的实体才会越清晰。在 E-R 关系模型中，实体用矩形表示，如图 0-2-2 所示。

一个实体集中通常有多个实例。例如，数据库中存储的每个用户都是会员实体集中的实例。表 0-2-1 中描述了会员实体集的两个实例。

表 0-2-1　实体集和实例

会员实体	实例 1	实例 2
用户名	Jack2001	HelloKetty
性别	男	女
联系电话	13809112312	17134324389
会员积分	200	120

实体通过一组属性来表示。属性是实体集中每个成员所拥有的特性，不同的实体其属性值不同。在 E-R 模型中，实体属性用椭圆表示。属性属于哪个实体，则与哪个实体用实线相连，如图 0-2-3 所示。

图 0-2-2　实体表示　　　　图 0-2-3　实体属性

例如，商品实体集的属性有商品编号、商品名称、价格、库存数量、销售量、所在城市、上架时间等。表 0-2-2 描述了商品实体集的部分数据。

表 0-2-2 商品实体集

商品编号	商品名称	价 格	库存数量	销 售 量	所在城市	上架时间
001	迷彩帽	63	1500	29	长沙	2017-05-07
003	牛肉干	94	200	61	重庆	2017-05-07
004	零食礼包	145	17900	234	济南	2017-05-07
005	运动鞋	400	1078	200	上海	2017-05-08

其中，商品编号属性是商品的唯一标识，用于指定唯一的一件商品，其实体属性如图 0-2-4 所示。

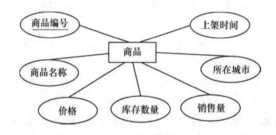

图 0-2-4 商品实体及属性

2) 关系集

关系是指多个实体间的相互关联。例如，商品"迷彩帽"和商品类别"服饰"之间的联系，该联系指明商品"迷彩帽"属于"服饰"类别。关系集(Relationship Set)是同类联系的集合，是 $n(n \geq 2)$ 个实体集上的数学关系。在 E-R 模型中，关系实体用菱形表示，描述两个实体间的一个关联，如图 0-2-5 所示，描述了商品实体和会员实体间的关系。

从图 0-2-5 中可以看出，会员实体通过添加购物车与商品实体建立了关系，它们间的关系集称为"添加购物车"。"添加购物车"除了应标识出用户名和商品编号外，还可以包括购买数量等属性。因此，关系同实体一样也具有描述性的属性，"添加购物车"关系及其属性如图 0-2-6 所示。

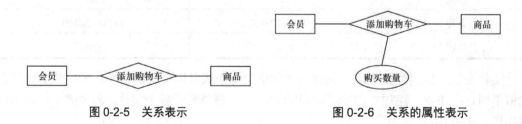

图 0-2-5 关系表示　　　　　　　　图 0-2-6 关系的属性表示

3) 联系

现实世界中，事物内部及事物之间都存在一定的联系，这些联系在信息世界中反映为实体内部的联系和实体间的关系。实体内部的联系通常是指实体属性之间的关系；实体间的联系则是指不同实体集之间的关系。实体间的关系通常有一对一、一对多和多对多3种。

(1) 一对一关系。

对于实体集 A 中的每个实体，如果实体集 B 中至多只有一个实体与之联系，反之亦然，则称实体集 A 和实体集 B 具有一对一的关系，记为 1∶1，如图 0-2-7 所示。

例如，在学生管理系统中，存在着班级实体和学生实体，一个班级只有一个学生作为班长，而一个学生最多只能担任一个班级的班长，这时，班级和班长间就可以看作是一对一的关系。

(2) 一对多关系。

对于实体集 A 中的每个实体，实体集 B 中有 $n(n \geqslant 1)$ 个实体与之联系，反之，对于实体集 B 中的每个实体，实体集 A 中最多只有一个实体与之联系，则称实体集 A 与实体集 B 之间为一对多的关系，记为 1∶n，如图 0-2-8 所示。

图 0-2-7　一对一关系表示　　　　　图 0-2-8　一对多关系表示

例如，在电商购物系统中，一件商品属于某一个类别，一个会员可以有多个订单。而在学生管理系统中，一个学生只属于一个班级，而一个班级可以包含多个学生；一个班级属于某一个专业，而一个专业可以有多个班级。

在关系数据库系统中，一对多的关系主要体现在主表和从表的关联上，通过外键来约束实体间的关系。以商品类别和商品实体为例，每一件商品都会属于某一个类别，在商品实体中都会有类别 ID 用来标识商品所属类别，也就是说，如果商品类别不存在，那么商品的存在就没有意义。

(3) 多对多关系。

对于实体集 A 中的每个实体，实体集 B 中有 $n(n \geqslant 1)$ 个实体与之联系，反之，对于实体集 B 中的每个实体，实体集 A 中也有 $m(m \geqslant 1)$ 个实体与之联系，则称实体集 A 与实体集 B 之间为多对多的关系，记为 m∶n，如图 0-2-9 所示。

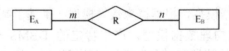

图 0-2-9　多对多关系表示

例如，在电商购物系统中，一个用户可以购买多件商品，一件商品可以被多个用户购买；一个订单里可以包含多件商品，而一个商品又可以被包含在多个订单中。在学生管理系统中，一个学生可以选择多门课程，而一门课程可以被多个学生选择；一位教师可以讲授多门课程，而一门课程也可以由多位教师讲授。

在关系数据库系统中，通过表和外键约束不能表示多对多的关系，所以必须通过中间表来组织这种关系，建立这种联系的中间表常被称为关系表或链接表。

3. E-R 设计工具

数据模型中最基本的模型是概念模型，它是对客观世界的抽象。在进行数据库应用系统的开发过程中，数据库设计的第一步就是进行概念模型的设计，而概念模型最常用的表示方法为 E-R 模型。E-R 模型使用图形化来表示应用系统中的实体与关系，是软件工程设计中的一个重要方法。常用的 E-R 设计工具有 ERWin、MS Visio、Case Studio、ER/Studio、Model Maker、DeZign for Databases、PowerDesigner 等。下面选择本书用到的两款工具做简要介绍，具体用法将在"实践操作"及"拓展训练"中学习。

1) ER/Studio

ER/Studio 是由美国 Embarcadero Technologies 公司开发的一种帮助设计数据库中各种数据结构和逻辑关系的可视化工具，并可用于特定平台物理数据库的设计和构造。其强大和多层次的数据库设计功能，不仅大大简化了数据库设计的烦琐工作，提高了工作效率，缩短了项目开发时间，还让初学者能够更好地了解数据库理论知识和数据库设计过程。

ER/Studio 是一套模型驱动的数据结构管理和数据库设计产品，可帮助企业发现、重用和文档化数据资产。通过可回归的数据库支持，使数据结构具备完全分析已有数据源的能力，并根据业务需求设计和实现高质量的数据库结构。易读的可视化数据结构加强了业务分析人员和应用开发人员之间的沟通。ER/Studio Enterprise 还能够使企业和任务团队通过中心资源库展开协作。

2) PowerDesigner

PowerDesigner 是 Sybase 公司的 CASE 工具集，使用它可以方便地对管理信息系统进行分析设计。PowerDesigner 几乎包含了数据库模型设计的全过程，是 Sybase 发布的最新的软件分析设计工具，也是目前最为流行的软件分析设计工具之一。

利用 PowerDesigner 可以制作数据流程图、概念数据模型、物理数据模型，可以生成多种客户端开发工具的应用程序，还可为数据仓库制作结构模型，也能对团队设计模型进行控制。PowerDesigner 系列产品提供了一个完整的建模解决方案，业务或系统分析人员、设计人员、数据库管理人员和开发人员可以对其裁剪以满足他们特定的需要。其模块化的结构更为购买和扩展提供了极大的灵活性，开发单位可以根据项目的规模和范围购买部分模块。

PowerDesigner 包含 6 个集成模块，允许开发机构根据实际需求灵活选用。

(1) Data Architect：是一种强大的数据库设计工具。使用 Data Architect 可利用实体—关系图为系统创建概念数据模型，根据概念数据模型产生基于某一特定数据库管理系统的物理数据模型；通过优化物理数据模型，产生特定的 DBMS 创建数据库。另外，Data Architect 还可根据已存在的数据库反向生成物理数据模型、概念数据模型及创建数据库的 SQL 脚本。

(2) Process Analyst：用于数据分析或数据发现。Process Analyst 可以用一种非常自然的方式描述数据项，从而能够描述复杂的处理模型以反映它们的数据库模型。

(3) App Modeler：用于物理数据库的设计、应用对象以及与数据密切相关的构件的生成。App Modeler 允许开发人员针对开发环境(Sybase 公司的产品、Microsoft 公司的相关产品等)快速生成应用对象或构件。

(4) Meta Works：通过模型的共享支持高级团队工作的能力。Meta Works 提供了所有模型对象的一个全局的层次结构的浏览视图，以确保贯穿整个开发周期的一致性和稳定性。

(5) Warehouse Architect：用于数据仓库和数据集市建模和实现。Warehouse Architect 提供了针对所有主流的 DBMS(如 Sybase、Oracle 和 SQL Server 等)的仓库处理支持。

(6) Viewer：用于以只读的、图形化方式访问模型和源数据信息。Viewer 提供了对 PowerDesigner 所有模型(包括概念模型、物理模型和仓库模型)信息的只读访问。

PowerDesigner 支持的模型如下。

(1) 概念数据模型(Conceptual Data Model，CDM)，是面向数据库用户的现实世界模型，主要用来描述世界的概念化结构，它使数据库的设计人员在设计的初始阶段摆脱了计算机系统及 DBMS 的具体技术问题，集中精力分析数据及数据之间的联系。

(2) 物理数据模型(Physical Data Model，PDM)，是面向计算机物理表示的模型，描述了数据在存储介质上的组织结构，它不但与具体的 DBMS 有关，而且还与操作系统和硬件有关。

(3) 面向对象模型(Object Oriented Model，OOM)，包含一系列包、类、接口和它们之间的关系。这些对象一起形成一个软件系统所有的(或部分)逻辑设计视图的类结构。一个 OOM 本质上是软件系统的一个静态的概念模型。

(4) 业务程序模型(Business Program Model，BPM)，描述业务的各种不同内在任务和内在流程，且客户如何以这些任务和流程互相影响。BPM 是从业务合伙人的观点来看业务逻辑和规则的概念模型，使用一个图表描述程序、流程、信息和合作协议之间的交互作用。

0.3 系统数据模型的建立方法

0.3.1 建立 E-R 模型

由于 E-R 模型用图形化展示应用系统中的实体与关系，此类方法接近人类的思维方式，因此容易理解并且与计算机无关，所以用户容易接受。

在对电商购物系统需求理解的基础上，对该系统进行 E-R 模型的设计，步骤如下。

1. 标识实体

建立 E-R 模型的最好方法是先确定系统中的实体。实体通常由系统中的文档、报表或需求调研中的名词，如人物、地点、概念、事件或设备等表述。通过对系统的业务分析可以得到电商购物系统中的实体，如图 0-3-1 所示。

图 0-3-1 电商购物系统中抽象的实体

2. 标识实体间的关系

确定应用系统中存在的实体后，接着就是确定实体之间的关系。标识实体间的关系时，可以根据需求说明来完成。一般来说，实体间的关系由动词或动词短语来表示。例如，在电商购物系统中可以找出如下动词短语：商品属于商品类别、会员添加商品到购物车、会员提交订单等。

事实上，如果用户的需求说明中记录了这些关系，则说明这些关系对于用户而言是非常重要的，因此在模型中必须包含这些关系。在电商购物系统中，根据用户的需求说明或与用户沟通讨论可以得知。

一个会员可以提交多个订单，而一个订单只能属于一个会员，则会员和订单间就是一对多的关系，如图 0-3-2 所示。

一个商品类别可以包含多个商品，一件商品只能属于一种类别，则商品和商品类别间也是一对多的关系，如图 0-3-3 所示。

图 0-3-2 订单和会员实体间的关系　　　　图 0-3-3 商品类别和商品实体间的关系

一个会员可以将多件商品添加到购物车，一件商品可以被放在多个购物车中。因此会员和商品间就是多对多的关系，记为 $m:n$，如图 0-3-4 所示。

一个订单里可以包含多件商品，而一件商品又可以被包含在多个订单中。因此商品和订单间也是多对多的关系，如图 0-3-5 所示。

图 0-3-4 会员和商品实体间的关系　　　　图 0-3-5 商品和订单实体间的关系

表 0-3-1 列举了电商购物系统中主要实体间的关系类型。

表 0-3-1 实体类的关系

实 体 类	关系类型	实 体 类
会员	多对多($m:n$)	商品
商品	多对多($m:n$)	订单
会员	一对多($1:n$)	订单
商品类别	一对多($1:n$)	商品

明确实体间的关系后，在数据库应用系统设计中还需进一步细化，找出关系中具有多重性的值及其约束。由于篇幅关系，本书不作进一步的阐述。

3. 标识实体的属性

属性是实体具有的特性或性质。标识完实体和实体间的关系后，就需要标识实体的属性，也就是说，要明确对实体的哪些数据进行保存。与标识实体类相似，标识实体属性时先要在用户需求说明中找描述性的名词，当这个名词是特性、标志或确定实体类的特性时即可被标识为实体的属性。

在电商购物系统中，根据用户的需求说明或与用户沟通讨论可知，会员作为电商购物系统中的主体，需要存储的属性包括用户名、密码、性别、联系电话、用户图像、会员积分、注册时间等信息。在进行概念模型设计时，这些信息就可以看成是会员实体的属性，如图 0-3-6 所示。

图 0-3-6 会员实体的属性

商品实体的属性包括商品编号、商品名称、价格、库存数量、销售量、所在城市、上架时间、是否热销等。

商品类别实体的属性包括类别 ID、类别名称等。

订单实体的属性包括下单时间、订单金额等。

4. 确定主关键字

每一个实体必须有一个属性用来唯一地标识该实体以区分其他实体的特性，这种属性称为关键字。关键字的值在实体集中必须是唯一的，且不能为空，它唯一地标识了实体集中的一个实例。当实体集中没有关键字时，必须给该实体集添加一个属性，使其成为该实体集的关键字。例如，给实体集添加一个 ID 属性，ID 属性就成为该实体集的关键字。

在实体的属性集中，可能有多个属性能够用来唯一地标识实体，例如，会员实体中，用户名和身份证号都是唯一的，那么这些属性就称为候选关键字。任意一个选作实体关键字的属性称为主关键字。主关键字也称为主键，候选关键字称为候选键。

> **学习提示**
>
> 实际应用中，设计关系模式时，会为每一个实体和关系新设一个 ID 列表，用于标识唯一的每条记录，而不是用对象的具体属性来表示。

在实体属性图中，在主关键字上加下划线。如图 0-3-7 所示，会员 ID 作为会员实体的主关键字。

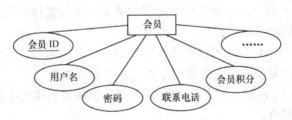

图 0-3-7 会员 ID 作为主关键字

通过对以上知识的学习和理解，根据电商购物系统的需求说明，就可以画出该系统的 E-R 图，如图 0-3-8 所示。

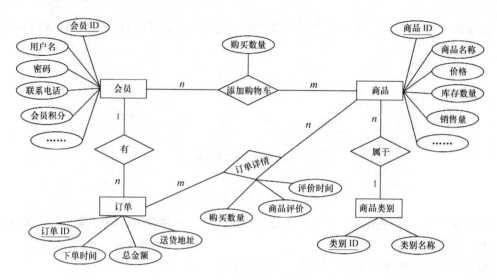

图 0-3-8　电商购物系统的 E-R 图

> **学习提示**
>
> E-R 图是数据库设计中最早使用的而且也是最为重要的设计工具。

0.3.2　逻辑结构设计

E-R 模型的建立仅完成了系统实体和实体关系的抽象。在关系数据库设计过程中，为了创建用户所需的数据库，还需要将实体和实体关系转换成对应的关系模式，也就是建立系统逻辑数据模型。

逻辑数据模型是用户在数据库中所看到的数据模型，它由概念数据模型转换得到。转换原则如下。

1) 实体转换原则

将 E-R 模型中的每一个实体转换成一个关系，即二维表；实体的属性转换为关系的字段，实体的标识符转换成关系模式中的主关键字。

2) 关系转换原则

由于实体间存在一对一、一对多和多对多的关系，所以实体间关系在转换成逻辑模型时，不同的关系作不同的处理。

若实体间联系为 1∶1 时，可以在两个实体类型转换成两个关系模式中的任意一个关系模式中加入另一个关系模式的主关键字作为实体联系的属性。

若实体间联系为 1∶n 时，则在 n 端实体类型转换的关系模式中加入 1 端实体类型的关键字和实体类型的属性。

若实体间联系为 n∶m 时，则要将实体间联系也转换成关系模式，其属性为两端实体类型的关键字。

根据电商购物系统的 E-R 模型和转换原则，其中，会员、商品、商品类别和订单等实体及添加购物车和订单详情的关系模式设计如下。

商品类别(类别 ID，类别编号)。

商品(商品 ID，商品类别 ID，商品编号，商品名称，价格，库存数量，已售数量，所在城市，上架时间，是否热销)。

会员(会员 ID，用户名，密码，性别，联系电话，用户图像，会员积分，注册时间)。

订单(订单 ID，会员 ID，下单时间，总金额，送货地址)。

购物车(购物车 ID，会员 ID，商品 ID，购买数量)。

订单详情(详情 ID，订单 ID，商品 ID，购买数量，商品评价，评价时间)。

> **学习提示**
>
> E-R 数据模型和逻辑数据模型都独立于任何一种具体的 DBMS，要最终实现用户数据库，需要将 E-R 数据模型或逻辑数据模型转换为 DBMS 所支持的物理数据模型。建立物理数据模型的过程就是将 E-R 模型或逻辑数据转换成特定的 DBMS 所支持的物理数据模型的过程。

0.3.3 关系模式的规范化

数据库设计的逻辑结果不是唯一的。为了进一步提高数据库系统的性能，在逻辑设计阶段应根据应用需求调整和优化数据模型。关系模型的优化以规范化理论为指导，它的优劣直接影响数据库设计的成败。

在关系数据库中，规范化理论称为范式。范式是符合某一级别的关系模式集合。关系数据库中的关系必须满足一定的要求，即满足不同的范式。在关系数据库原理中规定了以下几种范式：第一范式(1NF)、第二范式(2NF)、第三范式(3NF)、Boyee-Codd 范式(BCNF)、第四范式(4NF)、第五范式(5NF)和第六范式(6NF)。在进行关系数据库设计时，至少要符合 1NF 的要求，在 1NF 的基础上进一步满足更多要求的称为 2NF，其余范式以此类推。一般来说，设计数据库时，只需满足第三范式就行了。

1. 第一范式

在任何一个关系数据库中，第一范式是对关系模式的最低要求，不满足第一范式的数据库就不是关系型数据库。

第一范式是指数据库表的每一列都是不可分割的基本数据项，同一列中不能有多个值，即实体中的某个属性不能有多个值或者不能有重复的属性。如果出现重复的属性，就需要定义一个新的实体，新的实体由重复的属性构成，新实体与原实体之间为一对多的关系。在第一范式中，表中的每一行只包含一个实例的信息。简而言之，第一范式就是无重复的列。如表 0-3-2 所示的商品信息表，每一件商品都占商品信息表中的一行，且在表中无重复列，表中的每一列都是不可分割的最小数据项。

虽然表 0-3-2 符合 1NF 范式，但在表中商品类别存在大量重复的数据，当对商品类别名称进行修改时，需要修改表 0-3-2 中所有相关商品的类别，有可能引发更新和删除上的异常，因此在关系数据库中这种表也是不符合规范的。

表 0-3-2 符合 1NF 的商品信息表

商品 ID	商品编号	商品名称	价 格	类别 ID	类别名称
1	1001	迷彩帽	63	1	服饰
2	2001	牛肉干	94	2	零食
3	2002	零食礼包	145	2	零食
4	3005	运动鞋	400	1	服饰

2. 第二范式

第二范式是在第一范式的基础上建立起来的，即若要满足第二范式，必须先满足第一范式。第二范式要求数据库表中的每个实例或行必须能被唯一地区分。在第二范式中，要求实体的属性完全依赖于主关键字。所谓完全依赖，是指不能存在仅依赖主关键字一部分的属性，如果存在依赖主关键字一部分的属性，那么这个属性和主关键字的这一部分应该分离出来形成一个新的实体，新实体与原实体之间是一对多的关系。为实现区分，通常需要为表加上一个列，以存储各个实例的唯一标识。简单地说，第二范式就是属性完全依赖于主关键字。

在网上商城系统中，会员和商品间存在"添加购物车"关系，假定购物车关系为会员 ID、用户名、商品 ID、商品编号、商品名称、价格、购买数量，如表 0-3-3 所示。

表 0-3-3 不符合 2NF 的购物车表

会员 ID	用 户 名	商品 ID	商品编号	商品名称	价 格	购买数量
1	Jack2001	1	1001	迷彩帽	63	1
1	Jack2001	3	2001	牛肉干	94	3
2	HelloKetty	1	2002	迷彩帽	63	1
2	HelloKetty	3	3005	牛肉干	94	2
3	Lily	1	1001	牛肉干	94	10

从表 0-3-3 中可以看出，会员 ID 不能唯一标识一行记录，且属性值存在如下关系：

{会员 ID, 商品 ID}→{用户名, 商品编号, 商品名称, 价格, 购买数量}

这时需要通过会员 ID 和商品 ID 作为复合主关键字，决定非主关键字的情况。因此，该购物车表不符合第二范式的要求，在实际操作中会出现如下问题。

数据冗余：如同一件商品被 n 个用户购买，则"商品 ID，商品编号，商品名称，价格"就要重复 $n-1$ 次；当一个会员购买 m 件商品时，其用户名就要重复 $m-1$ 次。

更新异常：若对某件商品的价格进行折扣销售，则整个表中该商品的价格都要被修改，否则会出现同一件商品价格不同的情况。

对上述购买关系进行拆分后可形成如下 3 个关系。

会员：Users(会员 ID, 用户名)。

商品：Goods(商品 ID，商品编号，商品名称，价格)。
购物车：Scar(会员 ID，商品 ID，购买数量)。
修改后符合第二范式的购买关系如表 0-3-4 所示。

表 0-3-4 符合 2NF 的会员购买商品模式

会员 ID	用 户 名
1	Jack2001
2	HelloKetty
3	Lily

商品 ID	商品编号	商品名称	价 格
1	1001	迷彩帽	63
3	2001	牛肉干	94

会员 ID	商品 ID	购买数量
1	1	1
1	3	3
2	1	1
2	3	2
3	1	10

修改后的关系模式有效消除了数据冗余，以及更新、插入和删除异常。

> **学习提示**
>
> 实际应用中，为了方便会为购物车这一关系添加一个购物车 ID 列，使之唯一标识购物车中商品的购买订单列表。

3. 第三范式

第三范式是在第二范式的基础上建立起来的，即若要满足第三范式，必须满足第二范式。第三范式要求关系表中不存在非关键字对任一候选关键字的传递函数依赖。传递函数依赖是指如果存在"A→B→C"的决定关系，则 C 传递函数依赖于 A。也就是说，第三范式要求关系表不包含其他表中已包含的非主关键字段信息。

例如，在网上商城系统中，商品信息表中列出其所属类别 ID 后，就不能将类别名称信息再加入商品信息表。如果不存在类别信息表，那么根据第三范式也应该建立相应的表，否则就会出现数据冗余。如表 0-3-2 所示，它是不符合第三范式的商品信息表，此表中类别名称传递依赖于商品编号。

从表 0-3-2 中可以看出，在此关系模式中存在如下关系。

{商品 ID}→{商品编号, 商品名称, 价格, 类别 ID, 类别名称}

商品 ID 作为该关系中的唯一关键字，符合第二范式的要求，但不符合第三范式，因为还存在{商品 ID}→{类别 ID}→{类别名称}的关系。

即存在非关键字段"类别名称"对关键字"商品 ID"的传递依赖，这种情况下也会存在数据冗余、更新异常、插入异常和删除异常。

数据冗余：一个类别有多种商品，类别名称会重复 n-1 次。

更新异常：若要更改某类别名称，则表中所有该类别的类别名称的值都需要更改，否则就会出现一件商品对应多种类别。

插入异常：若新增了一个商品类别，如果还没有指定到商品，则该类别名称无法插入到数据库中。

删除异常：当要删除一个商品类别时，那就应该删除它在数据库中的记录，而此时与其相关的商品信息也会被删除。

如要消除以上问题，就需要对关系进行拆分，去除非主关键字的传递依赖关系。

对上述商品关系进行拆分后可形成如下关系。

商品：Goods(商品 ID, 商品编号, 商品名称, 价格, 类别 ID)。

商品类别：Goods Type(类别 ID, 类别名称)。

拆分后的关系模式如表 0-3-5 所示。

表 0-3-5 符合 3NF 的商品、商品类别关系模式

商品 ID	商品编号	商品名称	价 格	类别 ID
1	1001	迷彩帽	63	1
2	2001	牛肉干	94	2
3	2002	零食礼包	145	2
4	3005	运动鞋	400	1

类别 ID	类别名称
1	服饰
2	零食

范式具有避免数据冗余、减少数据库占用空间、减轻维护数据完整性的工作量等优点，但是随着范式的级别升高，其操作难度越来越大，同时性能也随之降低。因此，在数据库设计中，寻求数据可操作性和可维护性之间的平衡，对数据库设计者而言是比较困难的。

0.3.4 关系代数

数据模型的建立是在对现实世界抽象的基础上优化数据存储，其目的是使用数据。在关系数据模型中，使用关系代数来建立数据操纵的模型。关系代数是一种抽象的查询语言，是关系数据操纵语言的传统表达方式，它用关系运算来表达数据查询。

1. 关系运算符

关系代数的运算对象是关系，运算结果也是关系，其操作运算符包括传统集合运算符、专门关系运算符、比较运算符和逻辑运算符，如表 0-3-6 所示。

表 0-3-6 关系运算符

类 别	运算符	说 明	类 别	运算符	说 明
传统集合运算符	∩ ∪ − ×	交 并 差 笛卡儿积	比较运算符	> ≥ < ≤ = ≠	大于 大于等于 小于 小于等于 等于 不等于
专门关系运算符	σ π ⋈ ÷	选择 投影 连接 除	逻辑运算符	∧ ∨ ¬	与 或 非

其中，集合运算将关系看成元组的集合，其运算是针对行进行的，而专门关系运算符不仅可以操作行，也可以操作列。

2. 传统的集合运算

传统的集合运算是双目运算，包括并、交、差和笛卡儿积运算。

1) 关系的并

关系 R 和 S 的并是由关系 R 和关系 S 的所有元组合并，再删去重复的元组，组成的新关系，记为 $R \cup S$。

$$R \cup S = \{t | t \in R \vee t \in S\}$$

2) 关系的差

关系 R 和 S 的差是由属于 R 但不属于 S 的所有的元组组成的集合，即关系 R 中删除与关系 S 中相同的元组，组成的新关系，记为 $R-S$。

$$R-S = \{t | t \in R \wedge t \notin S\}$$

3) 关系的交

关系 R 和 S 的交是由既属于 R 又属于 S 的元组组成的集合，即在两个关系 R 与 S 中取相同的元组组成新的关系，记为 $R \cap S$。

$$R \cap S = \{t | t \in R \wedge t \in S\}$$

4) 笛卡儿积

设关系 R 和 S 分别有 n 和 m 列，若关系 R 中有 i 行，关系 S 中有 j 行，则关系 R 和 S 的笛卡儿积是由 $n+m$ 列且有 $i \times j$ 行集合组成的新关系，记为 $R \times S$。

$$R \times S = \{(t_r, t_s) | t_r \in R \wedge t_s \in S\}$$

【实例 0-1】设有 3 个关系 R、S 和 T，如图 0-3-9 所示。分别求出 $R \cup S$、$R-S$、$R \cap S$ 和 $R \times T$ 的运算结果。

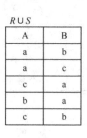

图 0-3-9 关系 R、S 和 T

运算结果如图 0-3-10 所示。

图 0-3-10 传统集合运算

3. 专门的关系运算

专门的关系运算包括选择、投影、连接和除等运算。

1) 选择运算

从关系中找出满足给定条件的元组称为选择。其中的条件是以逻辑表达式给出的，值为真的元组将被选取，这种运算是从行的角度抽取元组。经过选择运算得到的结果元组组成新的关系，其关系模式不变，但元组的数目小于等于原来关系中元组的个数，是原关系的子集。选择运算记为 $\sigma_F(R)$。

$$\sigma_F(R)=\{t|t\in R \wedge F(t)=\text{TRUE}\}$$

其中，R 为一个关系，F 为逻辑函数，函数 F 中可以包含比较运算符和逻辑运算符。

在网上商城系统中，会员关系 Users 如表 0-3-7 所示。

表 0-3-7 会员关系(Users)

会员 ID	用户名	性别	QQ	会员积分
1	Jack2001	男	2155789634	213
2	Anny	女	1515645	79
3	小新	男	24965752	85
4	Lily	女	36987452	163
5	范珍珍	女	98654287	986

【实例 0-2】查询会员关系(Users)中，性别为"男"的会员信息。

其关系运算表达式可以描述为 $\sigma_{性别='男'}(Users)$ 或 $\sigma_{3='男'}(Users)$，其中 3 表示关系中的第 3 列。运算结果如表 0-3-8 所示。

表 0-3-8 选择运算

会员 ID	用 户 名	性 别	QQ	会员积分
1	Jack2001	男	2155789634	213
3	小新	男	24965752	85

2) 投影运算

从关系模式中挑选若干属性组成新的关系称为投影。这是从列的角度进行运算,相当于对关系进行垂直分解。投影后的新关系所包含的属性少于或等于原关系,若新关系中包含重复元组,则要删除重复元组。投影运算记为 $\pi_x(R)$。

$$\pi_x(R)=\{t[x]|t\in R\}$$

其中,R 是一个关系,x 是 R 中的属性列。

【实例 0-3】查询会员(Users)的用户名、性别和会员积分。

其关系运算表达式可以描述为 $\pi_{用户名,性别,会员积分}(Users)$ 或 $\pi_{2,3,5}(Users)$。

运算结果如表 0-3-9 所示。

表 0-3-9 投影运算

用 户 名	性 别	会员积分
Jack2001	男	213
Anny	女	79
小新	男	85
Lily	女	163
范珍珍	女	986

【实例 0-4】查询积分在 100 以上的会员的用户名、性别和会员积分。

其关系运算表达式可以描述如下。

$$\pi_{用户名,性别,会员积分}(\sigma_{会员积分\geq 100}(Users)) \text{ 或 } \pi_{2,3,5}(\sigma_5\geq 100(Users))$$

运算结果如表 0-3-10 所示。

表 0-3-10 选择投影混合运算

用 户 名	性 别	会员积分
Jack2001	男	213
Lily	女	163
范珍珍	女	986

3) 连接运算

连接运算是从两个关系的笛卡儿积中选择属性值满足一定条件的元组,筛选过程通过连接条件来控制,连接是对关系的结合。连接运算通常分为 θ 连接和自然连接。

(1) θ 连接。

θ 连接是从关系 R 和 S 的笛卡儿积中选取属性值满足条件运算符 θ 的元组,其关系运算定义如下。

$$R \underset{A\theta B}{\bowtie} S = \{(t_r, t_s) | t_r \in R \wedge t_s \in S \wedge t_r[A] \theta t_s[B]\}$$

其中,A 和 B 是关系 R 和 S 中第 A 列和第 B 列的值或列序号。当 θ 为符号"="时,该连接操作称为等值连接。

(2) 自然连接。

自然连接是去除重复属性的等值连接,它是连接运算的特例,是最常用的连接运算。其关系运算定义如下。

$$R \bowtie S = \{(t_r, t_s) | t_r \in R \wedge t_s \in S \wedge t_r[A] = t_s[A]\}$$

其中,关系 R 和 S 具有同名属性 A。

在网上商城系统中,有商品类别(Goods Type)和商品(Goods)两个关系,如表 0-3-11 和表 0-3-12 所示。

表 0-3-11 商品(Goods)关系

商品 ID	商品编号	商品名称	价 格	类别 ID
1	1001	迷彩帽	63	1
2	2001	牛肉干	94	2
3	2002	零食礼包	145	2
4	3005	运动鞋	400	1

表 0-3-12 商品类别(Goods Type)关系

类别 ID	类别名称
1	服饰
2	零食

【实例 0-5】查询类别为服饰的商品信息。

设 Goods 关系为 R,Goods Type 关系为 S,由于两个关系中有共同的属性类别 ID,则进行的连接运算为自然连接,其关系运算表达式可以描述如下。

$$\sigma_{类别名称='服饰'}(R \bowtie S)$$

其运算结果如表 0-3-13 所示。

表 0-3-13 自然连接运算

商品 ID	类别 ID	商品编号	商品名称	价 格	类别名称
1	1	1001	迷彩帽	63	服饰
4	1	3005	运动鞋	400	服饰

【实例 0-6】 查询类别为服饰的商品信息，列出商品编号、商品名称、价格和类别名称。设 Goods 关系为 R，Goods Type 关系为 S，其关系运算表达式可以描述如下。

$$\pi_{商品编号,商品名称,价格,类别名称}(\sigma_{类别名称='服饰'}(R \bowtie S))$$

其运算结果如表 0-3-14 所示。

表 0-3-14 选择、投影和自然连接运算

商品编号	商品名称	价　格	类别名称
1001	迷彩帽	63	服饰
3005	运动鞋	400	服饰

4) 除法运算

在关系代数中，除法运算可理解为笛卡儿积的逆运算。设被除关系 R 有 m 元关系，除关系 S 有 n 元关系，那么它们的商为 $m-n$ 元关系，记为 $R \div S$。R 中的每个元组 i 与 S 中的每个元组 j 组成的新元组必在关系 R 中。

【实例 0-7】 设有如下关系 R 和 S，如图 0-3-11 所示。求 $R \div S$ 的运算结果。

	R					S		
A	B	C	D		C	D	E	
2	1	a	c		a	c	5	
2	2	a	d		a	c	2	
3	2	b	d		b	d	6	
3	2	b	c					
2	1	b	d					

图 0-3-11 除法运算示例

$R \div S$ 的运算结果如表 0-3-15 所示。

表 0-3-15 除法运算结果

A	B
2	1

商的构成原则是将被除关系 R 中的 $m-n$ 列，按其值分成若干组，检查每一组的 n 列值的集合是否包含除关系 S，若包含则取 $m-n$ 列的值作为商的一个元组，否则不取。

4. 逻辑运算符

逻辑运算符又称为布尔运算符，用来确认表达式的真和假。MySQL 数据库支持 4 种逻辑运算符，如表 0-3-16 所示。

扫码观看视频学习

1) NOT 或 ! 运算符

NOT 或 ! 运算符表示逻辑非，返回和操作数相反的结果。当操作数为 0(假)时，返回值为 1，否则值为 0。

表 0-3-16　MySQL 中的逻辑运算符

运 算 符	作 用
NOT 或 !	逻辑非
AND 或 &&	逻辑与
OR 或 ||	逻辑或
XOR	逻辑异或

提示： NOT NULL 的返回值为 NULL。

例如：查询显示 3 个数据值，分别为 NOT 0 的返回值、NOT 1 的返回值和 NOT NULL 的返回值，其代码和执行结果如下：

```
mysql> SELECT NOT 0,NOT 1,NOT NULL;
+-------+-------+----------+
| NOT 0 | NOT 1 | NOT NULL |
+-------+-------+----------+
|     1 |     0 |     NULL |
+-------+-------+----------+
1 row in set (0.00 sec)
```

2) AND 或 && 运算符

AND 或 && 运算符表示逻辑与运算。当所有操作数均为非 0 值并且不为 NULL 时，计算所得结果为 1，当一个或多个操作数为 0 时，所得结果为 0，操作数中有任何一个为 NULL，则返回值为 NULL。

例如：查询显示 4 个数据值，分别为(1<2)AND(1<0)的返回值、(1<2)AND(1<3)的返回值、1 AND NULL 的返回值和 NULL AND NULL 的返回值，其代码和执行结果如下：

```
mysql> SELECT (1<2)AND(1<0),(1<2)AND(1<3),1 AND NULL,NULL AND NULL;
+---------------+---------------+------------+---------------+
| (1<2)AND(1<0) | (1<2)AND(1<3) | 1 AND NULL | NULL AND NULL |
+---------------+---------------+------------+---------------+
|             0 |             1 |       NULL |          NULL |
+---------------+---------------+------------+---------------+
1 row in set (0.00 sec)
```

3) OR 或 || 运算符

OR 或 || 运算符表示逻辑或运算。当两个操作数均为非 NULL 值时，如有任意一个操作数为非 0 值，结果为 1，否则结果为 0。当有一个操作数为 NULL 时，如另一个操作数为非 0 值，结果为 1，否则结果为 NULL。假如两个操作数均为 NULL，则所得结果为 NULL。

例如：查询显示 4 个数据值，分别为(1<2)OR(1<0)的返回值、(1<2) OR (1<3)的返回值、1 OR NULL 的返回值和 NULL OR NULL 的返回值，其代码和执行结果如下所示：

```
mysql> SELECT (1<2)OR(1<0),(1<2)OR(1<3),1 OR NULL,NULL OR NULL;
+--------------+--------------+-----------+--------------+
| (1<2)OR(1<0) | (1<2)OR(1<3) | 1 OR NULL | NULL OR NULL |
```

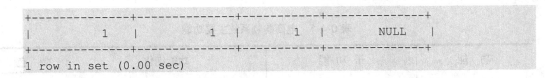

```
1 row in set (0.00 sec)
```

4) XOR

XOR 运算符表示逻辑异或。当任意一个操作数为 NULL 时，返回值为 NULL。对于非 NULL 的操作数，如果两个操作数的逻辑真假值相异，则返回结果 1，否则返回 0。

例如：查询显示 4 个数据值，分别为(1<2)XOR(1<0)的返回值、(1<2) XOR (1<3)的返回值、1 XOR NULL 的返回值和 NULL XOR NULL 的返回值，其代码和执行结果如下：

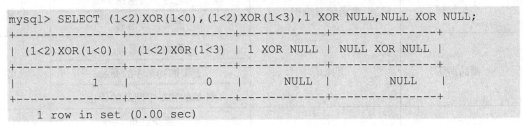

0.4 实践操作：电商购物系统需求分析与数据库建模

操作目标

B2C 电商购物系统通常包括用户购物和信息管理两大功能。用户购物主要是前台商品展示和用户购物的行为活动，而后台则是管理员维护商品信息、会员信息及系统设置等功能。

尝试进行电商购物系统数据模型设计，并使用系统建模工具 PowerDesigner 演绎电商购物系统的数据库设计过程。

B2C 电商购物系统用例图(User Case)如图 0-4-1 所示，系统主要功能如表 0-4-1 所示。

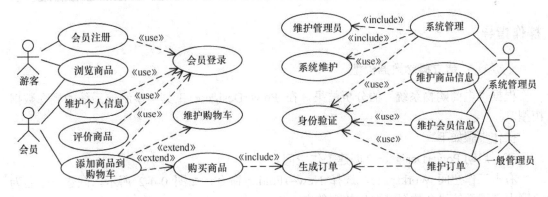

图 0-4-1　B2C 电商购物系统用例图

要完成系统的数据库设计，还需要充分地了解系统需求并进行合理的抽象。

表 0-4-1 电商购物系统主要功能

功 能	子 功 能	功能细化	角 色
商品管理	商品信息维护	设置和管理商品信息	管理员
		查询商品信息	
商品类别管理	商品类别信息维护	设置和管理商品类别信息	管理员
		查询商品类别信息	
会员管理	会员信息维护	管理会员信息	会员
		查询会员信息	
商品购买	购物车	购物车的管理	会员
		查询购物车中的商品	
		计算购物车中商品的价格	
提交订单	用户维护订单	提交订单	会员
		撤销订单	
		查询历史	
商品评价	评价商品	评价商品	会员
		查看商品评价信息	
订单管理	管理员维护订单	撤销订单	管理员
		查询订单	
		订单数据统计	
浏览商品	浏览商品	查看商品及评价信息	游客

操作指导

step 01 建立概念数据模型。

根据"电商购物系统"的分析结果，在 PowerDesigner 工具中绘制该系统的概念数据模型。

操作步骤如下。

(1) 启动 PowerDesigner，创建工作空间。

右击工作空间 Workspace，选择 New→Folder 命令，如图 0-4-2 所示。创建一个名为"网上商城系统概念数据模型"的文件夹。

(2) 创建概念数据模型。

右击"网上商城系统概念数据模型"文件夹，在弹出的快捷菜单中选择 New→Conceptual Data Model 命令，弹出如图 0-4-3 所示的对话框，在 Model name 文本框中输入模型名为 onlinedb_cdm，然后单击 OK 按钮进入模型设计界面，如图 0-4-4 所示。

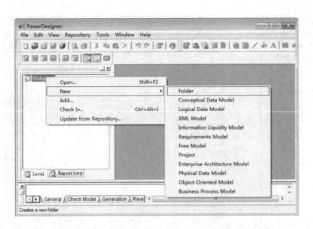

图 0-4-2 在 PowerDesigner 中新建项目文件夹

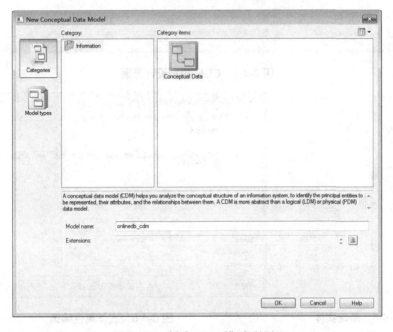

图 0-4-3 新建 CDM 模型对话框

单击悬浮工具栏中的 Entity 按钮，再在主设计面板中单击，系统将会在主设计面板中增加一个实体，如图 0-4-5 所示。

(3) 添加概念模型实体对象。

根据对电商购物系统的实体集分析，在电商购物系统中抽象出的实体有会员、商品、商品类别、订单和系统管理员。下面以商品实体为例，介绍实体的创建过程。

① 双击图 0-4-5 中的实体方框，打开如图 0-4-6 所示的对话框。设置概念模型中的实体显示名称(Name)为"商品信息表"，对应的实体代码(Code)名称为"Goods"，并设置注释(Comment)等相关信息。

② 切换到 Attributes 选项卡，在其中设置实体的属性，为商品实体添加商品 ID、商品编号、商品名称、商品价格、库存数量等属性及其数据类型，如图 0-4-7 所示。

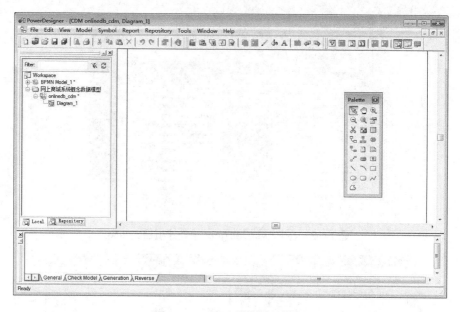

图 0-4-4　CDM 模型设计界面

图 0-4-5　新建实体　　　　　　　　图 0-4-6　实体属性编辑

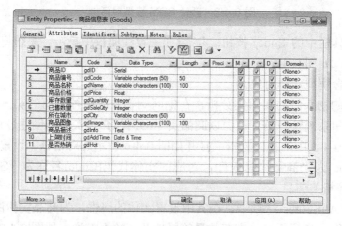

图 0-4-7　实体属性设置

③ 从图 0-4-7 中可以看出,每个实体属性还需设置该属性是否必须有值以及是否为主关键字。该设置可通过属性后面的 M 列和 P 列复选框来表示,其中,选中 M 表示不能为空,选中 P 表示该属性为唯一标识实体的主关键字。

④ 单击"确定"按钮,完成商品属性设置。

⑤ 采用同样的方法,添加电商购物系统中的其他实体。

(4) 创建实体间的关系。

所有实体添加完毕后,接着要添加实体之间的关系。下面以会员和商品两个实体为例阐述实体间关系的创建过程。其中,会员和商品实体间的关系为多对多。

① 单击图 0-4-5 所示浮动工具栏中的 Relationship 按钮 ,然后选中主设计面板中的会员实体并将其拖动至商品实体上,这时,设计器将会为会员和商品实体之间建立关系,如图 0-4-8 所示。

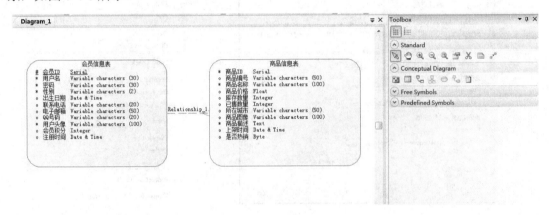

图 0-4-8 建立实体间的关系

② 双击 Relationship_1 关系名,打开关系属性对话框,如图 0-4-9 所示。根据 E-R 图,填写关系名为"添加购物车"。

图 0-4-9 关系属性对话框

③ 切换到 Cardinalities 选项卡，进入关系类型设置界面。由于会员和商品之间是多对多的关系，因而选中 Many-Many 单选按钮，如图 0-4-10 所示。除设置多对多的关系外，还可以设置实体是否必须有，如会员实体可以对应 $0\cdots n$ 件商品，而商品对应的会员也可以是 0 个。

④ 单击"确定"按钮回到设计界面。由于会员和商品实体间的关系是多对多，在概念模型转换成物理模型时，就要先将这种关系转换成实体。选中会员和商品实体间的关系，单击鼠标右键，弹出如图 0-4-11 所示的快捷菜单，选择 Change to Entity 命令，就可将两个实体间的关系转换成实体对象。

图 0-4-10 设置实体间的关系类型

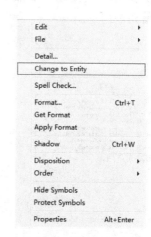

图 0-4-11 关系转换为实体

⑤ 根据电商购物系统的 E-R 图，用同样的方法可以为其他实体添加关系，完成系统概念数据模型的设计，如图 0-4-12 所示。

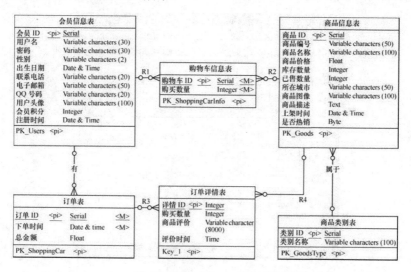

图 0-4-12 电商购物系统概念数据模型

课程准备　认识 MySQL

step 02　建立物理数据模型。

物理数据模型是针对具体数据库实现的一种模型，本书使用 PowerDesigner 15.1 支持的 MySQL 的版本最高只到 MySQL 5.0，因此，这里在建立物理模型时仍按 MySQL 5.0 导出，但这丝毫不会影响系统数据库的建模。

数据库系统的概念模型建立后，使用 PowerDesigner 15.1 就可以将其映射到对应的物理数据模型中。物理数据模型表现的是表与表之间的关系，将概念模型转换成物理模型的过程就是将实体转换成表、关系转换为中间表或外键约束的过程。

这一步的任务是将概念数据模型转换成物理数据模型。

操作步骤如下。

（1）打开 onlinedb_cdm 概念模型，选择 Tools→Generate Physical Data Model 命令，弹出生成物理数据模型选项对话框，如图 0-4-13 所示。

图 0-4-13　生成物理数据模型选项对话框

（2）选中 Generate new Physical Data Model 单选按钮，选择 DBMS 下拉列表框中的 MySQL 5.0 选项，选中 Share the DBMS definition 单选按钮，并将其命名为 onlinedb_pdm。

（3）切换到 Detail 选项卡，其中有 Check Model、Save Generation Dependencies 等选项。如果选择 Check Model，模型将会在生成之前被检查。Save Generation Dependencies 选项决定 PowerDesigner 是否为每个模型的对象保存对象识别标签，该选项主要用于合并由相同概念数据模型(CDM)生成相应的物理数据模型(PDM)。

（4）切换到 Selection 选项卡，列出所有的 CDM 中的对象，默认情况下，所有对象将会被选中。单击"确定"按钮，生成如图 0-4-14 所示的 PDM 图。

从生成的物理模型中可以看出，概念模型中的实体均转换成了表；概念模型中多对多的关系转换成了关系表。例如，会员和商品实体间的添加购物车关系，转换成了购物车信息表；一对多的关系转换成为 fk 约束，例如，商品表中增加了类别 ID 列。这时用户可以根据需求分析对物理模型进行修正，如为购物车信息表添加"购物车 ID"字段，订单详情表中添加"详情 ID"字段。

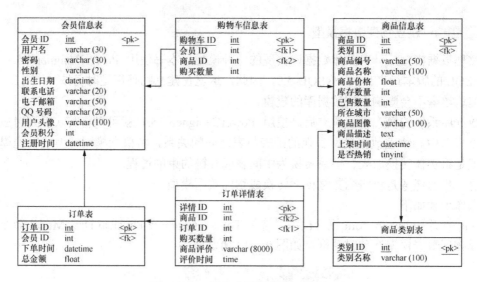

图 0-4-14　网上商城系统物理模型

按照上述方法，可以实现网上商城系统物理模型的设计。物理模型应能完整地表示 E-R 图中的所有信息。

经验点拨

经验 1：如何快速掌握 MySQL？

在学习 MySQL 数据库之前，很多读者都会问如何才能更好地掌握 MySQL 的相关技能呢？下面就来讲述学习 MySQL 的方法。

(1) 培养兴趣。兴趣是最好的老师，不论学习什么知识，兴趣都可以极大地提高学习效率，当然学习 MySQL 也不例外。

(2) 夯实基础。计算机领域的技术非常强调基础，刚开始学习可能还认识不到这一点，随着技术应用的深入，就会发现只有具有扎实的基础功底，才能在技术的道路上走得更快、更远。对于 MySQL 的学习来说，SQL 语句是其中最为基础的部分，很多操作都是通过 SQL 语句来实现的。所以在学习的过程中，读者要多编写 SQL 语句，对于同一个功能，可以使用不同的语句来实现，从而能够深刻理解其不同之处。

(3) 及时学习新知识。正确、有效地利用搜索引擎，可以搜索到很多关于 MySQL 的知识。同时，参考别人解决问题的思路，也可以吸取别人的经验，及时获取最新的技术资料。

(4) 多实践操作。数据库系统具有极强的操作性，需要多动手上机操作。在实际操作的过程中才能发现问题，并思考解决问题的方法，只有这样才能提高实战能力。

经验 2：如何选择数据库？

选择数据库时，需要考虑运行的操作系统和管理系统的实际情况。一般情况下，要遵循以下原则。

(1) 如果是开发大型的管理系统，可以在 Oracle、SQL Server、DB2 中选择；如果是开发中小型的管理系统,可以在 Access、MySQL、PostgreSQL 中选择。

(2) Access 和 SQL Server 数据库只能运行在 Windows 系列的操作系统上,其与 Windows 系列的操作系统有很好的兼容性。Oracle、DB2、MySQL 和 PostgreSQL 除了可以在 Windows 平台上运行外,还可以在 Linux 和 UNIX 平台上运行。

(3) Access、MySQL 和 PostgreSQL 都非常容易使用,Oracle 和 DB2 相对比较复杂,但是其性能比较好。

自我小结

_____
_____
_____
_____
_____
_____

思考与练习

1. 选择题

(1) 用二维表表示实体与实体间联系的数据模型称为(　　)。
　　A. 面向对象模型　B. 层次模型　　C. 关系模型　　D. 网状模型

(2) E-R 模型图提供了表示信息世界中的实体、实体属性和(　　)的方法。
　　A. 数据　　　　B. 模式　　　　C. 联系　　　　D. 表

(3) 在数据库设计中,E-R 模型是进行(　　)的主要工具。
　　A. 需求分析　　B. 概念设计　　C. 逻辑设计　　D. 物理设计

(4) 数据库设计过程不包括(　　)。
　　A. 算法设计　　B. 概念设计　　C. 逻辑设计　　D. 物理设计

(5) 一间宿舍可住多个学生,则实体宿舍和学生之间的联系是(　　)。
　　A. 一对一　　　B. 一对多　　　C. 多对一　　　D. 多对多

(6) 公司中有多个部门和多名职员,每名职员只能属于一个部门,一个部门可以有多名职员,则实体部门和职员间的联系是(　　)。
　　A. 一对一　　　B. 一对多　　　C. 多对一　　　D. 多对多

(7) 一个工作人员可以使用多台计算机,而一台计算机可被多人使用,则实体工作人员与实体计算机之间的联系是(　　)。
　　A. 一对一　　　B. 一对多　　　C. 多对一　　　D. 多对多

(8) 将 E-R 图转换为关系模式时,实体和联系都可以表示为(　　)。
　　A. 属性　　　　B. 键　　　　　C. 关系　　　　D. 域

(9) 在 E-R 图中,用来表示实体联系的图形是(　　)。
　　A. 椭圆形　　　B. 矩形　　　　C. 菱形　　　　D. 三角形

(10) 在关系数据库中,能够唯一地标识一个记录的属性或属性的组合,称为(　　)。

A. 主码　　　　B. 属性　　　　　C. 关系　　　　　D. 域

(11) 假设有表示学生选课的三张表：学生 S(学号，姓名，性别，年龄，身份证号)、课程 C(课号，课名)、选课 SC(学号，课号，成绩)，则表 SC 的关键字(键或码)为(　　)。

A. 课号，成绩　　　　　　　　B. 学号，成绩

C. 学号，课号　　　　　　　　D. 学号，姓名，成绩

(12) 有三个关系 R、S 和 T，关系如下：

R			S			T		
A	B		B	C		A	B	C
m	1		1	3		m	1	3
n	2		3	5				

由关系 R 和 S 通过运算得到关系 T，则所使用的运算为(　　)。

A. 笛卡儿积　　　B. 交　　　　C. 并　　　　D. 自然连接

(13) 现有表示患者和医疗的关系如下：P(P#，Pn，Pg，By)，其中，P#为患者编号，Pn 为患者姓名，Pg 为性别，By 为出生日期；Tr(P#，D#，Date，Rt)，其中，D#为医生编号，Date 为就诊日期，Rt 为诊断结果。检索在 1 号医生处就诊且诊断结果为感冒的病人姓名的表达式是(　　)。

A. $\pi_{Pn}(\pi_{P\#}(\sigma_{D\#=1 \wedge Rt='感冒'}(Tr))P)$

B. $\pi_{P\#}(\sigma_{D\#=1 \wedge Rt='感冒'}(Tr))$

C. $\sigma_{D\#=1 \wedge Rt='感冒'}(Tr)$

D. $\pi_{Pn}(\sigma_{D\#=1 \wedge Rt='感冒'}(Tr))$

(14) 关系数据库规范化的目的是解决关系数据库中的(　　)。

A. 插入、删除异常及数据冗余问题

B. 查询速度低的问题

C. 数据操作复杂的问题

D. 数据安全性和完整性保障的问题

(15) 第二范式是在第一范式的基础上消除了(　　)。

A. 非主属性对键的部分函数依赖　　B. 非主属性对键的传递函数依赖

C. 非主属性对键的完全函数依赖　　D. 多值依赖

(16) 设计关系数据库时，设计的关系模型至少要求满足(　　)。

A. 1NF　　　　B. 2NF　　　　C. 3NF　　　　D. BCNF

2. 简述题

(1) 简述数据库设计的基本步骤和每个阶段的主要任务。

(2) 什么是数据库的概念设计？其主要特点和设计策略是什么？

(3) 试述 E-R 模型转换为关系模型的转换规则。

拓展训练

技能大赛项目管理系统数据库的设计

一、任务描述

本次拓展任务依据学生技能大赛项目管理系统分析其需求情况，依据需求情况进行数据库设计，为学生技能大赛项目管理系统设计一套科学、合理的数据库系统。

二、任务分析

学生技能大赛项目管理系统的数据库用来存储和管理参赛选手、参赛成绩等相关信息。具体数据涉及参赛选手信息、指导教师信息、赛前培训信息、比赛信息、管理员信息等。这些数据信息按照一定的规则存储在数据库中的各张数据表内，并且数据表与数据表之间又存在一定的关联。如多个年级、多个专业的学生可参加多项竞赛，一名学生可参加多项竞赛，而每项竞赛又可以有多名学生参加，每名学生参加竞赛有指导教师进行指导，一名教师又可以指导多项比赛。这些关联关系需要经过分析进行提取，所以就需要进行数据库设计，厘清这些数据表之间的关系。

数据库设计是系统开发过程中非常重要的一个环节，设计得好坏直接关系到后面系统的使用是否顺畅。在设计数据库时，可以借助 ER/Studio、PowerDesigner 等数据库设计工具软件，提高数据库设计的效率。

首先是对系统进行需求分析，分析系统需要存储哪些数据，数据之间存在哪些关系，需要建立哪些应用，对数据有哪些常用的操作，以及需要操作的对象有哪些。分析清楚这些关联关系后，再进行数据库概念设计，对需求分析所得到的数据进行更高层次的抽象描述；然后进行数据库逻辑设计，主要是将概念模型所描述的数据映射为某个特定的 DBMS 模式的数据；最后是对数据库进行物理设计，确定数据库中有哪些数据表。

数据库在设计过程中需要遵循一定的原则，如实体的属性应该仅存在于某一实体中，如果存在于多个实体中就会造成数据冗余，数据冗余会造成数据存储容量的增加和存储空间的浪费。但是，也不能因为担心数据冗余而使数据不完整。实体是一个单独的个体，不能存在于另一个实体中成为其属性，即一张数据表中不能包含另一张数据表。数据库如果设计得不完美，将会直接影响后期对数据的操作，如数据查询、数据添加、数据修改、数据删除等。

在表 0-1 中，给出了学生实体，其包括学号、姓名、性别、专业、班级名、所在院系等属性，学生实体中出现了表中套表的现象。因为班级名和所在院系联系紧密，所以应该将班级名、所在院系属性抽取出来，分别放入班级实体、院系实体中。

数据库在设计过程中需要根据用户需求将信息挖掘出来，用户需求信息是现实世界客观存在的事物，事物是相互区别的，也是普遍联系的。需将这些客观存在的事物的联系转换为信息世界的模型，即概念模型。概念模型用于信息世界的建模，有较强的语义表达能力，能够方便、直接地表达应用中的各种语义知识，简单、清晰，易于用户理解。信息建模是现实世界到机器世界的一个中间层次，是数据库设计的有力工具，概念模型是数据库设计人员和用户之间进行交流的语言。

表 0-1 学生表

学　号	姓　名	性　别	专　业	班级名	所在院系
1601160301	张三	男	计算机网络技术	网络1班	信息工程学院
1601160302	李四	女	计算机网络技术	网络2班	信息工程学院
1601160303	王五	男	计算机网络技术	网络3班	信息工程学院
160116030	刘六	女	计算机网络技术	网络1班	信息工程学院
1601160303	赵七	男	计算机网络技术	网络2班	信息工程学院

三、任务实施

step 01 建立 E-R 图。

根据任务描述，学生实体集 E-R 图、教师实体集 E-R 图、参赛关系 E-R 图分别如图 0-1、图 0-2、图 0-3 所示。

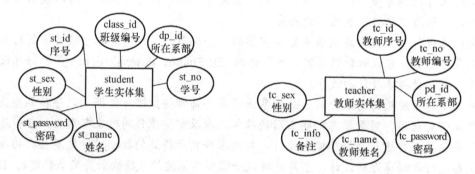

图 0-1 学生实体集 E-R 图　　　　图 0-2 教师实体集 E-R 图

学生技能大赛项目管理系统的 E-R 实体模型如下：一名学生可以参加多项竞赛，一项竞赛项目也可以有多名学生来参加，故参赛学生与竞赛项目之间属于多对多联系。教师指导学生参加竞赛，一名教师可以指导多名学生参加竞赛，一名学生可以参加多项竞赛，可以被多名教师指导，学生参加竞赛与教师指导竞赛之间也是属于多对多联系。

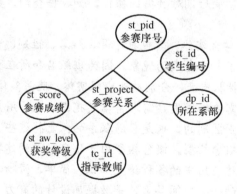

图 0-3 参赛关系 E-R 图

根据分析,学生技能大赛项目管理系统的 E-R 图如图 0-4 所示。

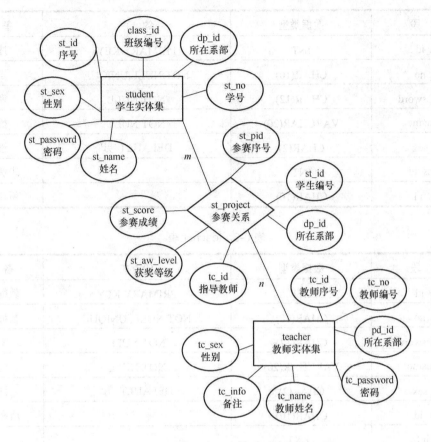

图 0-4 学生技能大赛项目管理系统的 E-R 图

step 02 建立 E-R 模型。

用 E-R 图可以描绘并建立数据模型——E-R 模型。关系数据库的设计是指根据系统需求分析来设计系统数据库的 E-R 模型。数据表是数据库中最为重要的对象,采用"一事一地"的原则绘制出 E-R 图后,可以通过如下几个步骤由 E-R 图生成数据表。

(1) 为 E-R 图中的每个实体建立一张数据表。

(2) 为每张数据表定义一个主键(如果需要,可以向数据表中添加一个没有实际意义的字段作为该表的主键)。

(3) 数据表与数据表之间有一定的联系时,可以添加数据表外键来表示一对多联系。

(4) 通过建立新数据表来表示多对多联系。

(5) 为数据表中的字段选择合适的数据类型。

(6) 对数据表中的数据有特定要求时,可以定义约束条件。

经过分析,根据学生技能大赛项目管理系统中数据库的实体集,可设计以下几张具体的数据表,如表 0-2~表 0-9 所示。

表 0-2 student 表

字 段	数据类型	约 束	备 注
st_id	INT	PRIMARY KEY	序号
st_no	CHAR(10)	NOT NULL,UNIQUE	学号
st_password	CHAR(12)	NOT NULL	密码
st_name	VARCHAR(20)	NOT NULL	姓名
st_sex	CHAR(2)	DEFAULT '男'	性别
class_id	INT		班级编号
dp_id	CHAR(10)		所在系部

表 0-3 teacher 表

字 段	数据类型	约 束	备 注
tc_id	INT	PRIMARY KEY	教师序号
tc_no	CHAR(10)	NOT NULL, UNIQUE	教师编号
tc_password	CHAR(12)	NOT NULL	密码
tc_name	VARCHAR(20)	NOT NULL	姓名
tc_sex	CHAR(2)	DEFAULT '男'	性别
dp_id	CHAR(10)		所在系部
tc_info	TEXT		备注

表 0-4 project 表

字 段	数据类型	约 束	备 注
pr_id	INT	PRIMARY KEY	项目号
pr_name	VARCHAR(50)	NOT NULL	项目名称
dp_id	CHAR(10)		所在系部
pr_address	VARCHAR(50)		比赛地点
pr_time	DATETIME		比赛时间
pr_trainaddress	VARCHAR(50)		培训地点
pr_starttime	DATETIME		培训开始时间
pr_endtime	DATETIME		培训结束时间
pr_days	INT		培训天数
pr_info	TEXT		信息
pr_active	CHAR(2)		是否启用

表 0-5 class 表

字段	数据类型	约束	备注
class_id	INT	PRIMARY KEY	编号
class_no	CHAR(10)	NOT NULL	班级号
class_name	CHAR(20)	NOT NULL	专业名
class_grade	CHAR(10)	NOT NULL	年级
dp_id	CHAR(10)		所在系部

表 0-6 department 表

字段	数据类型	约束	备注
dp_id	INT	PRIMARY KEY	所在系部
dp_name	CHAR(16)	NOT NULL	院系名
dp_phone	CHAR(11)		电话
dp_info	TEXT		信息

表 0-7 st_project 表

字段	数据类型	约束	备注
st_pid	INT	PRIMARY KEY	AUTO_INCREMENT
st_id	INT		
pr_id	INT		
tc_id	INT		
st_score	INT		
st_aw_level	INT		

表 0-8 tc_project 表

字段	数据类型	约束	备注
tc_pid	INT	PRIMARY KEY	AUTO_INCREMENT
tc_id	INT		
pr_id	INT		
dp_id	INT		
st_id	INT		

表0-9 admin表

字段	数据类型	约束	备注
ad_id	INT	PRIMARY KEY	AUTO_INCREMENT
ad_name	VARCHAR(20)	NOT NULL	
ad_password	CHAR(12)	NOT NULL	
ad_type	CHAR(12)	NOT NULL	

定义数据表时需要确定字段的数据类型，表中字段类型设计得是否恰当关系到数据库的存储空间，为每张数据表中的字段选择最合适的数据类型是数据库设计过程中的一个重要步骤，切忌为字段随意设置数据类型。为字段设置合适的数据类型还可以提升数据库的计算性能，节省数据检索时间，提高效率。MySQL数据库管理系统中常用的数据类型包括数值类型、字符串类型和日期类型。

(1) 数值类型：分为整数类型和小数类型。小数类型分为精确小数类型和浮点数类型。如果字段值需要参加算术运算，则应将这个字段设为数值类型。

(2) 字符串类型：分为定长字符串类型和变长字符串类型。字符串类型的数据使用单引号括起来，其字段值不能参加算术运算。

(3) 日期类型：分为日期类型和日期时间类型。日期类型的数据是一个符合"YYYY-MM-DD"格式的字符串。日期时间类型的数据符合"YYYY-MM-DD hh:mm:ss"格式。日期类型的数据可以参加简单的加、减法运算。图0-5列出了MySQL数据库的数据类型。

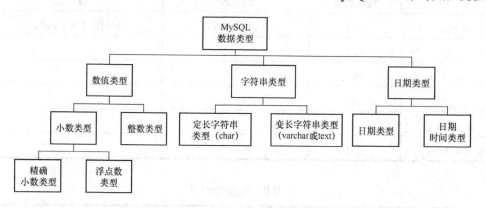

图0-5 MySQL数据库的数据类型

数据库完整性(Database Integrity)是指数据库中的数据在逻辑上的一致性、正确性、有效性和相容性。数据库完整性由各种各样的完整性约束(Constraint)来保证，因此可以说数据库完整性设计就是数据库完整性约束的设计。MySQL数据库定义的约束条件主要有主键(Primary Key)约束、外键(Foreign Key)约束、唯一性(Unique)约束、默认值(Default)约束、非空(Not Null)约束、检查(Check)约束6种。

(1) 主键能够唯一标识表中的每条记录。一张表只能有一个主键，但可以有多个候选键。主键常常与外键构成参照完整性约束，防止出现

扫码观看视频学习

数据不一致的问题。主键可以保证记录的唯一性和主键域非空。数据库管理系统对于主键自动生成唯一索引，所以主键也是一个特殊的索引。如学生表中有学号和姓名，姓名可能有重复的，但学号却是唯一的，要从学生表中搜索一条记录，就只能根据学号去查找，才能找出唯一的这名学生，这就是主键。可以将主键设为自动增长的类型，例如：

```
id INT (10) NOT NULL PRIMARY KEY AUTO_INCREMENT
```

（2）外键是用于建立和加强两张数据表之间的链接的一个或多个字段。外键约束主要用来维护两张表之间数据的一致性。一张数据表的外键就是另一张数据表的主键，外键将两表联系起来。一般情况下，要删除一张表中的主键必须首先要确保其他表中没有相同记录值的外键(即该表中的主键没有一个外键和它相关联)。如果表 A 的一个字段 a 对应于表 B 的主键 b，则字段 a 称为表 A 的外键，此时存储在表 A 中字段 a 的值，要么是 NULL，要么是表 B 中主键 b 的值。

（3）唯一性约束是对数据表的字段强制执行唯一值。例如，学生表中学生的学号必须具有唯一性，学生的姓名可以不具有唯一性，也就是允许一张数据表中有相同名字的学生。但为了区分学生实体集间的个体信息，可以将学生的学号设置为唯一性约束，通过唯一性约束来区分相同姓名的学生。MySQL 数据库可以用唯一性约束对字段进行约束，它定义了限制字段或一组字段中值的唯一规则。若要限制数据表中的字段值不重复，则可为该字段添加唯一性约束。与主键约束不同，一张表中可以存在多个唯一性约束，并且满足唯一性约束的字段值可以为 NULL。

（4）默认值约束。数据表在创建字段时可以指定默认值，当插入数据且未主动输入值时，为其自动添加默认值，默认值与 NOT NULL 配合使用。例如，学生表中学生的性别有男或女两种情况，但机电专业的男学生比较多，则可以将该性别字段设为默认值"男"，在录入学生性别信息时，如果没有录入数据，则系统自动设置其性别信息为"男"。

（5）非空约束限制数据表中的字段值不能取 NULL 值。例如，学生表中学生的姓名不能为空，则可为该字段添加非空约束。

（6）检查约束用于检查字段的输入值是否满足指定的条件。输入(或者修改)数据时，若字段值不符合检查约束指定的条件，则数据不能写入该字段。如在学生表中将学生的年龄字段约束为 15~35 岁，设为检查约束后，如果录入学生的年龄超过 35 岁或低于 15 岁，则该条记录是一条无效记录，不能录入数据表。

step 03 使用 ER/Studio 设计学生技能大赛项目管理系统数据库。

（1）使用 ER/Studio 设计数据库的一般程序如下。

① 建立模型。

进入 ER/Studio 系统，选择 File→New 命令(或者按 Ctrl+N 组合键)，选中 Draw a new data model 单选按钮，如图 0-6、图 0-7 所示。

② 创建实体。

单击实体对象工具栏中的■按钮，创建实体及实体的属性，如图 0-8 所示，创建的实体对象如图 0-9 所示。

然后修改实体名称(可以直接修改，也可以按 Tab 键添加内容)，双击创建的实体，即可对实体属性进行修改。Entity Editor 对话框如图 0-10 所示。

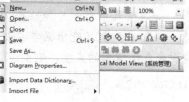 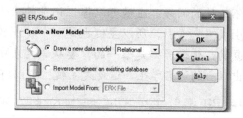

图 0-6 新建模型　　　　　　　　图 0-7 选择模型类型

图 0-8 实体对象工具栏　　　　　　图 0-9 实体对象

图 0-10 实体属性的添加与修改

在 Entity Editor 对话框中可以继续添加实体的其他属性，并为实体属性选择合适的数据类型，依次创建 name、accounted、createdate(非主键)属性，创建完成后的效果如图 0-11 所示。

③ 创建关系。

数据库中，实体与实体之间有一定的关系，要实现实体间的关系，可以按照相关关系建立关联。将实体 entity(见图 0-12)与图 0-11 中的实体 test 建立关联关系，先单击工具栏中的 按钮创建关联关系，再将两者连接起来；先单击主表，再单击关联表，这样关联关系就建立起来了，如图 0-13 所示。

图 0-11　创建实体　　图 0-12　实体　　　　　　图 0-13　创建关系

图 0-13 显示出了两个实体之间的关联关系，其中，实体 test 中的 id 属性为主键，实体 entity 将实体 test 中的 id 属性作为外键，建立了参照约束关系。即实体 entity 中的 id 字段值必须来自实体 test 中的 id 字段值。

④ 创建物理模型。

选择 Model→Generate Physical Model 命令，如图 0-14 所示，弹出如图 0-15 所示的对话框，单击 Yes 按钮，得到物理模型。

 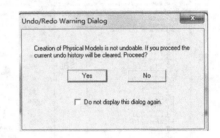

图 0-14　Model 菜单　　　　　　　　　图 0-15　创建物理模型提示

接着，填写物理模型的名称及数据库类型，如图 0-16 所示。创建完成后，在左边窗口中将显示物理模型信息，如图 0-17 所示。单击"保存"按钮，生成数据模型，如图 0-18 所示。

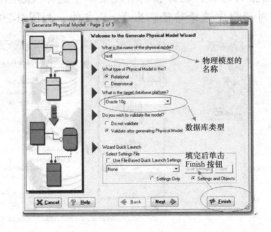

图 0-16　创建物理模型

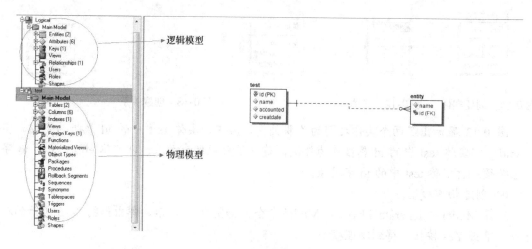

图 0-17　物理模型信息

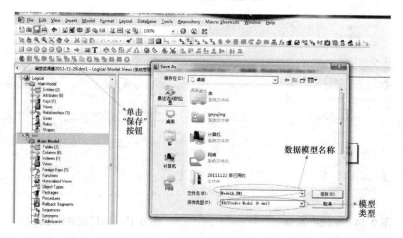

图 0-18　生成数据模型

⑤ 导出物理模型生成 sql 文件。

选中物理模型，单击鼠标右键，在弹出的快捷菜单中选择 Generate Database 命令，如图 0-19 所示。在弹出的对话框中选择路径，生成 sql 文件，如图 0-20 所示。

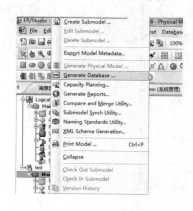

图 0-19　选择命令

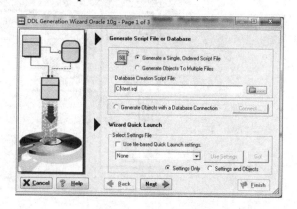

图 0-20　生成 sql 文件

(2) 使用 ER/Studio 数据库工具软件设计学生技能大赛项目管理系统数据库。

启动 ER/Studio 软件，如图 0-21 所示。利用该软件，根据学生技能大赛项目管理系统的需求分析，设计其实体集、关系，以及实体集与实体集之间的关联，并设计学生技能大赛项目管理系统数据库。

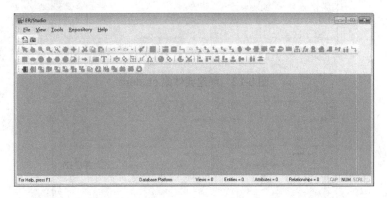

图 0-21　启动 ER/Studio 软件

首先，创建新模型，模型类型选择 Draw a new data model 选项，然后输入模型名称 competition。

打开模型 competition，选择逻辑模型 Logical 的 Main Model 文件夹下的 Entities，创建 competition 模型中的各个实体集，如图 0-22 所示。

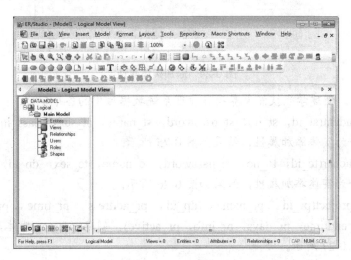

图 0-22　创建实体集

创建实体集 student，如图 0-23 所示，分别设置 Entity Name、Table Name，然后单击 Add 按钮添加其属性。

在如图 0-24 所示的 Entity Editor 对话框中，添加 student 实体的各个属性，分别输入 Attribute Name(属性名称)、Default_Column Name(列名称)，设置 Datatype(数据类型)，各属性创建完成后，单击 Save 按钮进行保存。

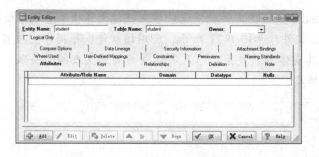

图 0-23 创建实体集 student

图 0-24 添加实体属性

按上述步骤，创建学生技能大赛项目管理系统数据库中的各个实体。

① 依据 student(st_id，st_no，st_password，st_name，st_sex，class_id，dp_id)，创建 student 实体，并为实体添加属性，结果如图 0-25 所示。

② 依据 teacher(tc_id，tc_no，tc_password，tc_name，tc_sex，dp_id，tc_info)，创建 teacher 实体，并为实体添加属性，结果如图 0-26 所示。

③ 依据 project(pr_id，pr_name，dp_id，pr_address，pr_time，pr_trainaddress，pr_starttime，pr_endtime，pr_days，pr_info，pr_active)，创建 project 实体，并为实体添加属性，结果如图 0-27 所示。

④ 依据 class(class_id，class_no，class_name，class_grade，dp_id)，创建 class 实体，并为实体添加属性，结果如图 0-28 所示。

⑤ 依据 department(dp_id，dp_name，dp_phone，dp_info)，创建 department 实体，并为实体添加属性，结果如图 0-29 所示。

⑥ 依据 st_project(st_pid，st_id，pr_id，tc_id，st_score，st_aw_level)，创建 st_project 实体，并为实体添加属性，结果如图 0-30 所示。

⑦ 依据 tc_project(tc_pid，tc_id，pr_id，st_id，dp_id)，创建 tc_project 实体，并为实体添加属性，结果如图 0-31 所示。

⑧ 依据 admin(ad_id，ad_name，ad_password，ad_type)，创建 admin 实体，并为实体添加属性，结果如图 0-32 所示。

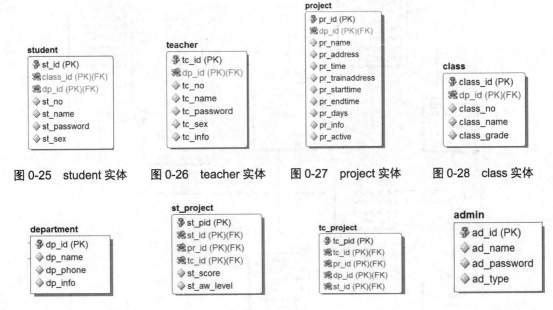

图 0-25　student 实体　　图 0-26　teacher 实体　　图 0-27　project 实体　　图 0-28　class 实体

图 0-29　department 实体　　图 0-30　st_project 实体　　图 0-31　tc_project 实体　　图 0-32　admin 实体

在 ER/Studio 工具软件中，根据需求分析结果，可明确各实体间的关系，各实体间的关系如下。

① Identifying Relationship。
② Non-Identifying Mandatory Relationship。
③ Non-Identifying Optional Relationship。
④ One-to-one Relationship。
⑤ Non-specific Relationship。

其中，Identifying Relationship 是确定关系，是一种一定存在的关系。子实体中必须有充当外键的属性，而且这个外键必须是父实体的主键，这种关系也最终产生一个组合主键来决定父实体。Non-Identifying Optional Relationship 是非确定关系，对于子实体非主键属性而言会产生一个父实体主键，因为这个关系可选，所以不要求外键在子实体中。但如果有外键存在于子实体中的话，那么在父实体的主键中就一定要能找到该外键。Non-Identifying Mandatory Relationship，这种关系一方面针对子实体的非主键属性会产生父实体的主键；另一方面要求子实体必须有外键，而且此外键一定可以在父实体的主键中找到。Non-specific Relationship，这种关系主要用于实现多对多联系。因为现在多对多联系的逻辑关系还没有被很好地解决，所以在这种关系下不能产生任何外键。这种关系在数据库模型中很少使用，若要将数据库模型标准化，最好在实体间将此关系去除。在确定关系中，父实体中的外键也充当主键，和父实体本身的主键共同决定父实体身份；在非确定关系中，父实体中的外键就是纯粹的外键，只有父实体本身的主键决定父实体的身份。

经过分析，最终设计得出学生技能大赛项目管理系统数据库实体之间的关系如图 0-33

所示。

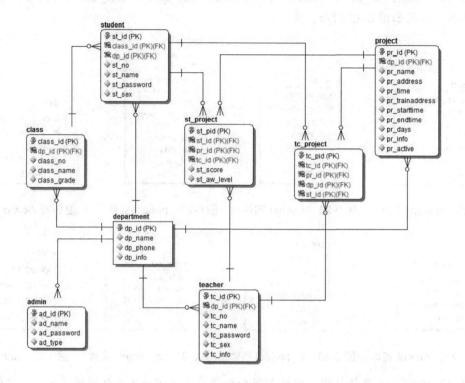

图 0-33 学生技能大赛项目管理系统数据库实体之间的关系

项目 1　MySQL 的安装与环境配置

学习目标 👉

【知识目标】
- 了解 MySQL 数据库的特点与优势。
- 了解 MySQL 数据库的相关概念。
- 初步认识图形化管理工具 Navicat。

【技能目标】
- 会在 Windows 操作系统下安装 MySQL 数据库。
- 能够配置 MySQL 服务器。
- 能够启动、停止服务器。
- 能够登录服务器。
- 能够设置系统环境变量。
- 能够使用 Navicat 进行基本数据库操作。

【拓展目标】
- 会在命令行下启动、停止 MySQL 服务器。
- 会通过命令行方式和 MySQL Command Line Client 方式登录数据库。

■ 情境描述

要使用 MySQL 来存储和管理数据库，首先要安装和配置 MySQL 数据库。本项目将介绍 MySQL 的安装和配置过程，并使用命令行和 Navicat 工具操作 MySQL 数据库。

1.1 知识准备：MySQL 的下载路径与安装配置方法

1.1.1 MySQL 的下载路径

MySQL 是一个关系数据库管理系统，是建立数据库驱动和动态网站的最佳数据库之一，能够支持 Linux、Windows NT、UNIX 等多种平台。对于初学者来说，Windows 操作系统更易使用，本书选用 Windows 7 操作系统作为开发平台；为了便于安装，本书使用图形化的安装包，通过详细的安装向导一步一步地完成。

根据收费与否，MySQL 数据库分为 MySQL Community Server(社区版)和 MySQL Enterprise Edition(商业版)两种，使用商业版需要交付维护费用，但运行更加稳定，社区版是完全免费的产品。MySQL 发展到现在，已经是比较成熟的产品了，商业版和社区版在性能方面相差不大。为方便广大读者学习，本书以 MySQL Community Server 作为安装版，读者可以自行从 MySQL 官网(https://www.mysql.com)下载，如图 1-1-1 所示。

图 1-1-1　MySQL 官网下载界面

1.1.2 MySQL 的安装配置方法

在 Windows 操作系统下，MySQL 数据库的安装包分为图形化界面安装和免安装两种类型。这两种安装包的安装方式有所不同，配置方式也不相同。免安装的安装包直接解压即可使用，图形化界面的安装包有完整的安装向导，安装和配置非常方便。

MySQL 服务器是一个安装有 MySQL 服务(也称 MySQL 数据库服务，正在运行的 MySQL 数据库服务是一个进程，注意区分)的主机系统。同一台 MySQL 服务器可以安装多个 MySQL 服务，也可以同时运行多个 MySQL 数据库。用户访问 MySQL 服务器的数据库时，需要登录一台主机，在该主机中开启 MySQL 客户端，输入正确的用户名、密码，建立一条 MySQL 客户端和 MySQL 服务器之间的"通信链路"。

在同一台 MySQL 服务器上能够运行多个 MySQL 数据库，这些数据库是通过端口号来区分的。启动和管理 MySQL 服务器必须具有权限，如管理员或者其他合法用户。远程客户端连接还需要使用网络协议，MySQL 5.7 程序安装完成后，需要对服务器进行配置，才能实现这些功能。

1.1.3 MySQL 的启动与登录方法

对 MySQL 数据库进行管理，需要经过几个步骤。首先，数据库用户要开启 MySQL 客户端，MySQL 服务器接收到连接信息后，对连接信息进行身份认证，身份认证后建立 MySQL 客户端和 MySQL 服务器之间的通信链路，继而 MySQL 客户端才可以享受 MySQL 数据库中的信息服务。MySQL 客户端向 MySQL 服务器提供的连接信息包括如下内容。

(1) 合法的登录主机：解决源头从哪里来的问题。

(2) 合法的用户名和正确的密码：解决是谁的问题。

(3) MySQL 服务器主机名或 IP 地址：解决到哪里去的问题。当 MySQL 客户端和 MySQL 服务器是同一台主机时，可以使用 localhost 或者 IP 地址 127.0.0.1。

(4) 端口号：解决服务器中多个数据库系统的问题，如果 MySQL 服务器使用 3306 之外的端口号，则在连接 MySQL 服务器时，MySQL 客户端需要提供端口号。

基于以上分析，服务器的启动和停止必须进行管理员身份的核实，客户端用户登录 MySQL 数据库也必须核实其合法身份。

1.2 实践操作：下载与安装 MySQL 并进行配置

操作指导

下载 MySQL 5.7，在个人计算机上安装并进行配置，实现在本机或另外一台计算机的客户端登录和管理 MySQL 服务器。

1.2.1 下载 MySQL 安装文件

下载 MySQL 安装文件的具体操作步骤如下。

(1) 打开网页浏览器，在地址栏中输入网址：https://www.mysql.com，单击 DOWNLOADS 按钮，进入下载页面(https://www.mysql.com/downloads/)，选择 Community 选项，如图 1-2-1 所示，在 MySQL Community Server(GPL)区域单击 DOWNLOADS 按钮。

图 1-2-1　MySQL 下载

(2) 在打开的页面中,根据自己的操作系统选择 32 位或 64 位的图形化安装包,如图 1-2-2 所示。本书选择 32 位,然后在 Recommended Download 区域,单击 Go to Download Page 按钮。

图 1-2-2　选择安装包

(3) 在打开的页面中,选择 mysql-installer-community-5.7.21.0.msi 文件,并单击右侧的 Download 按钮,如图 1-2-3 所示。

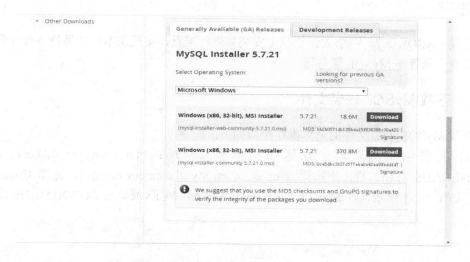

图 1-2-3　选择合适的 MySQL 版本

(4) 在打开的页面中,单击下方的 No thanks, just start my download.超链接,跳过注册步骤直接下载,如图 1-2-4 所示。也可以单击 Login 按钮,进入用户登录页面,如图 1-2-5 所示,输入用户名和密码后进行下载;若没有用户名和密码,可通过单击"创建账户"按钮注册后再下载,下载页面如图 1-2-6 所示。

注:在用户登录页面中,使用"帐户"的写法,根据出版规范,实际上应为"账户",本书正文中采用"账户"的写法。

项目 1　MySQL 的安装与环境配置

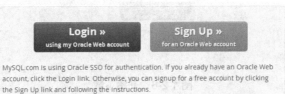

图 1-2-4　MySQL 注册

图 1-2-5　用户登录

图 1-2-6 开始下载

1.2.2 安装 MySQL 5.7

MySQL 图形化安装包下载完成后，找到下载文件，即可进行安装，具体操作步骤如下。

(1) 双击 mysql-installer-community-5.7.21.0.msi 文件，若出现如图 1-2-7 所示的提示对话框(提示需要安装.Net 环境)，则需要下载 Microsoft.NET Framework 的对应版本并进行安装。安装完成后，再次双击 mysql-installer-community-5.7.21.0.msi 文件。

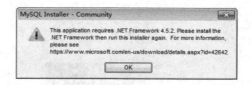

图 1-2-7 提示对话框

(2) 弹出 License Agreement(用户许可协议)设置界面，如图 1-2-8 所示，选中 I accept the license terms 复选框，单击 Next 按钮。

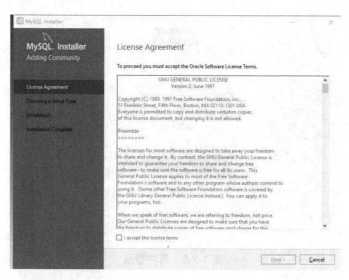

图 1-2-8 用户许可协议设置界面

(3) 弹出 Choosing a Setup Type(选择安装类型)设置界面，如图 1-2-9 所示，安装类型分为 Developer Default(默认安装类型)、Server only(仅作为服务器)、Client only(仅作为客户端)、Full(完全安装类型)和 Custom(用户自定义安装类型)。

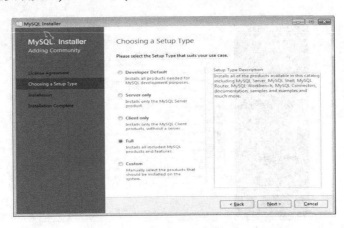

图 1-2-9　选择安装类型设置界面

- Developer Default：安装 MySQL 服务器及开发 MySQL 应用所需的工具。工具包括开发和管理服务器的 GUI 工作台、访问操作数据的 Excel 插件、与 Visual Studio 集成开发的插件、通过 NET/Java/C/C++/ODBC 等访问数据的连接器、实例、教程、开发文档等。
- Server only：仅安装 MySQL 服务器，适用于仅部署 MySQL 服务器的情况。
- Client only：仅安装客户端，适用于基于已存在的 MySQL 服务器进行 MySQL 应用开发的情况。
- Full：安装 MySQL 的所有可用组件。
- Custom：自定义需要安装的组件。

为方便初学者了解整个安装过程，本书选择 Full 安装类型，单击 Next 按钮。

(4) 弹出 Check Requirements(安装条件检查)设置界面，如图 1-2-10 所示，单击 Execute 按钮。若遇到一些需要安装的程序，选择直接安装或手动安装即可，完成后单击 Next 按钮。

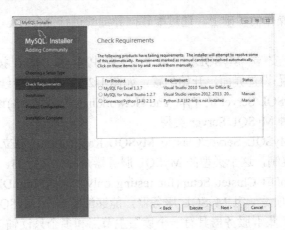

图 1-2-10　安装条件检查设置界面

(5) 弹出 Installation(程序安装)设置界面,开始安装程序,所有 Product 的 Status(状态)显示为 Complete(完成)后,安装向导过程中所做的设置将在安装完成之后生效,如图 1-2-11 所示。

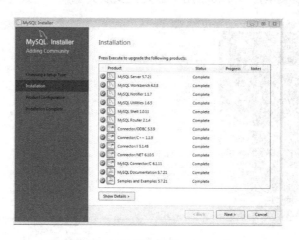

图 1-2-11　程序安装设置界面

实践提示

(1) 下载 MySQL 时,要根据计算机操作系统的位数选择合适的 MySQL 安装版本。安装过程比较简单,但操作过程中可能会出现一些问题,读者需要多实践、多总结。安装过程中若遇到错误或其他障碍,应该认真阅读弹出的对话框内容,根据提示信息解决问题,或借助搜索引擎、论坛寻求解决方法。

(2) 若重新安装 MySQL 失败,大多是因为删除 MySQL 时不能自动删除相关的信息,需要删除 C 盘 Program Files 文件夹下面的 MySQL 安装目录,同时删除 MySQL 的 data 目录,该目录一般为隐藏目录,其位置为 C:\Documents and Settings\All Users\Application Data\MySQL,删除后重新安装即可。

1.2.3　MySQL 服务器的配置

此步骤是在之前操作的基础上,通过配置向导继续进行 MySQL 服务器的配置,具体步骤如下。

(1) 在 1.2.2 节安装 MySQL 的最后一步中单击 Next 按钮,进入 Product Configuration(产品配置)设置界面,开始配置,如图 1-2-12 所示,继续单击 Next 按钮。

(2) 弹出配置 MySQL Server 的 Type and Networking(类型和网络)设置界面,如图 1-2-13 所示,这里出现了两种 MySQL Server 类型。

- Standalone MySQL Server/Classic MySQL Replication:独立的 MySQL 服务器/标准 MySQL 复制,这个类型的 MySQL 服务器是独立运行的。
- Sandbox InnoDB Cluster Setup(for testing only):沙箱 InnoDB 集群设置(仅用于测试),这个选项是一组 MySQL 服务器,能够配置一个 MySQL 集群。在默认单主节点模式下,集群服务器具有一个读写主节点和多个只读辅节点。InnoDB Cluster 不提供 NDB Cluster 支持,也比较复杂。

项目 1　MySQL 的安装与环境配置

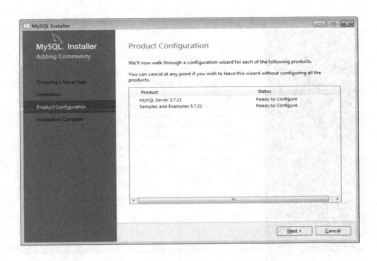

图 1-2-12　产品配置设置界面

本书选择第一种类型，如图 1-2-13 所示，单击 Next 按钮。

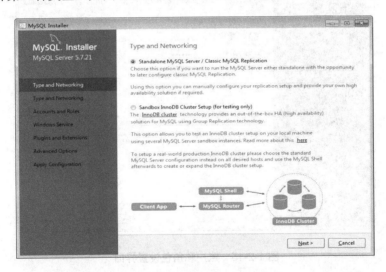

图 1-2-13　类型和网络设置界面(一)

(3) 在新弹出的设置界面中，如图 1-2-14 所示，对于小型应用或教学而言，Server Configuration Type(服务器配置类型)中的 Config Type 应首选 Development Machine，Connectivity 中的 Port Number(端口号)默认为 3306，也可以输入其他数字，但要保证该端口号不能被其他网络程序占用。其他选择默认设置，单击 Next 按钮。

(4) 弹出 Accounts and Roles(账户和角色设置)设置界面，如图 1-2-15 所示。在 MySQL Root Password 文本框中输入 root 账户(根账户)密码，此密码是登录密码(需要记住)，在 Repeat Password 文本框中重复输入密码以便确认，MySQL User Accounts(非根)用户账户是用来添加其他管理员的，其目的是便于数据库权限的管理，为远程访问者提供安全账户。单击 Add User 按钮输入用户名、密码，单击 OK 按钮(若添加的管理员只允许在本地登录，则将 Host 改为 Local)，返回之前的设置界面，单击 Next 按钮。

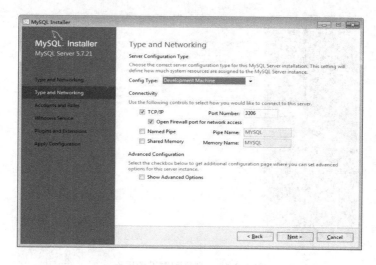

图 1-2-14 类型和网络设置界面(二)

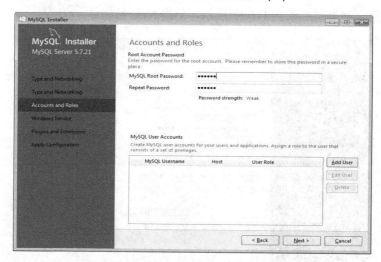

图 1-2-15 账户和角色设置界面

(5) 弹出 Windows Service(服务器名称)设置界面，如图 1-2-16 所示，在 Windows Service Name 文本框中输入服务器在 Windows 系统中的名称，这里选择默认名称 MySQL5.7，也可以另行指定。Start the MySQL Server at System Startup 复选框用来选择是否开机启动 MySQL 服务。运行 MySQL 需要是操作系统的合法用户，在 Run Windows Service as 选项区中，一般选中 Standard System Account(标准系统用户)单选按钮，而取消选中 Custom User(自定义用户)单选按钮，继续单击 Next 按钮。

(6) 在 Plugins and Extensions(插件与扩展)设置界面中，采用默认设置，如图 1-2-17 所示，单击 Next 按钮。

(7) 在 Apply Configuration(应用配置)设置界面中，单击 Execute 按钮进行安装，如图 1-2-18 所示。安装完成后，单击 Finish 按钮。

(8) 安装程序回到 Product Configuration(产品配置)设置界面，此时可以看到 MySQL Server 安装成功的显示，如图 1-2-19 所示，继续下一步，单击 Next 按钮。

项目 1　MySQL 的安装与环境配置

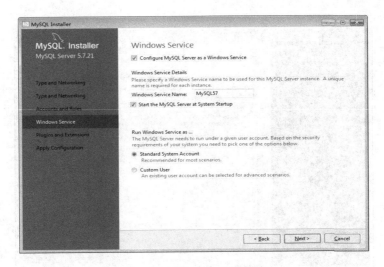

图 1-2-16　服务器名称设置界面

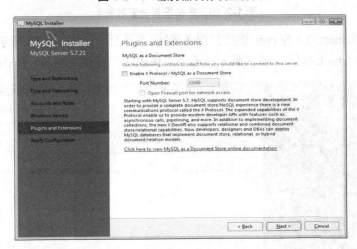

图 1-2-17　插件与扩展设置界面

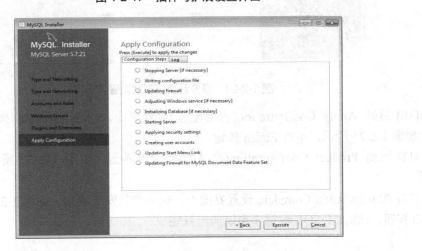

图 1-2-18　应用配置设置界面

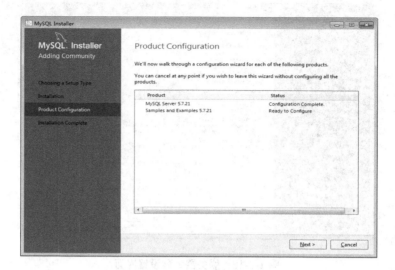

图 1-2-19　产品配置设置界面

(9) 弹出 Connect To Server(连接到服务器)设置界面，如图 1-2-20 所示，输入 root 账户的密码，单击 Check 按钮，测试服务器是否连接成功，连接成功后，单击 Next 按钮。

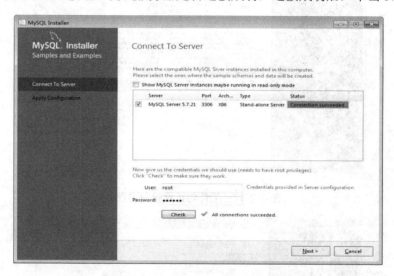

图 1-2-20　服务器连接测试设置界面

(10) 回到 Apply Configuration(应用配置)设置界面，单击 Execute 按钮，配置成功后，如图 1-2-21 所示，单击 Finish 按钮。

(11) 回到 Product Configuration(产品配置)设置界面，如图 1-2-22 所示，单击 Next 按钮。

(12) 在 Installation Complete 设置界面中，提示产品安装成功，如图 1-2-23 所示，单击 Finish 按钮，此时 MySQL 数据库系统的配置完成。

项目1　MySQL 的安装与环境配置

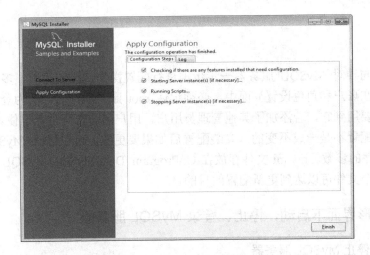

图 1-2-21　应用配置完成设置界面

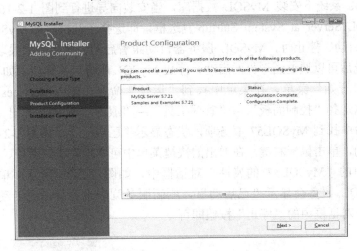

图 1-2-22　产品配置成功确认设置界面

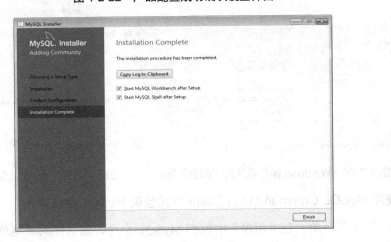

图 1-2-23　MySQL 安装成功

MySQL 数据库项目实践教程(微课版)

> **实践提示**

通过安装向导对 MySQL 服务器一步步地进行配置操作，比较简单，多数选项可以使用默认设置。在账户和角色设置界面中，必须记住 root 账户的密码，因为登录服务器和数据库还原时都要用到它，若添加了其他管理员用户，用户名和密码也需记住。

服务器的配置不是一成不变的，安装配置后如果要更改，可以修改 MySQL 数据库中 my.ini 配置文件的参数。my.ini 文件存放在 C:\Program Data\MySQL\MySQL Server 5.7 目录下，修改这个文件可以达到更新配置的目的。

1.2.4 在图形界面下启动、停止、登录 MySQL 服务器

1. 启动与停止 MySQL 服务器

在 Windows 系统下安装 MySQL 数据库，当安装向导进行到图 1-2-16 时，如果选中 Start the MySQL Server at System Startup 复选框，即选择了开机启动 MySQL 服务，那么 Windows 系统启动、停止时，MySQL 服务器自动跟着启动、停止。如果取消选中该复选框，则进入系统后可以通过图形界面启动、停止 MySQL 服务。具体步骤如下。

（1）单击"开始"菜单，在菜单中找到"运行"命令，输入 services.msc 命令，按 Enter 键(也可以选择"控制面板"→"管理工具"→"服务"命令)，弹出"服务"窗口。在"服务"窗口中找到 MySQL57 服务项，状态显示"已启动"，如图 1-2-24 所示，表明该服务已经启动，单击鼠标右键，在弹出的快捷菜单中可实现停止、暂停、重启操作。

（2）在弹出的"MySQL57 的属性"对话框中，如图 1-2-25 所示，单击"启动"按钮，这时 MySQL 服务会显示"已启动"，刷新服务列表也会显示已启动状态。若要停止，则单击这个对话框中的"停止"按钮即可。

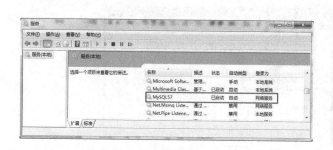

图 1-2-24 Windows 操作系统的"服务"窗口　　图 1-2-25 "MySQL57 的属性"对话框

2. 使用 MySQL Command Line Client 方式登录 MySQL 数据库

单击"开始"菜单，在"程序"中找到 MySQL 命令，然后在其子菜单中选择 MySQL Server 5.7→MySQL 5.7 Command Line Client 命令，弹出如图 1-2-26 所示的窗口，输入正确的密码之后，就可以登录 MySQL 数据库了。

项目 1　MySQL 的安装与环境配置

图 1-2-26　使用 MySQL Command Line Client 方式登录数据库

1.2.5　初步使用图形化管理工具 Navicat

扫码观看视频学习

MySQL 图形化管理工具可以极大地方便数据库的操作和管理。相关知识已经在课程导入部分介绍过了，在此不再赘述。鉴于笔者的操作习惯，本书选用 Navicat 作为 MySQL 图形化管理工具，版本号为 Navicat Premium 11.2.7。

Navicat 是可视化的 MySQL 管理和开发工具，用于访问、配置、控制和管理 MySQL 数据库服务器中的所有对象及组件。Navicat 将多样化的图形工具和脚本编辑器融合在一起，为 MySQL 的开发和管理人员提供数据库的管理和维护、数据的查询及维护等操作。

1. 使用 Navicat 登录 MySQL 服务器

操作步骤如下。

（1）启动 Navicat。

执行"开始"→"所有程序"→Navicat Premium→Navicat Premium 命令，打开 Navicat 的操作界面，如图 1-2-27 所示。操作界面由连接资源管理器、对象管理器及对象等组成。

（2）连接到 MySQL 服务器。

单击图 1-2-27 中的"连接"按钮，选择 MySQL，打开"新建连接"对话框，并输入要连接的名称"myconn"、主机名或 IP 地址、端口号、用户名和密码，如图 1-2-28 所示。

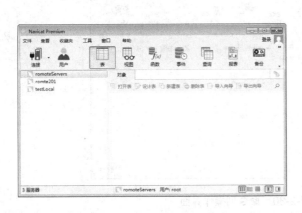

图 1-2-27　Navicat 的操作界面

图 1-2-28　"新建连接"对话框

(3) 打开连接 myconn。

单击图 1-2-28 中的"连接测试"按钮，测试连接成功后，双击 myconn 连接，打开该连接的 MySQL 服务器中管理的所有数据库，如图 1-2-29 所示。

成功登录到 MySQL 服务器后，用户就可以使用 Navicat 管理和操作数据库、表、视图、查询等对象了。

> **学习提示**
>
> Navicat 安装包的下载地址为 Navicat 官网(http://www.navicat.com)。

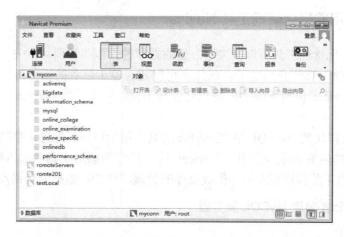

图 1-2-29　打开 myconn 连接

2. 在 Navicat 中使用命令列工具

除了强大的界面管理外，Navicat 也提供了命令列工具来方便用户使用命令操作。操作步骤如下。

(1) 选择菜单栏中的"工具"→"命令列界面"命令(或按 F6 键)，打开"myconn-命令列界面"窗口，如图 1-2-30 所示。

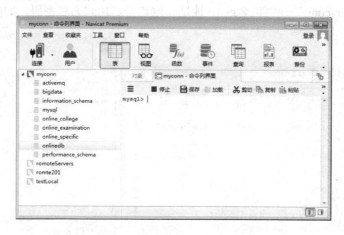

图 1-2-30　命令列操作界面

项目 1　MySQL 的安装与环境配置

(2) 从图 1-2-30 中可以看到 MySQL 的命令提示符"mysql>",用户可以输入相关命令进行操作。

(3) 在命令行中输入如下代码:

```
mysql> use onlinedb;
```

执行结果如图 1-2-31 所示。该命令实现了切换 onlinedb 为当前数据库的操作。

> **学习提示**
> 在 MySQL 中,每一行命令都要用分号(;)作为结束。

图 1-2-31　切换数据库的操作命令

3. 在 Navicat 中使用查询编辑器

查询编辑器是一个文本编辑工具,主要用来编辑、调试或执行 SQL 命令。Navicat 提供了选项卡式的查询编辑器,能同时打开多个查询编辑器视图。

操作步骤如下。

(1) 在 Navicat 的主界面中单击"查询"按钮,在"对象"选项卡中单击"新建查询"按钮,如图 1-2-32 所示,打开 MySQL 查询编辑器。

图 1-2-32　创建查询

(2) 在编辑点输入查看内置系统变量的命令：

```
SHOW VARIABLES;
```

查询编辑器会为每一行命令添加行号。单击查询编辑器中的"运行"按钮可以执行当前查询编辑器中的所有命令；若只需要执行部分语句，可以选中要执行查询命令的语句，单击鼠标右键，在弹出的快捷菜单中选择"运行已选择的"菜单命令，如图 1-2-33 所示。

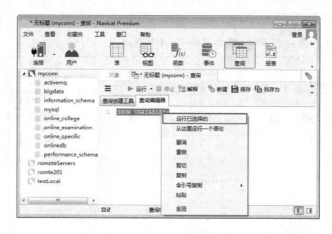

图 1-2-33　执行查询

(3) 单击"运行"按钮，查询编辑器会分析查询命令，并给出运行结果。查询结果包括信息、结果、概况和状态四个选项，分别显示该查询命令影响数据记录情况、结果集、每项操作所用时间和查询过程中系统变量的使用情况，并在结果状态栏中显示查询用时及查询结果集的行数，如图 1-2-34 和图 1-2-35 所示。

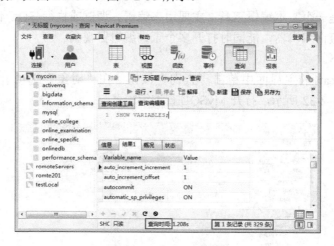

图 1-2-34　查询结果列表

用户若要对查询命令进行分析，可以单击查询编辑器工具栏中的"解释"按钮；若要保存查询编辑器的查询文本则单击"保存"按钮即可。此外，查询编辑器还提供了"美化 SQL"和"导出查询"结果集的功能。

项目1　MySQL 的安装与环境配置

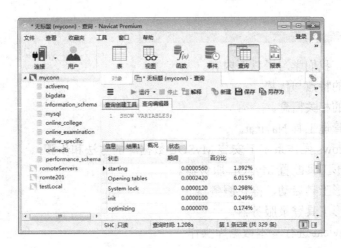

图 1-2-35　查询执行概况

实践提示

查询编辑器默认保存地址为用户目录下的 Navicat\MySQL\servers\，笔者的存储路径为 C:\我的文档\Navicat\MySQL\servers\myconn\onlinedb。其中，myconn 为访问服务器的连接名，onlinedb 为该查询使用的数据库名。

经验点拨

经验1：无法打开软件安装包的解决方法。

无法打开 MySQL 5.7 软件安装包，提示对话框如图 1-2-36 所示，如何解决？

图 1-2-36　提示对话框

在安装 MySQL 5.7 软件之前，用户需要确保系统中已经安装了.NET Framework 3.5 和.NET Framework 4.0，如果缺少这两个软件，将不能正常安装 MySQL 5.7 软件。另外，还要确保 Windows Installer 能正常安装。

经验2：MySQL 安装失败的解决方法。

安装过程失败，多是由于未将以前安装的 MySQL 全部删除的缘故，因为在删除 MySQL 的时候，不能自动删除相关的信息。解决方法是，把以前的安装目录删除，即删除 C 盘下 Program File 文件夹里面的 MYSQL 安装目录文件夹；同时删除 MySQL 的 data 目录，该目录一般为隐藏文件，其位置一般在 C:\Documents and Settings\All Users\Application Data\ MySQL 目录下，删除后重新安装即可。

项目小结

在本项目中，我们学习了以下内容。
- 数据库的特点与优势。
- 数据库的相关概念。
- 图形化管理工具 Navicat。
- 在 Windows 操作系统下安装 MySQL 数据库的方法和步骤。
- 使用图形工具配置 MySQL 服务器。
- 使用图形工具启动、停止服务器。
- 使用图形工具登录服务器。
- 使用 Navicat 进行基本数据库操作。

思考与练习

1. 选择题

(1) 数据库系统的核心是(　　)。
  A. 数据　　　　　B. 数据库　　　　C. 数据库管理系统　　D. 数据库管理员

(2) 数据库管理系统是(　　)。
  A. 操作系统的一部分　　　　　　　B. 在操作系统支持下的系统软件
  C. 一种编译系统　　　　　　　　　D. 一种操作系统

(3) 用二维表来表示的数据库称为(　　)。
  A. 面向对象数据库　　　　　　　　B. 层次数据库
  C. 网状数据库　　　　　　　　　　D. 关系数据库

(4) SQL 语言具有(　　)功能。
  A. 数据定义、数据操纵、数据管理　B. 数据定义、数据操纵、数据控制
  C. 数据规范化、数据定义、数据操纵 D. 数据规范化、数据操纵、数据控制

(5) 负责数据库中查询操作的数据库语言是(　　)。
  A. 数据定义语言　B. 数据管理语言　C. 数据操纵语言　　　D. 数据控制语言

(6) 以下关于 MySQL 的说法错误的是(　　)。
  A. MySQL 是一种关系型数据库管理系统
  B. MySQL 是一种开源软件
  C. MySQL 完全支持标准的 SQL 语句
  D. MySQL 服务器工作在客户端/服务器模式下

(7) MySQL 系统的默认配置文件是(　　)。
  A. my.ini　　　　　B. my-larger.ini　　　C. my-huge.ini　　　D. my-small.ini

2. 简述题

(1) 简述数据库、数据库管理系统、数据库系统的概念以及它们之间的关系。
(2) 简述修改 MySQL 配置文件的方法。

项目 1 MySQL 的安装与环境配置

■ 拓展训练

基于 Windows 命令行窗口的 MySQL 数据库基本命令操作

一、任务描述

在命令行下启动、停止、登录 MySQL 服务器。

二、任务分析

命令行窗口也称 cmd 命令提示符窗口,简称命令提示符窗口。

Windows 系统进入 DOS 界面的方法:首先按 Window+R 组合键,再输入 CMD 命令即可进行下一步操作。

三、任务实施

(1) 启动、停止 MySQL 服务器。

① 单击"开始"按钮,在打开的菜单中选择"附件"命令,右击"命令提示符"命令,在弹出的快捷菜单中选择"以管理员身份运行"命令(必须以管理员身份运行,否则输入的命令会因为权限不够出现拒绝访问等错误)。

② 在弹出的"管理员:命令提示符"窗口中输入"net start mysql57"(MySQL 安装时默认的服务器名称,用户安装时若更改了命名,应自行更换),按 Enter 键,启动 MySQL 服务器。停止服务器的命令为"net stop mysql57"。在命令提示符窗口中启动、停止 MySQL 服务器的操作如图 1-1 所示。

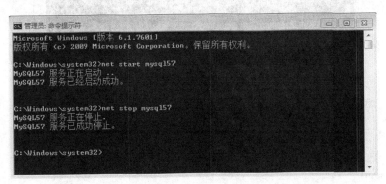

图 1-1 在命令提示符窗口中启动、停止 MySQL 服务器

(2) 登录 MySQL 数据库。

MySQL 服务器启动后,在客户端可以登录 MySQL 数据库。打开命令提示符窗口,输入"mysql -hlocalhost -P3306 -uroot -p"或者"mysql -h127.0.0.1 -uroot-p"。其中,mysql 是登录命令,-h 后面的参数是服务器的主机名或 IP 地址,-P 后面是端口号,端口号是 3306 时可以省略,-u 后面是登录数据库的用户名,-p 后面是登录密码。按 Enter 键后,输入登录密码(以加密的形式显示),连接数据库,登录成功后命令提示符变成了"mysql>",如图 1-2 所示。

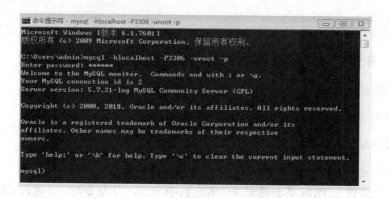

图 1-2　在命令提示符窗口中登录数据库

如果用户在使用 MySQL 命令登录 MySQL 数据库时，出现如图 1-3 所示的信息，则必须进入 MySQL 服务器的 bin 文件夹(例如，本书 MySQL 服务器的 bin 文件夹的位置为 C:\Program Files\MySQL\MySQL Server 5.7\bin\)。显然，每次在命令提示符窗口中需要输入此路径比较麻烦，为了快速高效地输入 MySQL 的相关命令，可以手动配置 Windows 操作系统环境变量中的 Path 系统变量。具体步骤如下。

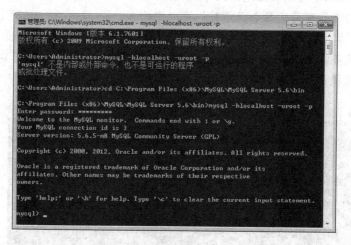

图 1-3　登录数据库出错信息提示

① 右击"计算机"图标，在弹出的快捷菜单中选择"属性"命令，在弹出的对话框中选择"高级系统设置"选项。

② 在打开的"系统属性"对话框中，切换到"高级"选项卡，如图 1-4 所示。

③ 单击"环境变量"按钮，在"环境变量"对话框的"系统变量"选项区中找到 Path 变量后双击，如图 1-5 所示。

④ 在"编辑系统变量"对话框中，将光标定位到"变量值"文本框中内容的最后，输入"；"，用来区分其他路径，然后把 MySQL 服务器的 bin 文件夹的位置(本书为 C:\Program Files\MySQL\MySQL Server 5.7\bin\)添加到"变量值"文本框中，如图 1-6 所示。

⑤ 添加成功后，单击"确定"按钮，系统变量配置完成。

项目1 MySQL 的安装与环境配置

图 1-4 "高级"选项卡

图 1-5 "环境变量"对话框

图 1-6 "编辑系统变量"对话框

项目 2　操作数据库

学习目标

【知识目标】
- 掌握数据库的连接。
- 掌握数据库的创建与管理设置。
- 掌握数据库的显示与修改操作。
- 掌握数据库的管理操作。

【技能目标】
- 能够顺利连接数据库。
- 能够正确创建数据库。
- 能够修改数据库。
- 能够处理数据存储相关问题。

【拓展目标】
会在命令行下连接、创建、修改、删除 MySQL 数据库。

■ **任务描述**

在项目 1 中已经安装配置好 MySQL，接下来需要创建数据库，这是使用 MySQL 数据库各种功能的前提。本项目将练习数据库的基本操作，主要内容包括创建数据库、管理数据库、删除数据库、数据表的创建/修改/删除和常用的基本数据类型。

2.1 知识准备：数据库的基本操作方法

数据库可以看成是一个存储数据对象的容器。这些数据对象包括表、视图、触发器、存储过程等。如图 2-1-1 所示，其中数据表是最基本的数据对象，用于存放数据。

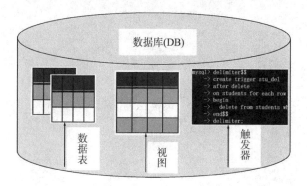

图 2-1-1　数据库作为容器存储数据库对象示意

2.1.1 数据库的创建与查看方法

MySQL 安装完成之后，将会在其 data 目录下自动创建几个必需的数据库，可以使用 SHOW DATABASES 语句来查看当前所存在的数据库，输入的语句及其执行结果如图 2-1-2 所示。

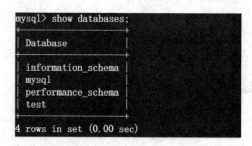

图 2-1-2　查看数据库

可以看到，数据库列表中包含 4 个数据库，mysql 是必需的，用于描述用户访问权限，test 数据库用于做测试的工作，其他数据库将在以后逐步涉及。

创建数据库是指在系统磁盘上划分一块区域用于数据的存储和管理。如果管理员在设置权限的时候为用户创建了数据库，则可以直接使用；否则，需要自己创建数据库。MySQL 中创建数据库的基本 SQL 语法格式如下：

```
CREATE DATABASE database_name;
```

database_name 为要创建的数据库的名称，该名称不能与已经存在的数据库重名。

【引例 2-1】创建测试数据库 test_db，输入的语句如下：

```
CREATE DATABASE test_db;
```

数据库创建好之后，可以使用 SHOW CREATE DATABASE 声明查看数据库的定义。

【引例 2-2】查看创建好的数据库 test_db 的定义，输入的语句及其执行结果如下：

```
mysql> SHOW CREATE DATABASE test_db\G
*************************** 1. row ***************************
       Database: test_db
Create Database: CREATE DATABASE 'test_db' /*!40100 DEFAULT CHARACTER
SET utf8 */
1 row in set (0.00 sec)
```

可以看到，如果数据库创建成功，将显示数据库的创建信息。

再次使用 SHOW DATABASES 语句来查看当前所存在的数据库，输入的语句及其执行结果如下：

```
mysql> SHOW DATABASES;
+--------------------+
| Database           |
+--------------------+
| information_schema |
| mysql              |
| performance_schema |
| sakila             |
| test               |
| test_db            |
| world              |
+--------------------+
7 rows in set (0.05 sec)
```

可以看到，数据库列表中出现了刚刚创建的数据库 test_db 和其他原有的数据库。

2.1.2 数据库的字符集和校对规则

字符集是一套符号和编码的规则。MySQL 的字符集包括字符集(Character)和校对规则(Collation)两个概念，其中，字符集是用来定义 MySQL 存储字符串的方式，校对规则定义了比较字符串的方式。MySQL 支持数十种字符集和 100 多种校对规则。每个字符集至少对应一个校对规则。主要字符集如下。

(1) Latin1：是系统启动时默认的字符集，它是一个 8 位的字符集，它把介于 128～255 之间的字符用于拉丁字母表中的特殊字符的编码，也因此而得名。默认情况下，当向表中插入中文数据、查询包括中文字符的数据时，可能出现乱码。

(2) UTF-8：也称为通用转换格式(8-bit Unicode Transformation Format)，是针对 Unicode 字符的一种变长字符编码。它由 Ken Thomposon 在 1992 年创建，用以解决国际上字符的一种多字节编码，对英文使用 8 位、中文使用 24 位来编码。UTF-8 包含了全世界所有国家需要用到的字符，是一种国际编码，通用性强，在 Internet 中广泛使用。

(3) GB2312 和 GBK：GB2312 是简体中文集，而 GBK 是对 GB2312 的扩展，是中国国家编码。GBK 的文字编码采用双字节表示，即不论中文和英文字符都使用双字节。为了区分中英文，GBK 在编码时将中文每个字节的最高位设为 1。

【引例 2-3】 查看 MySQL 支持的字符集。

在命令行中输入 SHOW CHARACTER SET 命令即可查看 MySQL 支持的字符集和对应的校对规则。输入的语句及执行结果如下：

```
mysql> show character set;
+----------+-----------------------------+---------------------+--------+
| Charset  | Description                 | Default collation   | Maxlen |
+----------+-----------------------------+---------------------+--------+
| big5     | Big5 Traditional Chinese    | big5_chinese_ci     |      2 |
| dec8     | DEC West European           | dec8_swedish_ci     |      1 |
| cp850    | DOS West European           | cp850_general_ci    |      1 |
| hp8      | HP West European            | hp8_english_ci      |      1 |
| koi8r    | KOI8-R Relcom Russian       | koi8r_general_ci    |      1 |
| latin1   | cp1252 West European        | latin1_swedish_ci   |      1 |
| latin2   | ISO 8859-2 Central European | latin2_general_ci   |      1 |
| swe7     | 7bit Swedish                | swe7_swedish_ci     |      1 |
| ascii    | US ASCII                    | ascii_general_ci    |      1 |
| ujis     | EUC-JP Japanese             | ujis_japanese_ci    |      3 |
| sjis     | Shift-JIS Japanese          | sjis_japanese_ci    |      2 |
| hebrew   | ISO 8859-8 Hebrew           | hebrew_general_ci   |      1 |
| tis620   | TIS620 Thai                 | tis620_thai_ci      |      1 |
| euckr    | EUC-KR Korean               | euckr_korean_ci     |      2 |
| koi8u    | KOI8-U Ukrainian            | koi8u_general_ci    |      1 |
| gb2312   | GB2312 Simplified Chinese   | gb2312_chinese_ci   |      2 |
| greek    | ISO 8859-7 Greek            | greek_general_ci    |      1 |
| cp1250   | Windows Central European    | cp1250_general_ci   |      1 |
| gbk      | GBK Simplified Chinese      | gbk_chinese_ci      |      2 |
| latin5   | ISO 8859-9 Turkish          | latin5_turkish_ci   |      1 |
| armscii8 | ARMSCII-8 Armenian          | armscii8_general_ci |      1 |
| utf8     | UTF-8 Unicode               | utf8_general_ci     |      3 |
| ucs2     | UCS-2 Unicode               | ucs2_general_ci     |      2 |
| cp866    | DOS Russian                 | cp866_general_ci    |      1 |
| keybcs2  | DOS Kamenicky Czech-Slovak  | keybcs2_general_ci  |      1 |
| macce    | Mac Central European        | macce_general_ci    |      1 |
| macroman | Mac West European           | macroman_general_ci |      1 |
| cp852    | DOS Central European        | cp852_general_ci    |      1 |
| latin7   | ISO 8859-13 Baltic          | latin7_general_ci   |      1 |
| utf8mb4  | UTF-8 Unicode               | utf8mb4_general_ci  |      4 |
| cp1251   | Windows Cyrillic            | cp1251_general_ci   |      1 |
| utf16    | UTF-16 Unicode              | utf16_general_ci    |      4 |
| utf16le  | UTF-16LE Unicode            | utf16le_general_ci  |      4 |
| cp1256   | Windows Arabic              | cp1256_general_ci   |      1 |
| cp1257   | Windows Baltic              | cp1257_general_ci   |      1 |
| utf32    | UTF-32 Unicode              | utf32_general_ci    |      4 |
| binary   | Binary pseudo charset       | binary              |      1 |
| geostd8  | GEOSTD8 Georgian            | geostd8_general_ci  |      1 |
| cp932    | SJIS for Windows Japanese   | cp932_japanese_ci   |      2 |
| eucjpms  | UJIS for Windows Japanese   | eucjpms_japanese_ci |      3 |
+----------+-----------------------------+---------------------+--------+
40 rows in set (0.00 sec)
```

在 MySQL 中，字符集校对规则遵从命名规范，以字符顺序对应的字符集名称开头，以_ci(表示大小写不敏感)、_cs(表示大小写敏感)或_bin(表示二进制)结尾。

例如：字符集名称为 utf8，描述为 UTF-8 Unicode，对应的校对规则为 utf8_general_ci(表示不区分大小写，字符 a 和 A 在此编码下等价)，最大长度为 3 字节。

【引例 2-4】查看 UTF-8 相关字符集的校对规则。

在命令行中输入以下命令即可查看 UTF-8 相关字符集的校对规则。

```
mysql> SHOW COLLATION LIKE 'utf8%' ;
```

执行结果如图 2-1-3 所示。

mysql> show collation like 'utf8_%';

Collation	Charset	Id	Default	Compiled	Sortlen
utf8_general_ci	utf8	33	Yes	Yes	1
utf8_bin	utf8	83		Yes	1
utf8_unicode_ci	utf8	192		Yes	8
utf8_icelandic_ci	utf8	193		Yes	8
utf8_latvian_ci	utf8	194		Yes	8
utf8_romanian_ci	utf8	195		Yes	8
utf8_slovenian_ci	utf8	196		Yes	8
utf8_polish_ci	utf8	197		Yes	8
utf8_estonian_ci	utf8	198		Yes	8
utf8_spanish_ci	utf8	199		Yes	8
utf8_swedish_ci	utf8	200		Yes	8
utf8_turkish_ci	utf8	201		Yes	8
utf8_czech_ci	utf8	202		Yes	8
utf8_danish_ci	utf8	203		Yes	8
utf8_lithuanian_ci	utf8	204		Yes	8
utf8_slovak_ci	utf8	205		Yes	8
utf8_spanish2_ci	utf8	206		Yes	8
utf8_roman_ci	utf8	207		Yes	8
utf8_persian_ci	utf8	208		Yes	8
utf8_esperanto_ci	utf8	209		Yes	8
utf8_hungarian_ci	utf8	210		Yes	8
utf8_sinhala_ci	utf8	211		Yes	8

22 rows in set (0.00 sec)

图 2-1-3　UTF-8 相关字符集的校对规则

其中，Collation 为校对规则，Charset 为字符集，Default 表示该校对规则是否为默认规则，Compiled 表示该校对规则所对应的字符集是否被编译到 MySQL 数据库，Sortlen 表示内存排序时，该字符集的字符要占用多少字节。

2.1.3　数据库的修改与删除方法

1. 数据库修改

数据库创建成功后，可以使用 ALTER DATABASE 语句修改数据库。基本语法如下：

```
ALTER DATABASE 数据库名
[DEFAULT]CHARACTER SET 编码方式
|[DEFAULT]COLLATE 排序规则;
```

其中，“数据库名”指待修改的数据库。其余参数的含义与创建数据库的参数相同。

2. 数据库删除

删除数据库是指将已经存在的数据库从磁盘空间上清除，清除数据库之后，数据库中的所有数据也将一同被删除。删除数据库的语句和创建数据库的语句相似，MySQL 中删

除数据库的基本语法格式如下:

```
DROP DATABASE database_name;
```

database_name 为要删除的数据库的名称,如果指定的数据库不存在,则删除操作出错。

【引例 2-5】删除测试数据库 test_db,输入的语句如下:

```
DROP DATABASE test_db;
```

语句执行完毕之后,数据库 test_db 将被删除,再次使用 SHOW CREATE DATABASE 语句查看数据库的定义,结果如下:

```
mysql> SHOW CREATE DATABASE test_db\G
ERROR 1049 (42000): Unknown database 'test_db'
ERROR:
No query specified
```

执行结果给出一条错误信息:ERROR 1049 (42000):Unknown database 'test_db',即数据库 test_db 已不存在,删除成功。

> **学习提示**
>
> 为了避免删除不存在的数据库时出现 MySQL 的错误信息,可采用 if exists 语句判断数据库是否存在,不存在也不会产生错误。语法格式如下:
>
> ```
> mysql> drop database if exists drop_database;
> ```

2.1.4 数据库的组成

1. MySQL 数据库文件

MySQL 中的每个数据库都对应存放在一个与数据库同名的文件夹中,MySQL 数据库文件包括 MySQL 所创建的数据库文件和 MySQL 存储引擎创建的数据库文件。由 MySQL 所创建的数据库文件扩展名为".frm",用于存储数据库中数据表的框架结构。MySQL 的数据库文件名与数据库中的表名相同,每个表都对应一个同名的 frm 文件,它与操作系统和存储引擎无关。

除必要的 frm 文件外,根据 MySQL 的存储引擎不同,会创建各自不同的数据库文件。当存储引擎为 MyISAM 时,表文件的扩展名为".MYD"和".MYI"。其中,MYD(My Data)文件为表数据文件;MYI(My Index)文件为索引文件;扩展名为".log"的文件用于存储数据表的日志文件。当存储引擎为 InnoDB 时,采用表空间来管理数据,其数据库文件包括 ibdata1、ibdata2、.ibd 和日志文件。其中,ibdata1、ibdata2 是系统表空间 MySQL 数据库文件,存储 InnoDB 系统信息和用户数据表数据和索引,为所有表共用;ibd 文件表示单表表空间文件,每个表使用一个表空间文件,存储用户数据表数据和索引;日志文件则是用 ib_logfile1、ib_logfile2 文件名存放。

存储引擎不同时,数据库文件存放的位置也不同。以 Windows 7 操作系统为例,当存储引擎为 MyISAM 时,默认存放位置为 C:\Program Data\MySQL\MySQL Server 5.7\data,每个数据库都会有单独的文件夹;当存储引擎为 InnoDB 时,数据库文件的存储位置有两个,其中.frm 文件存放在 C:\Program Data\MySQL\MySQL Server 5.7\data 目录下命名为数据库名称的文件夹下，ibdata1、ibd 文件则默认存放在 MySQL 的安装目录下的 data 文件夹中。

2. 系统数据库

MySQL 的数据库包括系统数据库和用户数据库。用户数据库是用户创建的数据库，为用户特定的应用系统提供数据服务；系统数据库是由 MySQL 安装程序自动创建的数据库，用于存放和管理用户权限和其他数据库的信息，包括数据库名、数据库中的对象及访问权限等。

在 MySQL 中共有 4 个可见的系统数据库，其具体说明如表 2-1-1 所示。

表 2-1-1　MySQL 中的系统数据库

数据库名	说　明
mysql	用于存储 MySQL 服务的系统信息表，包括授权系统表、系统对象信息表、日志系统表、服务器端辅助系统表等。此数据库中的表默认情况下多为 MyISAM 引擎
information_schema	用于保存 MySQL 服务器所维护的所有数据库的信息，包括数据库名、数据库的表、表中列的数据类型与访问权限等。此数据库中的表均为视图，因此在用户或安装目录下无对应的数据文件
performance_schema	用于收集数据库服务器的性能参数。此数据库中所有表的存储引擎为 performance_schema，用户不能创建存储引擎为 performance_schema 的表。默认情况下该数据库为关闭状态
test	用于测试的数据库

> **学习提示**
>
> 不要随意删除和更改系统数据库的数据内容，否则会使 MySQL 服务器不能正常运行。

2.1.5　数据库的存储引擎

1. 存储引擎的查看

数据库存储引擎是数据库的底层软件组件，数据库管理系统(DBMS)使用数据引擎进行创建、查询、更新和删除数据操作。不同的存储引擎提供不同的存储机制、索引技巧、锁定水平等功能，使用不同的存储引擎，可以获得不同的功能。现在许多不同的数据库管理系统都支持多种不同的数据引擎。MySQL 的核心就是存储引擎。

MySQL 提供了多个不同的存储引擎，包括处理事务安全表的引擎和处理非事务安全表的引擎。在 MySQL 中，不需要在整个服务器中使用同一种存储引擎，针对具体的要求，可以对每一个表使用不同的存储引擎。MySQL 5.7 支持的存储引擎有 InnoDB、MyISAM、Memory、Merge、Archive、Federated、CSV、BLACKHOLE 等。可以使用 SHOW ENGINES 语句查看系统所支持的引擎类型，结果如下。

```
mysql> SHOW ENGINES \G
*************************** 1. row ***************************
      Engine: FEDERATED
     Support: NO
     Comment: Federated MySQL storage engine
Transactions: NULL
          XA: NULL
  Savepoints: NULL
*************************** 2. row ***************************
      Engine: MRG_MYISAM
     Support: YES
     Comment: Collection of identical MyISAM tables
Transactions: NO
          XA: NO
  Savepoints: NO
*************************** 3. row ***************************
      Engine: MyISAM
     Support: YES
     Comment: MyISAM storage engine
Transactions: NO
          XA: NO
  Savepoints: NO
*************************** 4. row ***************************
      Engine: BLACKHOLE
     Support: YES
     Comment: /dev/null storage engine (anything you write to it disappears)
Transactions: NO
          XA: NO
  Savepoints: NO
*************************** 5. row ***************************
      Engine: CSV
     Support: YES
     Comment: CSV storage engine
Transactions: NO
          XA: NO
  Savepoints: NO
*************************** 6. row ***************************
      Engine: MEMORY
     Support: YES
     Comment: Hash based, stored in memory, useful for temporary tables
Transactions: NO
          XA: NO
  Savepoints: NO
*************************** 7. row ***************************
      Engine: ARCHIVE
     Support: YES
     Comment: Archive storage engine
Transactions: NO
          XA: NO
```

```
    Savepoints: NO
*************************** 8. row ***************************
      Engine: InnoDB
     Support: DEFAULT
     Comment: Supports transactions, row-level locking, and foreign keys
Transactions: YES
          XA: YES
  Savepoints: YES
*************************** 9. row ***************************
      Engine: PERFORMANCE_SCHEMA
     Support: YES
     Comment: Performance Schema
Transactions: NO
          XA: NO
  Savepoints: NO
9 rows in set (0.00 sec)
```

Support 的值可以表示某种引擎是否能使用：YES 表示可以使用，NO 表示不能使用，DEFAULT 表示该引擎为当前默认存储引擎。

2. MySQL 中常用的存储引擎

1) InnoDB 存储引擎

InnoDB 是 MySQL 的默认事务型引擎，也是最重要、使用最广泛的存储引擎，用来处理大量短期(short-lived)事务。InnoDB 的性能和自动崩溃恢复特性，使得它在非事务型存储的需求中也很流行，MySQL 一般优先考虑 InnoDB 引擎。主要特性如下。

(1) InnoDB 具有提交、回滚和崩溃恢复能力的事务安全(ACID 兼容)特性。InnoDB 锁定在行级并且也在 SELECT 语句中提供一个类似 Oracle 的非锁定读。在 SQL 查询中，可以自由地将 InnoDB 类型的表和其他 MySQL 的表类型混合起来。

(2) InnoDB 是为处理巨大数据量时的最大性能设计的。它的 CPU 效率可能是任何其他基于磁盘的关系数据库所不能相比的，因而被用在众多需要高性能的大型数据库站点上。

(3) InnoDB 存储引擎完全与 MySQL 服务器整合，InnoDB 存储引擎为在主内存中缓存数据和索引而维持它自己的缓冲池。InnoDB 将它的表和索引存放在一个逻辑表空间中，表空间可以包含数个文件(或原始磁盘文件)，InnoDB 表文件大小不受限制。

(4) InnoDB 支持外键完整性约束，存储表中的数据时，每张表都按主键顺序存放，如果没有在表定义时指定主键，InnoDB 会为每一行生成一个 6 字节的 ROWID 列，并以此作为主键。

(5) InnoDB 不创建目录，使用 InnoDB 存储引擎时，MySQL 将在 MySQL 数据目录下创建一个名为 ibdata1 的 10MB 大小的自动扩展数据文件，以及两个名为 ib_logfile0 和 ib_logfile1 且大小为 5MB 的日志文件。

在以下场合使用 InnoDB 是最理想的选择。

(1) 更新密集的表。InnoDB 存储引擎特别适合处理多重并发的更新请求。

(2) 事务。InnoDB 存储引擎是支持事务的标准 MySQL 存储引擎。

(3) 自动灾难恢复。与其他存储引擎不同，InnoDB 表能够自动从灾难中恢复。

(4) 外键约束。MySQL 支持外键的存储引擎只有 InnoDB。

(5) 支持自动增加列 AUTO_INCREMENT 属性。

2) MyISAM 存储引擎

在 MySQL 5.1 及之前的版本中，MyISAM 是默认的存储引擎。MyISAM 提供了大量的特性，包括全文索引、压缩、空间函数，广泛应用在 Web 和数据存储环境下，但不支持事务和等级锁，崩溃后无法完全恢复。由于 MyISAM 引擎设计简单，数据以紧密格式存储，对只读的数据性能较好。主要特性如下。

(1) 每个 MyISAM 表最大支持的索引数是 64，且每个索引最大的列数是 16，BLOB 和 TEXT 列可以被索引，NULL 被允许在索引列中。

(2) 每个表都有一个 AUTO_INCREMENT 的内部列，当 INSERT 和 UPDATE 操作的时候该列被更新，同时 AUTO_INCREMENT 列将被刷新。AUTO_INCREMENT 列的更新比 InnoDB 类型的 AUTO_INCREMENT 更快。

(3) 可以把数据文件和索引文件放在不同的目录。

(4) 每个字符列可以有不同的字符集。

MyISAM 存储引擎比较适合在以下情况中使用。

(1) 选择密集型的表。MyISAM 存储引擎在筛选大量数据时非常迅速，这是它最突出的优点。

(2) 需要支持全文检索的数据表。

3) Memory 存储引擎

Memory 存储引擎将表中的数据存储到内存中，不需要进行磁盘 I/O，且支持 Hash 索引，因此查询速度非常快，主要适用于目标数据较小，而且被频繁访问的情况。Memory 表的结构在重启后还会保留，但所存储的数据都会丢失，同时 Memory 表是表级锁，因此并发写入时性能较低。

4) CSV 存储引擎

CSV 存储引擎可将普通的 CSV 文件(逗号分割值的文件)作为 MySQL 的表来处理，但这种表不支持索引。CSV 引擎可以在数据库运行时复制文件，可以将 Excel 电子表格软件中的数据存储为 CSV 文件，并复制到 MySQL 的数据目录中就可以在 MySQL 中打开。同样，如果将数据写入一个 CSV 引擎表，其他外部程序也可以直接从表的数据文件中读取 CSV 格式的数据，因而 CSV 引擎可以作为数据交换的机制。

2.2 实践操作：使用 Navicat 操作电商购物系统数据库

操作目标

完成电商购物系统数据库的逻辑设计后，接下来的工作是在 MySQL 数据库管理系统中创建该数据库，并实现相应的配置和管理工作。请使用 Navicat 可视化界面和命令行方式实现数据库的创建和维护。

操作指导

1. 使用 Navicat 工具，创建名为 onlinedb 的数据库

操作步骤如下。

(1) 启动 Navicat 工具，右击已连接的服务器节点 myconn，在弹出的快捷菜单中选择"新建数据库"命令，如图 2-2-1 所示。

(2) 打开"新建数据库"对话框，在对话框中输入数据库的逻辑名称 onlinedb，字符集选择 gb2312，排序规则选择 gb2312_chinese_ci，如图 2-2-2 所示。

(3) 单击"确定"按钮，完成 onlinedb 数据库的创建。

创建完成后，刷新 Navicat 的对象资源管理器，可以查看到名为 onlinedb 的数据库，如图 2-2-3 所示。

图 2-2-1　新建数据库

图 2-2-2　"新建数据库"对话框

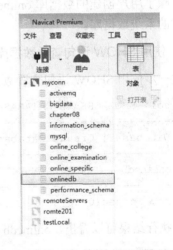

图 2-2-3　显示 myconn 连接中的数据库列表

> **学习提示**
>
> 在"新建数据库"对话框中，数据库名为必填数据，字符集和排序规则可以不作设置，此时系统自动将数据库的字符集和排序规则设置为默认值。

2. 使用 SQL 语句创建数据库

使用 SQL 语句创建名为 onlinedb 的数据库，默认字符集设置为 gb2312，排序规则设置为 gb2312_chinese_ci，显示结果如下：

```
mysql> CREATE DATABASE onlinedb CHARACTER SET gb2312 COLLATE
gb2312_chinese_ci;
Query OK,1 row affected(0.01 sec)
```

在执行结果的提示信息中，Query OK 表示执行成功，1 row affected 表示 1 行受到影响。

3. 使用 SHOW DATABASES 语句查看数据库服务器中存在的数据库

执行结果如下：

```
mysql> SHOW DATABASES;
+--------------------+
| Database           |
+--------------------+
| information_schema |
| mysql              |
| onlinedb           |
| performance_schema |
| temp               |
| test               |
+--------------------+
6 rows in set(0.06 sec)
```

在执行结果提示信息中，6 rows in set 表示集合中有 6 行，说明数据库系统中有 6 个数据库，除了用户创建的数据库 onlinedb 和 temp 外，其他数据库都是 MySQL 安装完成后自动创建的系统数据库。

4. 使用 SHOW 语句查看数据库的信息

这一步使用 SHOW 语句查看数据库 onlinedb 的信息，执行结果如下：

```
mysql> SHOW CREATE DATABASE onlinedb;
+----------+-----------------------------------------------------------------+
| Database | Create Database                                                 |
+----------+-----------------------------------------------------------------+
| onlinedb | CREATE DATABASE 'onlinedb'/*!40100 DEFAULT CHARACTER SET gb2312 */|
+----------+-----------------------------------------------------------------+
1 row in set(0.00 sec)
```

从执行结果可以看出，onlinedb 数据库的默认编码为 gb2312。

5. 使用 SQL 语句修改数据库

这一步使用 SQL 语句修改数据库 onlinedb 的字符集为 utf8，排序规则设置为 utf8_bin，执行结果如下：

```
mysql> ALTER DATABASE onlinedb CHARACTER SET utf8 COLLATE utf8_bin;
Query OK,1 row affected(0.00 sec)
```

使用 SHOW 语句查看修改结果如下：

```
mysql> SHOW CREATE DATABASE onlinedb;
+----------+------------------------------------------------------------------------+
| Database | Create Database                                                        |
+----------+------------------------------------------------------------------------+
| onlinedb | CREATE DATABASE 'onlinedb'/*!40100 DEFAULT CHARACTER SET utf8
COLLATE utf8_bin */ |
+----------+------------------------------------------------------------------------+
1 row in set(0.00 sec)
```

从执行结果可以看出，onlinedb 数据库的字符编码已更改为 utf8，排序规则为 utf8_bin。

6. 使用 DROP DATABASE 语句实现数据库删除

删除数据库服务器中名为 temp 的数据库，执行结果如下：

```
mysql> DROP DATABASE temp;
Query OK,0 rows affected(0.16 sec)
```

使用 SHOW 语句来查看 temp 数据库是否删除成功，执行结果如下：

```
mysql> SHOW DATABASES;
+--------------------+
| Database           |
+--------------------+
| information_schema |
| mysql              |
| onlinedb           |
| performance_schema |
| test               |
+--------------------+
5 rows in set(0.08 sec)
```

从执行结果看，数据库系统中已经不存在 temp 数据库，删除执行成功，分配给 temp 数据库的空间将被收回。

经验点拨

经验 1：如何查看默认的存储引擎？

在前文介绍了使用 SHOW ENGINES 语句查看系统中所有的存储引擎，其中包括默认的存储引擎。当然还可以使用一种方法直接查看默认的存储引擎，输入的语句及其执行结果如下：

```
mysql> SHOW VARIABLES LIKE 'storage_engine';
+----------------+--------+
| Variable_name  | Value  |
+----------------+--------+
| storage_engine | InnoDB |
+----------------+--------+
```

执行结果显示了当前默认的存储引擎为 InnoDB。

经验 2：如何修改默认的存储引擎？

打开 MySQL 安装目录下的配置文件 my.ini，然后找到 default-storage-engine=InnoDB 语句，将默认的存储引擎 InnoDB 修改为实际需要的存储引擎，之后重启服务即可生效。

项目小结

在本项目中，我们学习了以下内容。
- 数据库的连接方法。
- 数据库的创建与管理设置步骤。
- 数据库的显示与修改操作。
- 数据库的管理操作。
- 数据存储的相关问题。

思考与练习

1. 填空题

（1）在 MySQL 中，通常使用_____语句来指定一个已有数据库作为当前工作数据库。

（2）在创建数据库时，可以使用_____语句确保如果数据库不存在就创建它，如果存在就直接使用它。

2. 选择题

（1）查看数据库系统中已经存在的数据库时，可以执行(   )语句。

    A. SHOW CREATE DATABASE;

    B. SHOW CREATE DATABASES;

    C. SHOW DATABASES;

    D. SHOW DATABASE;

（2）关于 MySQL 数据库中的字符集和校对规则，下面说法正确的是(   )。

    A. 每一个字符集都有一个默认的校对规则，两个不同的字符集可以有相同的校对规则

    B. 执行 SHOW CHARACTER SET 语句可查看 MySQL 中的字符集，执行 SHOW COLLATION 语句可以查看校对规则列表

    C. 校对规则存在着命令约定，它们以相关的字符集开始，但是必须以_ci 结尾

    D. 读者可以查看 MySQL 中的字符集和校对规则，执行的语句是 SHOW ENGINES

（3）关于数据库的执行操作，(   )选项是错误的。

    A. SHOW DATABASES 语句用于查询当前数据库系统中已经存在的数据库

    B. ALTER DATABASE 语句用于修改指定数据库的名称

    C. DROP DATABASE 语句可以删除指定的数据库

    D. CREATE SCHEMA 和 CREATE DATABASE 都可以创建指定的数据库，并且在创建时可以设置字符集和校对规则

（4）关于常见的存储引擎，下面说法错误的是(   )。

    A. InnoDB 存储引擎虽然不支持事务处理应用程序，但是支持外键，同时还支持崩溃修复能力和并发控制

    B. MEMORY 存储引擎的所有数据都存储在内存中，数据的处理速度快但安全性不高

C. MyISAM 存储引擎提供了高速的存储与检索和全文搜索能力，它并不支持事务处理应用程序

D. 除了 InnoDB、MEMORY 和 MyISAM 存储引擎外，MRG_MYISAM、BLACKHOLE 和 CSV 也是 MySQL 数据库的存储引擎

3. 上机练习：数据库的基本操作

在 MySQL 数据库中创建名为 works 的数据库，创建该数据库时首先判断它是否已经存在，如果不存在再进行创建。创建完毕后，通过执行不同的 SQL 语句查看数据库信息、删除操作库，并且选择数据库。

拓展训练

基于命令行界面进行技能大赛项目数据库操作

一、任务描述

用 cmd 命令提示符的窗口创建学生竞赛项目管理系统数据库 competition。

二、任务分析

本任务通过客户端连接 MySQL 数据库服务器，在 MySQL 数据库服务器上创建技能大赛项目管理系统数据库 competition。MySQL 数据库客户端可以是 MySQL 数据库自带的 MySQL 命令窗口，即基于 cmd 命令提示符的窗口。通过命令窗口模式可以让读者在学习数据库技术时更好地理解关系型数据，对今后数据库的应用有极大的帮助作用。

启动 MySQL 数据库的 cmd 命令模式需要调用 mysql.exe 可执行文件，然后对数据库进行管理操作。

三、任务实施

MySQL 中的 SQL 语句是不区分大小写的，例如，SELECT 和 select 的作用是相同的。但是，许多开发人员习惯将 SQL 语句关键字使用大写，而数据字段名和表名使用小写。读者也应该养成一个良好的编程习惯，这样写出来的代码更容易阅读和维护。

1. 数据库的连接

首先，进入 cmd 命令模式，单击"开始"→"运行"命令，在运行输入框中输入 cmd 命令，如图 2-1 所示。

图 2-1 cmd 命令模式

然后将目录切换到 MySQL 安装目录，在 cmd 命令模式下输入 "cdMySQL 安装目录"。每名用户的 MySQL 数据库的具体安装目录有所不同，要视各用户安装 MySQL 的具体位置而定，如图 2-2 所示。

MySQL 数据库项目实践教程(微课版)

图 2-2 进入 MySQL 安装目录

进入该目录，可用 dir 命令查看文件，通过 mysql.exe 可执行文件可以连接到 MySQL 数据库服务器，如图 2-3 所示。

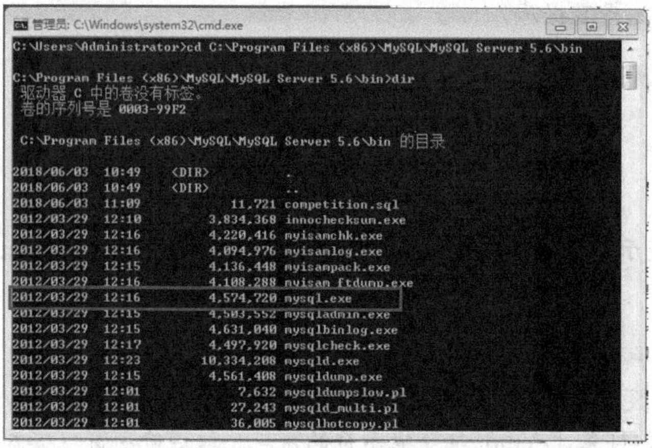

图 2-3 mysql.exe 可执行文件

在 cmd 命令提示符窗口中输入 mysql.exe--help 命令可以提供帮助信息，通过帮助信息可以掌握 MySQL 数据库的有关知识，如图 2-4 所示。

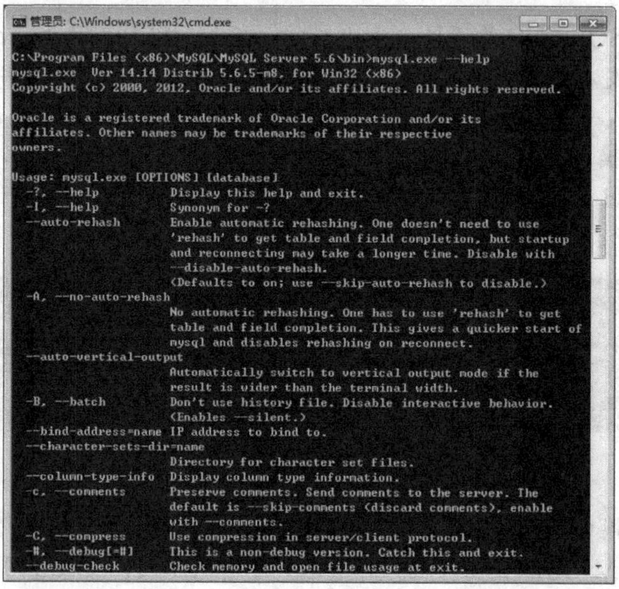

图 2-4 帮助信息

MySQL 数据库的连接：当 MySQL 客户端与 MySQL 服务器是同一台主机时，连接服务器时，在命令提示符窗口输入：

```
mysql -h 127.0.0.1 -P 3306 -u root -p
```

或者

```
Mysql -h localhost -P 3306 -u root -p
```

然后按 Enter 键(注意，-p 后面紧跟该用户访问数据库服务器的密码)，即可实现本地 MySQL 客户端与本地 MySQL 服务器之间的连接，如图 2-5、图 2-6 所示。

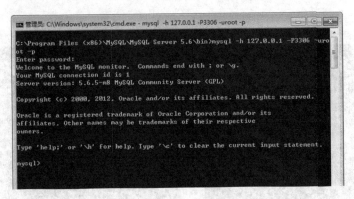

图 2-5 连接 MySQL 数据库(一)

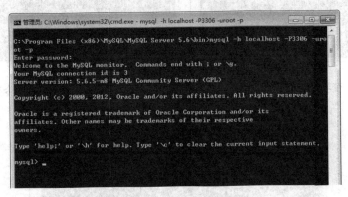

图 2-6 连接 MySQL 数据库(二)

mysql.exe 中各参数的含义如下。

① -h,--host=name 指定服务器 IP 或域名。
② -u,--user=name 指定连接的用户名。
③ -p,--password=password 指定连接密码。
④ -P,--port=3308 指定连接端口。

-h 连接指定的主机名或指定的主机 IP 地址，但连接指定主机名时，客户端一定要能够解析到所连接服务器的主机，可以通过 ping 主机名进行测试，如有响应信息，则表示客户端能够解析到数据库服务器的主机。-P 后面是连接服务器时所使用的端口号码，默认为 3306。-u 后面是连接服务器时所使用的用户名。-p 后面是连接服务器时用户名所对应的密码，为了数据库的安全，可以省略密码，直接在登录窗口输入访问数据库密码。

此外，可以使用 Windows 操作系统提供的比较方便的启动连接操作，依次单击"开始"→"程序"→MySQL→MySQL Server→MySQL Command Line Client 命令，直接打开 MySQL 命令行窗口，连接到 MySQL 服务器。登录成功后，客户端的命令提示符变成了"mysql>"，表示连接成功。在此状态下可以输入 status 命令查看当前 MySQL 会话的简单状态信息，如图 2-7 所示。

连接 MySQL 数据库服务器后，可以输入"\h"查看 MySQL 的命令列表，如图 2-8 所示。输入"\q"或者使用 exit 命令，都可以退出 MySQL 客户端，返回到 cmd 命令模式，如图 2-9 所示。

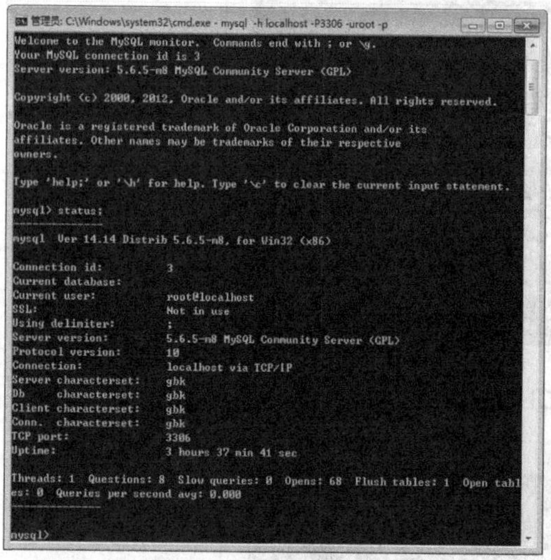

图 2-7　查看 MySQL 状态信息 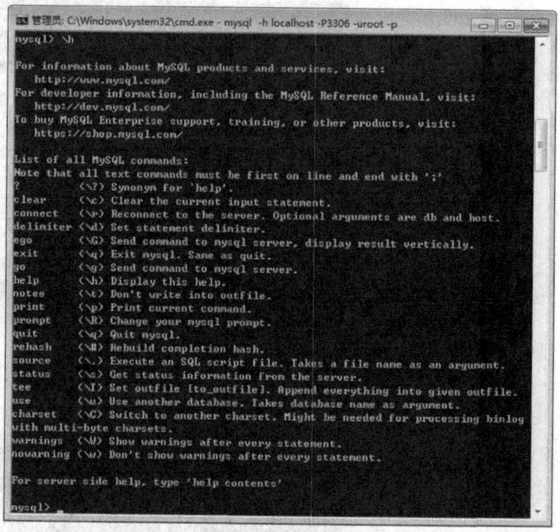　　　　　图 2-8　MySQL 命令列表

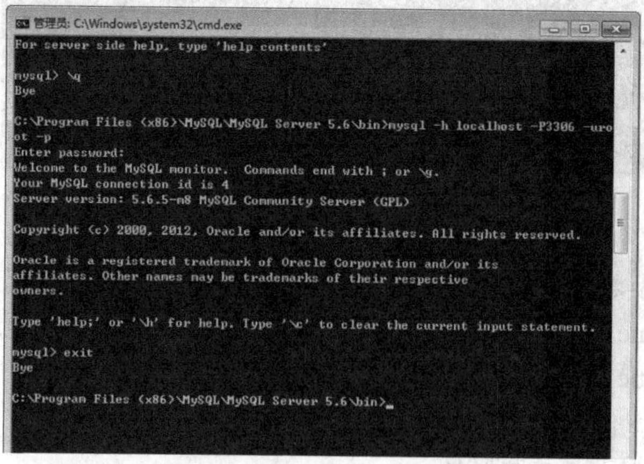

图 2-9　退出 MySQL 客户端

2. 修改数据库的用户名、密码

可在 cmd 命令模式下使用 mysqladmin 命令修改数据库的用户名、密码，其语法格式如下：

```
mysqladmin -u root password "new_password"
```

-u 后面连接的是用户名,new_password 是设置的新密码。如图 2-10 所示是将 root 用户的密码修改为 ABCabc123。

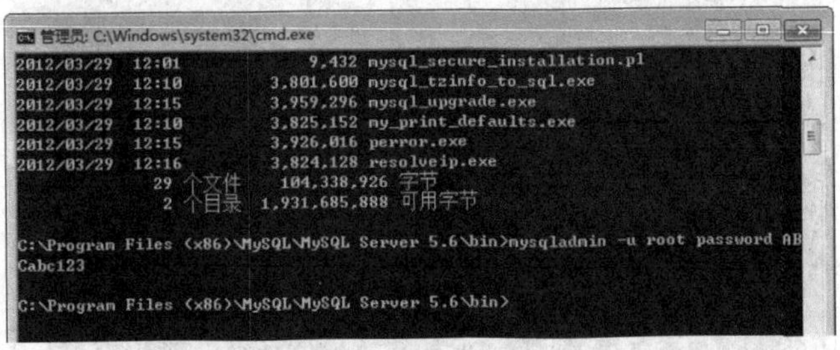

图 2-10 修改服务器的用户密码

修改用户的密码后,连接数据库时需要使用新的密码。如图 2-11 所示,是对用户的新密码进行验证。

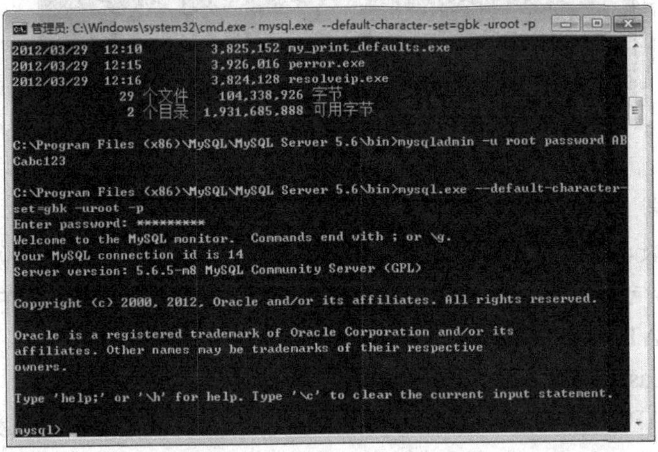

图 2-11 验证 MySQL 新密码

3. 创建数据库

创建数据库使用 CREATE DATABASE databasename 语句实现。一般情况下,如果数据库中的数据涉及中文汉字,可以在创建数据库时指定数据库的字符集。创建数据库的语法格式如下:

```
CREATE DATABASE databasename DEFAULT CHARACTER SET utf8 COLLATE utf8_general_ci;
```

(1) CREATE DATABASE databasename:创建数据库 databasename。

(2) DEFAULT CHARACTER SET utf8:设置数据库字符集。设置数据库的默认编码方式为 utf8,这里 utf8 中间没有"-"。

(3) COLLATE utf8_general_ci:设置数据库的校验规则。utf8_general_ci 是 case insensitive 的缩写,意思是大小写不敏感;相对的是 utf8_general_cs,即 case sensitive,是

指大小写敏感；还有一种是 utf8_bin，是将字符串中的每个字符用二进制数据存储，区分大小写。

创建学生竞赛项目管理系统数据库 competition 的结果如图 2-12 所示。

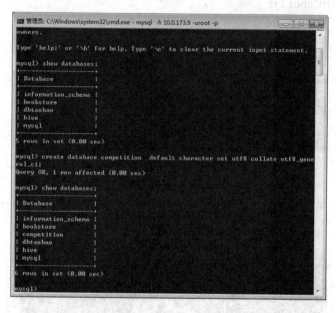

图 2-12　创建的数据库

4. 查看数据库

在 MySQL 数据库管理系统中，一台服务器可以创建多个数据库，使用 SHOW DATABASES 命令可查看数据库系统中有哪些数据库。相关命令代码如下。

(1) SHOW DATABASES：查看数据库服务器中有哪些数据库。

(2) USE databasename：进入 databasename 数据库中。

(3) SHOW TABLES：查看数据库内所有的数据表，前提是先要进入数据库中。

(4) DESCRIBE tablename：查看表结构。

(5) SELECT VERSION()：查看数据库版本。

(6) SELECT CURRENT_TIME：查看服务器的当前时间。

以上操作的结果如图 2-13 所示。

5. 删除数据库

MySQL 数据库管理系统中的数据库，不需要时可以将其删除，以节省系统存储空间。需要注意的是，使用普通用户登录 MySQL 服务器，需要用户有相应的删除权限才可以删除指定的数据库，否则需要使用 root 用户登录，MySQL 数据库中的 root 用户拥有最高权限。在删除数据库的过程中，应该十分谨慎，因为执行删除命令后，数据库中的所有数据将会丢失。删除数据库的语法格式如下：

```
DROP DATABASE databasename;
```

删除数据库 competition 的操作结果如图 2-14 所示。

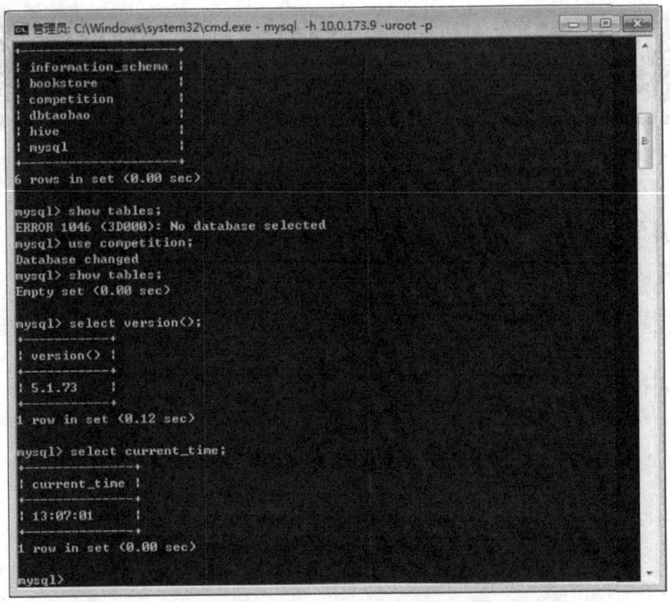

图 2-13 查看数据库

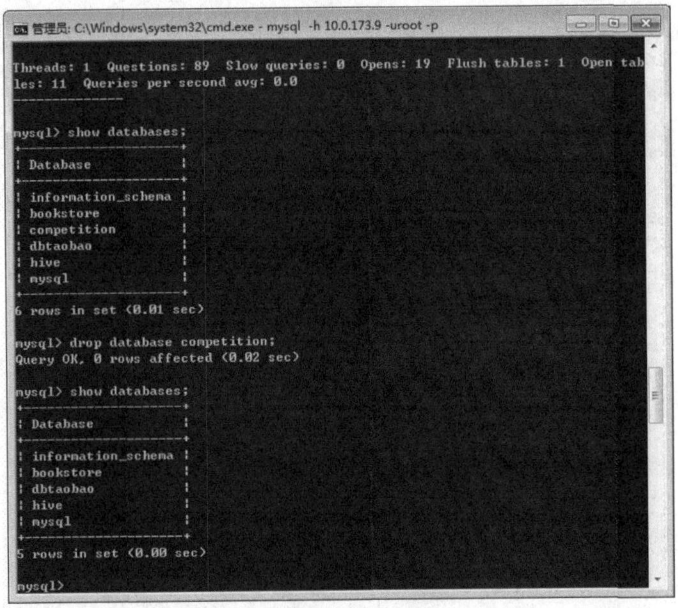

图 2-14 删除数据库(一)

也可以使用 mysqladmin 命令在终端执行删除命令，即在 cmd 命令模式下进行删除操作，其格式如下：

mysqladmin -u root -p drop databasename

按 Enter 键后，输入密码，即可删除指定的 databasename 数据库，如图 2-15 所示。

图2-15 删除数据库(二)

6. 设置存储引擎

MySQL 5.7 默认的存储引擎是 InnoDB。使用 MySQL 命令：

```
SET default_storage_engine=MyISAM;
```

可以临时将 MySQL 当前会话的存储引擎设置为 MyISAM。

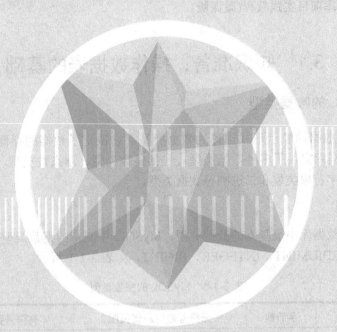

项目 3　管理数据表

学习目标

【知识目标】
- 掌握 MySQL 的数据类型。
- 掌握 MySQL 的数据表类型。
- 掌握创建表的语法形式。
- 掌握主键、外键、非空、唯一性、默认约束。

【技能目标】
- 能创建和维护数据库。
- 能创建和维护数据表。
- 能为表中的列设计合理的约束。
- 能使用 SQL 语句插入、更新、删除数据表中的数据。

【拓展目标】
能够使用命令行操作创建和管理数据库系统。

■ 任务描述

数据表是数据库中存储数据的基本单位，一个数据库可包含若干数据表。在关系型数据库管理系统中，应用系统的基础数据都存放在关系表中。数据库程序员在创建完数据库后需要创建数据表，并确定表中各个字段列的名称、数据类型、数据精度、是否为空等属性。

在数据库创建完成的背景下，将要进行 MySQL 数据库数据表的创建与操作。

3.1 知识准备：操作数据表的基础

3.1.1 MySQL 的数据类型

数据库中，数据的表示形式也称为数据类型，它决定了数据的存储格式和有效范围等。MySQL 数据库提供了多种数据类型，包括整数类型、浮点数类型、定点数类型、日期与时间类型、字符串类型和二进制等数据类型。

1. 整数类型

整数类型是数据库中最基本的数据类型，MySQL 中支持的整数类型包括 TINYINT、SMALLINT、MEDIUMINT、INTEGER、BIGINT，如表 3-1-1 所示。

表 3-1-1 MySQL 的整数类型

整数类型	字节数	无符号数的取值范围	有符号数的取值范围
TINYINT	1	0~255	−128~127
SMALLINT	2	0~65535	−32768~32767
MEDIUMINT	3	$0\sim2^{24}$	$-2^{23}\sim2^{23}-1$
INTEGER	4	$0\sim2^{32}-1$	$-2^{31}\sim2^{31}-1$
BIGINT	8	$0\sim2^{64}-1$	$-2^{63}\sim2^{63}-1$

从表 3-1-1 中可以看出，TINYINT 类型占用字节最少，只需要 1 个字节，因此其取值范围最小。无符号的 TINYINT 类型整数最大值为 2^8-1，即 255；有符号整数最大值为 2^7-1，即 127。

MySQL 支持数据类型的名称后面指定该类型的显示宽度，其基本格式如下：

数据类型(显示宽度)

其中，数据类型参数指的是数据类型名称；显示宽度指能够显示的最大数据长度字节数。如果不指定显示宽度，则 MySQL 为每一种类型指定默认的宽度值。若为某字段设定类型为 INT(11)，表示该数最大能够显示的数值个数为 11 位，但数据的取值范围仍为 $-2^{31}\sim2^{31}-1$。在设置数据类型时，还可以带参数 zerofill(零填充)，表示当数值不足显示宽度时，用 0 来填补。

2. 浮点数类型和定点数类型

MySQL 中，使用浮点数和定点数来表示小数。浮点数类型包括单精度浮点数(FLOAT)和双精度浮点数(DOUBLE)，定点数类型是 DECIMAL；浮点数在数据库中存放的是近似值，定点数存放的是精确值。表 3-1-2 列举了浮点数类型和定点数类型所对应的存储大小和取值范围。

表 3-1-2　浮点数类型和定点数类型

类　型	字节数	负数的取值范围	非负数的取值范围
FLOAT	4	−3.402823466E+38～−1.175494351E−38	0 或 1.175494351E−38～3.402823466E+38
DOUBLE	8	−1.7976931348623157E+308～−2.2250738585072014E−308	0 和 2.2250738585072014E−308～1.7976931348623157E+308
DECIMAL(M, D)或 DEC(M, D)	M+2	同 DOUBLE 型	同 DOUBLE 型

从表 3-1-2 中可以看出，DECIMAL 型的取值范围与 DOUBLE 型相同，但是 DECIMAL 型的有效取值范围由 M 和 D 决定，其中，M 表示数据的长度，D 表示小数点后的长度，且 DECIMAL 类型的存储字节数是 M+2。

MySQL 中可以指定浮点数和定点数的精度，基本格式如下：

数据类型(M,D)

其中，M 称为精度，是数据的总长度，小数点不占位；D 为标度，是小数点后面的长度。如 DECIMAL(6,2)表示指定的数据类型为 DECIMAL，数据长度是 6，小数点后保留 2 位，如 1234.56 是符合该类型的小数。

在向 MySQL 数据库中插入小数时，若待插入值的精度高于指定的精度，系统会自动进行四舍五入。若不指定小数精度，浮点数和定点数有其默认的精度，浮点数类型会默认保存实际精度，但这与操作系统和硬件的精度有关；而 DECIMAL 型的默认整数位为 10，小数位为 0，即默认为整数，也就说整数是精度为 0 的定点数。

> **学习提示**
>
> 尽管指定小数精度的方法适用于浮点数和定点数，但实际应用中，如果不是特别需要，定义浮点数不建议使用小数精度法，以免影响数据库的迁移。

3. 日期与时间类型

为了方便数据库中存储日期和时间，MySQL 中提供了多种表示日期和时间的数据类型。其中 YEAR 类型表示年份，DATE 类型表示日期，TIME 类型表示时间，DATETIME 和 TIMESTAMP 表示日期时间，如表 3-1-3 所示。

表 3-1-3　MySQL 中的日期与时间类型

类　型	字节数	取值范围	零值表示形式
YEAR	1	1901~2155	0000
DATE	4	1000-01-01~9999-12-31	0000:00:00
TIME	3	−838:59:59~838:59:59	00:00:00
DATETIME	8	1000-01-01 00:00:00~9999-12-31 23:59:59	0000-00-00 00:00:00
TIMESTAMP	4	19700101080001~20380119111407	000000000000000

从表 3-1-3 中可以看出，每种日期与时间类型都有一个有效范围。若插入的值超过了取值范围，系统会提示错误。不同的日期与时间类型有不同的零值。

1) YEAR 类型

YEAR 类型使用一个字节来表示年份，赋值方法如下。

- 使用 4 位字符串或数字表示。范围从'1901'～'2155'，输入格式为'YYYY'或者 YYYY。
- 使用 2 位字符串表示。范围为'00'～'69'转换为 2000～2069，'70'～'99'转换为 1970～1999。
- 使用 2 位数字表示。范围为 1～99。其中 1～69 转换为 2001～2069，70～99 转换为 1970～1999。

在使用 YEAR 类型时，一定要区分'0'和 0。字符串'0'表示的 YEAR 值为 2000，而数字 0 表示的 YEAR 值是 0000。

2) DATE 类型

DATE 类型使用 4 字节来表示日期。MySQL 中以 YYYY-MM-DD 的形式显示 DATE 类型的值。其中，YYYY 表示年，MM 表示月，DD 表示日。DATE 类型的范围可以从'1000-01-01'～'9999-12-31'。DATE 类型赋值的方法如下。

(1) DATE 类型使用'YYYY-MM-DD'、'YYYYMMDD'、'YYYY/MM/DD'、'YYYY.MM.DD'、'YYYY@MM@DD'等格式的字符串表示，取值范围是'1000-01-01'～'9999-12-31'。

(2) DATE 类型使用'YY-MM-DD'、'YYMMDD'、'YY/MM/DD'、'YY.MM.DD'、'YY@MM@DD'等格式的字符串表示。其中，'YY'的取值范围与 YEAR 类型中 2 位字符串表示的范围相同。

(3) DATE 类型使用'YYYYMMDD'或者'YYMMDD'格式的数字表示。其中，'YY'的取值，'00'～'69'转换为 2000～2069，'70'～'99'转换为 1970～1999。

MySQL 中使用 CURRENT_DATE 或者 NOW()来获取当前系统日期。

3) TIME 类型

TIME 类型用于表示时间值。一般形式为 HH:MM:SS，其中 HH 表示小时，MM 表示分钟，SS 表示秒。TIME 类型的范围为'-838:59:59'～'838:59:59'。虽然小时的范围是 0～23，但是为了表示某种特殊需要的时间间隔，将其范围扩大了，而且还支持负值。TIME 类型赋值的方法如下。

(1) TIME 类型使用'D HH:MM:SS'格式的字符串表示。其中，D 表示天数，取值范围是 0～34，保存时，小时的值等于(D*24+HH)。并且输入时可以不严格按照这个格式，也可以是'HH:MM:SS'、'HH:MM'、'D HH:MM'、'D HH'或者'SS'等形式。

(2) TIME 类型使用'HHMMSS'格式的字符串或者 HHMMSS 格式的数值表示。

MySQL 中使用 CURRENT_TIME 或者 NOW()来获取当前系统时间。

4) DATETIME 类型

DATETIME 类型用来表示日期和时间。以'YYYY-MM-DD HH:MM:SS'的形式显示日期时间值。从其形式可以看出，DATETIME 类型可以直接用 DATE 类型和 TIME 类型组合而成。DATETIME 类型的赋值方式有如下三种。

（1） DATETIME 类型使用'YYYY-MM-DD HH:MM:SS'或'YYYYMMDDHHMMSS'格式的字符串表示。其可以表达的范围是'1000-01-01 00:00:00'～'9999-12-31 23:59:59'。

（2） DATETIME 类型使用'YY-MM-DD HH:MM:SS'或'YYMMDDHHMMSS'格式的字符串表示。其中，'YY'的取值范围与 YEAR 类型中 2 位字符串表示的范围相同。

（3） DATETIME 类型使用 YYYYMMDDHHMMSS 或 YYMMDDHHMMSS 格式的数字表示。

MySQL 中使用 NOW()来获取当前系统日期时间。

5） TIMESTAMP 类型

TIMESTAMP 类型也用来表示日期和时间。范围为'1970-01-01 08:00:01'～'2038-01-19 11:14:07'，以'YYYY-MM-DD HH:MM:SS'的形式显示，其赋值方法基本与 DATETIME 类型相同。但是 TIMESTAMP 类型的范围较小，与 DATETIME 类型的不同主要如下。

（1） 使用 CURRENT_TIMESTAMP 获取系统当前日期与时间，常用于默认时间设置。

（2） 输入 NULL 时，系统会输入系统当前日期与时间。

（3） 无任何输入时，系统会输入系统当前日期与时间。

4．字符串类型

字符串类型用于在数据库中存储字符串。字符串类型包括 CHAR、VARCHAR、BLOB、TEXT、ENUM、SET。

1） CHAR 类型和 VARCHAR 类型

CHAR 类型和 VARCHAR 类型都是用来表示字符串数据的。不同的是，CHAR 类型占用的存储空间大小固定，而 VARCHAR 类型存放可变长度的字符串。定义 CHAR 和 VARCHAR 类型的方式如下：

```
CHAR(M)
```

或

```
VARCHAR(M)
```

其中，M 指定字符串的最大长度。例如，CHAR(5)就是指数据类型为 CHAR，其存储空间占用的字节数为 5。

2） TEXT 类型

TEXT 类型用于存储大文本数据，没有默认值。TEXT 类型包括 TINYTEXT、TEXT、MEDIUMTEXT 和 LONGTEXT，如表 3-1-4 所示。

表 3-1-4 TEXT 类型

类 型	允许的长度	存储空间
TINYTEXT	0～255 字节	值的长度+2 字节
TEXT	0～65535 字节	值的长度+2 字节
MEDIUMTEXT	0～167772150 字节	值的长度+3 字节
LONGTEXT	0～4294967295 字节	值的长度+4 字节

3) ENUM 类型

ENUM 类型称为枚举类型，又称为单选字符串类型。定义 ENUM 的基本格式如下：

属性名 ENUM('值1','值2',…,'值n')

其中，属性名指的是字段的名称，('值1', '值2', …, '值n')称为枚举列表。ENUM 类型的数据只能从枚举列表中选取，并且只能取一个值。列表中每个值都有一个顺序排列的编号，MySQL 数据库中存入的是值对应的编号，而不是值。

4) SET 类型

SET 类型又称为集合类型，它的值可以有零个或多个，其基本格式如下：

属性名 SET('值1','值2',…,'值n')

其中，属性名表示字段的名称，('值1', '值2', …, '值n')称为集合列表。列表中的每个值都有一个顺序排列的编号，MySQL 中存入的值是对应编号或多个编号的组合。当取集合中多个元素时，元素之间用逗号隔开。

5) 二进制类型

当数据库中需要存储图片、声音等多媒体数据时，二进制类型是一个不错的选择。MySQL 中提供的二进制类型包括 BINARY、VARBINARY、BIT、TINYBLOB、BLOB、MEDIUMBLOB 和 LONGBLOB，如表 3-1-5 所示。

表 3-1-5　MySQL 的二进制类型

类　型	取值范围
BINARY(M)	字节数为 M，允许长度为 0～M 的定长二进制字符串
VARBINARY(M)	允许长度为 0～M 的变长二进制字符串，字节数为值的长度加 1
BIT(M)	M 位二进制数据，M 最大值为 64
TINYBLOB(M)	可变长二进制数据，最多 255 字节
BLOB(M)	可变长二进制数据，最多(2^{16}-1)字节
MEDIUMBLOB(M)	可变长二进制数据，最多(2^{24}-1)字节
LONGBLOB(M)	可变长二进制数据，最多(2^{32}-1)字节

从表 3-1-5 中可以看出，BINARY 和 VARBINARY 类型只包含 byte 串而非字符串，它们没有字符集的概念，排序和比较操作都是基于字节的数字值，以字节为单位计算长度，而不是以字符为单位计算长度。

BINARY 采用左对齐方式存储，即小于指定长度时，会在右边填充 0，例如：BINARY(3)列，插入'a\0'时，会变成'a\0\0'值存入。VARBINARY 则不用在右边填充 0，在这个最大范围内，使用多少分配多少。VARBINARY 类型实际占用的空间为实际长度加 1。这样，可以有效地节约系统的空间。

BLOB 类型是一种特殊的二进制类型。BLOB 可以用来保存数据量很大的二进制数据，如图片等。BLOB 类型包括 TINYBLOB、BLOB、MEDIUMBLOB 和 LONGBLOB。

这几种 BLOB 类型最大的区别就是能够保存的最大长度不同。LONGBLOB 的长度最大，TINYBLOB 的长度最小。在数据库中存放体积较大的多媒体对象就是应用程序处理 BLOB 的典型例子。

BIT 类型也是在创建表时指定了最大长度，其基本形式为 bit(M)。其中，M 指定了该二进制数的最大字节长度为 M，M 的最大值为 64。举个例子，bit(4)就是数据类型为 bit，长度为 4。若字段的类型 bit(4)，存储的数据是从 0～15。因为，变成二进制以后，15 的值为 1111，长度为 4。如果插入的值为 16，其二进制数为 10000，长度为 5，超过了最大长度，因此，大于等于 16 的数是不能插入到 bit(4)类型的字段中的。在查询 bit 类型的数据时，要用 bin(字段名+0)来将值转换为二进制显示。

> **学习提示**
>
> BLOB 类型与 TEXT 类型类似。不同点在于 BLOB 类型用于存储二进制数据，BLOB 类型数据是根据其二进制编码进行比较和排序，而 TEXT 类型是以文本模式进行比较和排序。

3.1.2 MySQL 的数据表类型

MySQL 数据库表的种类很多，如同 SQL Server 数据库有系统表和临时表之分一样，但 MySQL 数据库表的种类不止两种。

MySQL 数据库实际上支持 6 种不同的表类型，分别是 ISAM、MyISAM、MERGE、HEAP、BDB、InnoDB。

其中，BDB 类型单独属于一类，称为事务安全型(transaction-safe)，其余的表类型属于第二类，称为非事务安全型(non-transaction-safe)。

1. ISAM 数据表

这是 MySQL 3.23 版本之前的 MySQL 数据库支持的唯一一种表类型，目前已经过时。MyISAM 处理程序逐步取代了 ISAM 处理程序，其数据表在硬盘上的文件存储方式为 ISAM Frm isd ism。

2. MyISAM 数据表

这是 MySQL 数据库在 5.4 版本之前默认使用的数据表类型。数据表在硬盘上的文件存储方式为 MyISAM Frm myd myi，其优点如下。

- 如果主机操作系统支持大尺寸文件，数据表长度就能够很大，就能容纳更多的数据。
- 数据表内容独立于硬件，也就是说可以把数据表在机器之间随意复制。
- 提高了索引方面的功能。
- 提供了更好的索引键压缩效果。
- AUTO_INCREMNET 能力加强。
- 改进了对数据表的完整性检查机制。
- 支持进行 FULLTEXT 全文本搜索。

3. Merge 数据表

Merge 是一种把相同结构的 MyISAM 数据表组织为一个逻辑单元的方法，数据表在硬盘上的文件存储方式为 Merge Frm mrg。

4. HEAP 数据表

HEAP 是一种使用内存的数据表，而且各个数据行的长度固定，这两个特性使得这种类型的数据表的检索速度非常快。作为一种临时性的数据表，HEAP 在某些特定情况下很有用。数据表在硬盘上的文件存储方式为 Heap Frm。

5. BDB 数据表

这种数据表支持事务处理机制，具有良好的并发性能。其数据表在硬盘上的文件存储方式为 BDB Frm db。

6. InnoDB 数据表

这是新加入 MySQL 数据库的数据表类型，有许多新的特性。其数据表在硬盘上的文件存储方式为 InnoDB Frm。该数据表类型具有以下新特性。

- 支持事务处理机制。
- 崩溃后能够立刻恢复。
- 支持外键功能，包括级联删除。
- 具有并发功能。

3.1.3 创建表的语法形式

数据表属于数据库，在创建数据表之前，应该使用语句 "USE <数据库名>" 指定操作在哪个数据库中进行。如果没有选择数据库，会出现 No database selected 的错误。

创建数据表的语句为 CREATE TABLE，语法规则如下：

```
CREATE  TABLE  <表名>
(
    字段名 1,数据类型  [列级别约束条件]  [默认值],
    字段名 2,数据类型  [列级别约束条件]  [默认值],
    …
    [表级别约束条件]
);
```

使用 CREATE TABLE 创建表时，必须指定以下信息。

(1) 要创建的表的名称，不区分大小写，不能使用 SQL 中的关键字，如 DROP、ALTER、INSERT 等。

(2) 数据表中每一个列(字段)的名称和数据类型，如果创建多个列，要用逗号隔开。

【引例 3-1】创建员工表 tb_emp1，结构如表 3-1-6 所示。

表 3-1-6　tb_emp1 表的结构

字段名称	数据类型	备　注
id	INT(11)	员工编号
name	VARCHAR(25)	员工名字
deptId	INT(11)	所在部门编号
salary	FLOAT	工资

首先创建数据库，使用的 SQL 语句如下：

```
CREATE DATABASE test_db;
```

选择创建表的数据库，使用的 SQL 语句如下：

```
USE test_db;
```

创建 tb_emp1 表，使用的 SQL 语句如下：

```
CREATE TABLE tb_emp1
(
    id INT(11),
    name VARCHAR(25),
    deptId INT(11),
    salary FLOAT
);
```

上述语句执行后，便创建了一个名称为 tb_emp1 的数据表，可以使用 SHOW TABLES 语句查看数据表是否创建成功：

```
mysql> SHOW TABLES;
+----------------------+
| Tables_in_ test_db   |
+----------------------+
| tb_emp1              |
+----------------------+
1 row in set (0.00 sec)
```

从上面的信息可以看到，test_db 数据库中已经有了数据表 tb_emp1，表示数据表创建成功。

3.1.4　完整性约束

实施数据完整性的目的是防止数据库中存在不符合语义规定的数据和防止因错误信息的输入输出造成无效操作或错误信息。数据完整性分为实体完整性、域完整性、引用完整性、用户自定义完整性等。实体完整性约束表中的行；域完整性约束表中的列；引用完整性约束表与表之间的关系。

1) 完整性约束的定义

为了保证插入数据的正确性和合法性，给表中字段添加除了数据类型约束以外的其他约束条件。

2) 完整性约束的分类

① 实体完整性：记录之间不能重复。

主键约束(primary key)：唯一并且不能为空；

唯一约束(unique)：唯一可以为空；

主键自增(auto_increment)：见名知意，这个是用来帮助主键自动添加值的一个约束。

② 域完整性：数据库表的字段，必须符合某种特定的数据类型或约束。

扫码观看视频学习

类型约束：在创建表的时候，已经给每个字段添加类型了；

非空约束：not null，对于使用了非空约束的字段，如果用户在添加数据时没有指定值，数据库系统就会报错，可以通过 CREATE TABLE 或 ALTER TABLE 语句实现。

扫码观看视频学习

默认值：default，其完整称呼是"默认值约束(Default Constraint)"，用来指定某列的默认值。在表中插入一条新记录时，如果没有为某个字段赋值，系统就会自动为这个字段插入默认值。默认值约束通常用在已经设置了非空约束的列，这样能够防止数据表在录入数据时出现错误。

③ 引用完整性(参照完整性)：一张表中字段的值，需要参考另外一张表中的值。

添加外键约束：foreign key。

引用完整性会降低 SQL 的执行效率，有时候能不用就不用。

3.1.5 主键约束

主键，又称主码，是表中一列或多列的组合。主键约束(Primary Key Constraint)要求主键列的数据要唯一，并且不允许为空。主键能够唯一地标识表中的一条记录，可以结合外键来定义不同数据表之间的关系，并且可以加快查询数据库的速度。主键和记录之间的关系如同身份证和人之间的关系，它们之间是一一对应的。主键分为两种类型：单字段主键和多字段联合主键。

1. 单字段主键

主键由一个字段组成，SQL 语句的格式分为以下两种情况。

(1) 在定义列的同时指定主键，语法规则如下：

```
字段名 数据类型 PRIMARY KEY [默认值]
```

【引例 3-2】定义数据表 tb_emp2，其主键为 id，使用的 SQL 语句如下：

```
CREATE TABLE tb_emp2
(
    id INT(11) PRIMARY KEY,
    name VARCHAR(25),
    deptId INT(11),
    salary FLOAT
);
```

(2) 在定义完所有列之后指定主键,语法规则如下:

```
[CONSTRAINT <约束名>] PRIMARY KEY [字段名]
```

【引例 3-3】定义数据表 tb_emp 3,其主键为 id,使用的 SQL 语句如下:

```
CREATE TABLE tb_emp3
(
    id INT(11),
    name VARCHAR(25),
    deptId INT(11),
    salary FLOAT,
    PRIMARY KEY(id)
);
```

上述两个例子执行后的结果是一样的,都会在 id 字段上设置主键约束。

2. 多字段联合主键

主键由多个字段联合组成,语法规则如下:

```
PRIMARY KEY[字段1, 字段2,…, 字段n]
```

【引例 3-4】定义数据表 tb_emp4,假设表中没有主键 id,为了唯一确定一个员工,可以把 name、deptId 联合起来作为主键,使用的 SQL 语句如下:

```
CREATE TABLE tb_emp4
(
    name VARCHAR(25),
    deptId INT(11),
    salary FLOAT,
    PRIMARY KEY(name,deptId)
);
```

语句执行后,便创建了一个名称为 tb_emp4 的数据表,name 字段和 deptId 字段组合在一起成为 tb_emp4 的多字段联合主键。

3.1.6 外键约束

外键用来在两个表的数据之间建立连接,可以是一列或者多列。一个表可以有一个或多个外键。外键对应的是参照完整性,一个表的外键可以为空值,若不为空值,则每一个外键值必须等于另一个表中主键的某个值。

外键:首先它是表中的一个字段,它可以不是本表的主键,但对应另外一个表的主键。外键的主要作用是保证数据引用的完整性,定义外键后,不允许删除在另一个表中具有关联关系的行。

主表(父表):对于具有关联关系的两个表,相关联字段中主键所在的那个表为主表。

从表(子表):对于具有关联关系的两个表,相关联字段中外键所在的那个表为从表。

创建外键的语法规则如下:

```
[CONSTRAINT <外键名>] FOREIGN KEY 字段名1 [ ,字段名2,…]
    REFERENCES <主表名> 主键列1 [ ,主键列2,…]
```

"外键名"为定义的外键约束的名称,一个表中不能有相同名称的外键;"字段名"表示子表需要添加外键约束的字段列;"主表名"即被子表外键所依赖的表的名称;"主键列"表示主表中定义的主键列,或者列组合。

【引例3-5】定义数据表tb_emp5,并在tb_emp5表上创建外键约束。

创建一个部门表tb_dept1,表的结构如表3-1-7所示,使用的SQL语句如下:

```
CREATE TABLE tb_dept1
(
    id INT(11) PRIMARY KEY,
    name VARCHAR(22) NOT NULL,
    location VARCHAR(50)
);
```

表 3-1-7　tb_dept1 表的结构

字段名称	数据类型	备 注
id	INT(11)	部门编号
name	VARCHAR(22)	部门名称
location	VARCHAR(50)	部门位置

定义数据表tb_emp5,让它的键deptId作为外键关联到tb_dept1表的主键id,使用的SQL语句如下:

```
CREATE TABLE tb_emp5
(
    id INT(11) PRIMARY KEY,
    name VARCHAR(25),
    deptId INT(11),
    salary FLOAT,
    CONSTRAINT fk_emp_dept1 FOREIGN KEY(deptId) REFERENCES tb_dept1(id)
);
```

以上语句执行成功之后,即可在表tb_emp5上添加名称为fk_emp_dept1的外键约束,外键名称为deptId,其依赖于表tb_dept1的主键id。

> **学习提示**
>
> 关联指的是在关系型数据库中,相关表之间的联系。它是通过相容或相同的属性或属性组来表示的。子表的外键必须关联父表的主键,且关联字段的数据类型必须匹配,如果类型不一样,则创建子表时,就会出现错误ERROR 1005 (HY000): Can't create table 'database.tablename'(errno: 150)。

3.1.7　非空约束

非空约束(Not Null Constraint)是指字段的值不能为空。对于使用了非空约束的字段,如果用户在添加数据时没有指定值,数据库系统会报错。

非空约束的语法规则如下:

字段名 数据类型 NOT NULL

【引例 3-6】定义数据表 tb_emp6,指定员工的名字不能为空,使用的 SQL 语句如下:

```
CREATE TABLE tb_emp6
(
    id      INT(11) PRIMARY KEY,
    name    VARCHAR(25) NOT NULL,
    deptId  INT(11),
    salary  FLOAT
);
```

执行后,在 tb_emp6 数据表中创建一个 name 字段,其插入值不能为空(NOT NULL)。

3.1.8 唯一性约束

唯一性约束(Unique Constraint)要求该列唯一,允许为空,但只能出现一个空值。唯一性约束可以确保一列或者几列不出现重复值。

唯一性约束的语法规则如下。

(1) 在定义完列之后直接指定唯一性约束,语法规则如下:

字段名 数据类型 UNIQUE

【引例 3-7】定义数据表 tb_dept2,指定部门的名称唯一,使用的 SQL 语句如下:

```
CREATE TABLE tb_dept2
(
    id       INT(11) PRIMARY KEY,
    name     VARCHAR(22) UNIQUE,
    location VARCHAR(50)
);
```

(2) 在定义完所有列之后指定唯一性约束,语法规则如下:

[CONSTRAINT <约束名>] UNIQUE(<字段名>)

【引例 3-8】定义数据表 tb_dept3,指定部门的名称唯一,使用的 SQL 语句如下:

```
CREATE TABLE tb_dept3
(
    id       INT(11) PRIMARY KEY,
    name     VARCHAR(22),
    location VARCHAR(50),
    CONSTRAINT STH UNIQUE(name)
);
```

UNIQUE 和 PRIMARY KEY 的区别:一个表中可以有多个字段声明为 UNIQUE,但只能有一个 PRIMARY KEY 声明。声明为 PRIMARY KEY 的列不允许有空值,但是声明为 UNIQUE 的字段允许有空值(NULL)。

3.1.9 默认约束

默认约束(Default Constraint)可以指定某列的默认值。例如,男性同学较多,性别就可以默认为"男"。如果插入一条新的记录时没有为这个字段赋值,那么系统会自动将这个字段赋值为"男"。

默认约束的语法规则如下:

字段名 数据类型 DEFAULT 默认值

【引例3-9】定义数据表 tb_emp7,指定员工的部门编号默认为1111,使用的 SQL 语句如下:

```
CREATE TABLE tb_emp7
(
    id     INT(11) PRIMARY KEY,
    name   VARCHAR(25) NOT NULL,
    deptId INT(11) DEFAULT 1111,
    salary FLOAT
);
```

以上语句执行成功之后,表 tb_emp7 中的字段 deptId 就会拥有一个默认值1111,新插入的记录如果没有指定部门编号,则都默认为1111。

3.1.10 设置表的属性值自动增加

在数据库应用中,经常希望在每次插入新记录时,系统会自动生成字段的主键值,这可以通过为表主键添加 AUTO_INCREMENT 关键字来实现。默认地,在 MySQL 中 AUTO_INCREMENT 的初始值为1,每新增一条记录,字段值自动加1。一个表只能有一个字段使用 AUTO_INCREMENT 约束,且该字段必须为主键的一部分。AUTO_INCREMENT 约束的字段可以是任何整数类型(TINYINT、SMALLINT、INT、BIGINT 等)。

设置表的属性值自动增加的语法规则如下:

字段名 数据类型 AUTO_INCREMENT

【引例3-10】定义数据表 tb_emp8,指定员工的编号自动递增,使用的 SQL 语句如下:

```
CREATE TABLE tb_emp8
(
    id     INT(11) PRIMARY KEY AUTO_INCREMENT,
    name   VARCHAR(25) NOT NULL,
    deptId INT(11),
    salary FLOAT
);
```

上述例子执行后,会创建名称为 tb_emp8 的数据表。在插入记录的时候,默认的自增字段 id 的值从1开始,添加一条新记录,该值自动加1。

例如,执行如下插入语句:

```
mysql> INSERT INTO tb_emp8 (name,salary)
    -> VALUES('Lucy',1000), ('Lura',1200),('Kevin',1500);
```

上述语句执行完后，tb_emp8 表中增加 3 条记录，在这里并没有输入 id 的值，但系统已经自动添加该值，使用 SELECT 语句查看记录，结果如下：

```
mysql> SELECT * FROM tb_emp8;
+----+-------+--------+--------+
| id | name  | deptId | salary |
+----+-------+--------+--------+
|  1 | Lucy  |  NULL  |  1000  |
|  2 | Lura  |  NULL  |  1200  |
|  3 | Kevin |  NULL  |  1500  |
+----+-------+--------+--------+
3 rows in set (0.00 sec)
```

── 学习提示 ──

这里使用 INSERT 语句向表中插入记录的方法，并不是 SQL 的标准语法。这种语法不一定被其他数据库支持，只能在 MySQL 中使用。

3.2 实践操作：创建和操作电商购物系统数据库表

操作目标

（1）完成电商购物系统数据库中数据表的创建和查看，数据表的复制、修改、删除等操作。
（2）实现数据的完整性。
（3）实现添加和修改系统数据。

操作指导

1. 查看创建的数据表

在关系数据库中，表是以行和列的形式组织，数据存在于行和列相交的单元格中。一行数据表示一条唯一的记录，一列数据表示一个字段，唯一标识一行记录的属性称为主键。

1）查看数据表

数据库创建成功后，可以使用 SHOW TABLES 语句查看数据库中的表。

【实例 3-1】查看 onlinedb 数据库中的数据表。

操作步骤如下。

（1）使用 USE 语句将 onlinedb 设为当前数据库。

```
mysql> USE onlinedb;
Database changed
```

其中,Database changed 表示数据库切换成功。

(2) 查看数据表。

```
mysql> SHOW TABLES;
Empty set(0.00 sec)
```

Empty set 表示空集。从执行结果可以看出,onlinedb 数据库中没有数据表。

2) 使用 Navicat 图形工具创建表

【实例 3-2】使用 Navicat 工具,在 onlinedb 数据库中新建用户表,表名为 users,结构如表 3-2-1 所示。

表 3-2-1 users 表的结构

序号	字段名	数据类型	标识	主键	允许空	默认值	说　明
1	uID	int(11)	是	是	否		用户 ID
2	uName	varchar(30)			否		姓名
3	uPwd	varchar(30)			否		密码
4	uSex	ENUM('男', '女')			是	男	性别

操作步骤如下。

(1) 打开 Navicat 窗口,双击"连接"窗格中的 myconn 服务器,双击 onlinedb 数据库,使其处于打开状态。在 onlinedb 数据库下方右击"表"节点,在弹出的快捷菜单中选择"新建表"命令,如图 3-2-1 所示。

图 3-2-1 使用 Navicat 新建表

(2) 在打开的表设计窗口中,输入表的列名、数据类型、长度、小数位数,并设置是否允许为空,如图 3-2-2 所示。

(3) 定义所有列后,单击标准工具栏上的"保存"按钮,打开"表名"对话框,输入表名为"users",如图 3-2-3 所示。

项目 3　管理数据表

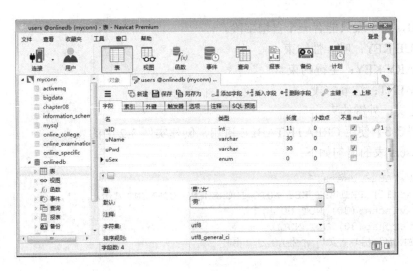

图 3-2-2　表设计窗口

图 3-2-3　"表名"对话框

3) 使用 CREATE TABLE 语句创建表

语法格式如下：

```
CREATE[TEMPORARY]TABLE 表名
( 字段定义1,
  字段定义2,
  …
  字段定义n
);
```

语法说明如下。

TEMPORARY：使用该关键字表示创建的表为临时表。

表名：表示所要创建的表的名称。

字段定义：定义表中的字段。包括字段名、数据类型、是否允许为空，指定默认值、主键约束、唯一性约束、注释字段、是否为外键以及字段类型的属性等。定义字段的格式如下：

```
字段名类型[NOT NULL | NULL][DEFAULT 默认值][AUTO_INCREMENT][UNIQUE KEY
|PRIMARY KEY][COMMENT '字符串'][外键定义]
```

语法说明如下。

NULL(NOT NULL)：表示字段是否可以为空。

DEFUALT：指定字段的默认值。

AUTO_INCREMENT：设置字段为自增，只有整型类型的字段才能设置自增。自增默认从 1 开始，每个表只能有一个自增字段。

UNIQUE KEY：唯一性约束。

PRIMARY KEY：主键约束。

COMMENT：注释字段。

外键定义：外键约束。

【实例 3-3】使用 CREATE TABLE 语句，创建实例 3-2 中的表。

创建 users 表的语句如下：

```
CREATE TABLE users(
uID int(11) PRIMARY KEY AUTO_INCREMENT COMMENT '用户 ID',
uName varchar(30) NOT NULL,
uPwd varchar(30) NOT NULL,
uSex ENUM('男','女') DEFAULT '男'
);
```

以上代码表示创建了一个名为 users 的表，包含 uID，uName，uPwd，uSex 四个字段。其中 uID 为整数类型，主键，自增列，字段注释为"用户 ID"；uName 和 uPwd 均为变长字符串类型；uSex 为枚举型，并且其取值范围定义为"男"和"女"两个值，且默认值为"男"。表中的主键约束为 uID。

> **学习提示**
>
> 创建表时，需要先选择表所属的数据库，可以使用"USE 数据库名"命令来进行选择。如若不选择，则需将上面语法中的"表名"更改为"数据库名.表名"。

表的名称不能为 SQL 的关键字，如 create、update、order 等。使用有意义的英文词汇，词汇中间以下划线分隔。只能使用英文字母、数字、下划线，并以英文字母开头，不超过 32 个字符，须见名知意，建议使用名词而不是动词。

为验证表创建是否成功，可以使用 SHOW TABLES 语句查看，执行结果如下：

```
mysql> USE onlinedb;
Database changed
mysql> SHOW TABLES;
+--------------------+
| Tables_in_onlinedb |
+--------------------+
| users              |
+--------------------+
1 row in set(0.00 sec)
```

4) 查看表结构

在向表中添加数据前，一般先需要查看表结构。MySQL 中查看表结构的语句包括 DESCRIBE 语句和 SHOW CREATE TABLE 语句。

使用 DESCRIBE 语句可以查看表的基本定义，其语法格式如下：

```
DESCRIBE 表名;
```

【实例 3-4】使用 DESCRIBE 语句查看 users 表的结构，执行结果如下：

```
mysql> DESCRIBE onlinedb.users;
+--------+---------------+------+-----+----------+----------------+
| Field  | Type          | Null | Key | Default  | Extra          |
+--------+---------------+------+-----+----------+----------------+
| uID    | int(11)       | NO   | PRI | NULL     | auto_increment |
| uName  | varchar(30)   | NO   |     | NULL     |                |
| uPwd   | varchar(30)   | NO   |     | NULL     |                |
| uSex   | enum('男','女')| YES  |     | 男       |                |
+--------+---------------+------+-----+----------+----------------+
4 rows in set(0.02 sec)
```

> **学习提示**
>
> DESCRIBE 可以缩写成 DESC。

使用 SHOW CREATE TABLE 不仅可以查看表的详细定义，还可以查看表使用的默认的存储引擎和字符编码，其语法格式如下：

```
SHOW CREATE TABLE 表名;
```

【实例 3-5】使用 SHOW CREATE TABLE 语句查看 users 表的结构，执行结果如下：

```
mysql> SHOW CREATE TABLE users\G;
*************************** 1.row ***************************
Table: users
Create Table: CREATE TABLE 'users'(
'uID' int(11)NOT NULL AUTO_INCREMENT,
'uName' varchar(30)NOT NULL,
'uPwd' varchar(30)NOT NULL,
'uSex' enum('男','女')DEFAULT '男',
PRIMARY KEY('uID')
)ENGINE=InnoDB DEFAULT CHARSET=utf8
1 row in set(0.00 sec)
```

从查询结果可以看出，users 表中字段 uID 为主键且为自增列，表的存储引擎为 InnoDB，默认字符编码为 utf8。

默认情况下，MySQL 的查询结果是横向输出的，第一行是表头，其余行为记录集。当字段比较多时，显示的结果非常乱，不方便查看，这时可以在执行语句后加上参数 "\G"，以纵向输出表结构。

【实例 3-6】使用 DESC onlinedb.users \G 语句查看 users 表的结构，执行结果如下：

```
mysql> DESC onlinedb.users\G;
*************************** 1.row ***************************
Field: uID
Type: int(11)
Null: NO
Key: PRI
Default: NULL
Extra: auto_increment
*************************** 2.row ***************************
```

```
Field: uName
Type: varchar(30)
Null: NO
Key:
Default: NULL
Extra:
*************************** 3.row ***************************
Field: uPwd
Type: varchar(30)
Null: NO
Key:
Default: NULL
Extra:
*************************** 4.row ***************************
Field: uSex
Type: enum('男','女')
Null: YES
Key:
Default: 男
Extra:
4 rows in set(0.02 sec)
```

从结果可以看出，表的结构按纵向进行排列，且每个字段单独显示，方便阅读。

2. 修改数据表

当系统需求变更或设计之初考虑不周全等情况发生时，就需要对表的结构进行修改。修改表包括修改表名、修改字段名、修改字段数据类型、修改字段排列位置、增加字段、删除字段、修改表的存储引擎等。在 MySQL 中，可以使用图形工具和 SQL 语句实现表的修改操作，其中图形方式与创建表的图形方式相同，本节仅讲解使用 ALTER TABLE 语句来实现表结构的修改。

1) 修改表名

数据库系统通过表名来区分不同的表。MySQL 中，修改表名的语法格式如下：

```
ALTER TABLE 原表名 RENAME[TO]新表名；
```

【实例 3-7】将数据库 onlinedb 中的表 users 更名为 user，执行结果如下：

```
mysql> ALTER TABLE users RENAME user;
Query OK,0 rows affected(0.01 sec)
```

执行完修改表名语句后，使用 SHOW TABLES 查看表名是否修改成功，执行结果如下：

```
mysql> SHOW TABLES;
+--------------------+
| Tables_in_onlinedb |
+--------------------+
| user               |
+--------------------+
1 row in set(0.00 sec)
```

从显示结果可以看出,数据库中的表 users 已经成功更名为 user。

2) 修改字段

修改字段可以实现修改字段名、字段类型等操作。

在一张表中,字段名称是唯一的。MySQL 中,修改表中字段名的语法格式如下:

```
ALTER TABLE 表名 CHANGE 原字段名 新字段名 新数据类型;
```

其中,原字段名指的是修改前的字段名,新字段名为修改后的字段名,新数据类型为字段修改后的数据类型。

【实例 3-8】在数据库 onlinedb 中,将 user 表中的字段名称 uPwd 修改为 uPswd,长度改为 20,执行结果如下:

```
mysql> ALTER TABLE user CHANGE uPwd uPswd VARCHAR(20);
Query OK,0 rows affected(0.04 sec)
Records: 0 Duplicates: 0 Warnings: 0
```

执行修改表中字段的语句后,其中 Records:0 表示 0 条记录,Duplicates:0 表示 0 条记录重复,Warning:0 表示 0 个警告。

使用 DESC 语句查看字段修改是否成功,执行结果如下。

```
mysql> DESC user;
+-----------+--------------+------+-----+---------+----------------+
| Field     | Type         | Null | Key | Default | Extra          |
+-----------+--------------+------+-----+---------+----------------+
| uID       | int(11)      | NO   | PRI | NULL    | auto_increment |
| uName     | varchar(30)  | NO   |     | NULL    |                |
| uPswd     | varchar(20)  | YES  |     | NULL    |                |
| uSex      | enum('男','女')| YES |     | 男      |                |
+-----------+--------------+------+-----+---------+----------------+
4 rows in set(0.02 sec)
```

从显示的表结构可以看出,字段名称修改成功。

> **学习提示**
>
> 在修改字段时,必须指定新字段名的数据类型,即使新字段的类型与原字段类型相同。

若只需要修改字段的类型,使用的 SQL 语句语法如下:

```
ALTER TABLE 表名 MODIFY 字段名 新数据类型;
```

其中,表名指的是要修改的表的名称,字段名指的是待修改的字段名称,新数据类型为修改后的新数据类型。

【实例 3-9】在数据库 onlinedb 中,将 user 表中 uPswd 字段的类型改为 VARBINARY,长度为 20。执行结果如下:

```
mysql> ALTER TABLE user MODIFY uPswd VARBINARY(20);
Query OK,0 rows affected(0.03 sec)
Records: 0 Duplicates: 0 Warnings: 0
```

执行修改表中字段的语句后,使用 DESC 语句可以查看字段类型修改是否成功,执行

结果如下:

```
mysql> DESC user;
+--------+--------------+------+-----+---------+----------------+
| Field  | Type         | Null | Key | Default | Extra          |
+--------+--------------+------+-----+---------+----------------+
| uID    | int(11)      | NO   | PRI | NULL    | auto_increment |
| uName  | varchar(30)  | NO   |     | NULL    |                |
| uPswd  | varbinary(20)| YES  |     | NULL    |                |
| uSex   | enum('男','女')| YES |     | 男      |                |
+--------+--------------+------+-----+---------+----------------+
4 rows in set(0.02 sec)
```

从显示结果中可以看出,字段 uPswd 的类型成功修改为 varbinary(20)。

> **学习提示**
> MODIFY 和 CHANGE 都可以改变字段的数据类型,但 CHANGE 可以在改变字段数据类型的同时,改变字段名。如果要使用 CHANGE 修改字段数据类型,那么 CHANGE 后跟两个属性名,即旧属性名和新属性名。

3) 修改字段的排列位置

使用 ALTER TABLE 可以修改字段在表中的排列位置,其语法格式如下:

```
ALTER TABLE 表名 MODIFY 字段名1 数据类型 FIRST|AFTER 字段名2
```

其中,字段名 1 指待修改位置的字段名称,数据类型是字段名 1 的数据类型,参数 FIRST 表示将字段名 1 设置为表的第一个字段;AFTER 字段名 2 则表示将字段名 1 排列到字段名 2 之后。

【实例 3-10】修改 user 表中字段 uPswd 的排列位置,将其移到 uSex 字段之后。

实现的 SQL 语句如下:

```
mysql> ALTER TABLE user MODIFY uPswd VARBINARY(20) AFTER uSex;
```

执行上述语句,并使用 DESCRIBE 查看 user 表,显示结果如下:

```
mysql> DESCRIBE user;
+--------+--------------+------+-----+---------+----------------+
| Field  | Type         | Null | Key | Default | Extra          |
+--------+--------------+------+-----+---------+----------------+
| uID    | int(11)      | NO   | PRI | NULL    | auto_increment |
| uName  | varchar(30)  | NO   |     | NULL    |                |
| uSex   | enum('男','女')| YES |     | 男      |                |
| uPswd  | varbinary(20)| YES  |     | NULL    |                |
+--------+--------------+------+-----+---------+----------------+
4 rows in set(0.02 sec)
```

从执行结果中可以看出,字段 uPswd 已被修改到 uSex 字段之后。

4) 添加字段

在 MySQL 中,使用 ALTER TABLE 语句添加字段的基本语法如下:

```
ALTER TABLE 表名 ADD 字段名 数据类型
[完整性约束条件][FIRST| AFTER 已存在的字段名];
```

其中，字段名是需要增加的字段名称，数据类型是新增的字段的数据类型，完整性约束条件是可选参数，FIRST 和 AFTER 也是可选参数，用于将增加的字段排列位置。当不指定位置时，新增字段默认为表的最后一个字段。

【实例 3-11】在 user 表中增加字段 uReg Time，用于存放用户的注册时间，其数据类型为 TIMESTAMP。实现的 SQL 语句如下：

```
mysql> ALTER TABLE user ADD uReg Time TIMESTAMP;
```

语句执行后，使用 DESC 查看 user 表，显示结果如下：

```
mysql> DESC user;
+-----------+--------------+------+-----+---------+--------------------+
| Field     | Type         | Null | Key | Default | Extra              |
+-----------+--------------+------+-----+---------+--------------------+
| uID       | int(11)      | NO   | PRI | NULL    | auto_increment     |
| uName     | varchar(30)  | NO   |     | NULL    |                    |
| uPswd     | varbinary(20)| YES  |     | NULL    |                    |
| uSex      | enum('男','女')| YES |     | 男      |                    |
| uReg Time | timestamp    | NO   |     | CURRENT_TIMESTAMP |
on update CURRENT_TIMESTAMP |
+-----------+--------------+------+-----+---------+--------------------+
5 rows in set(0.03 sec)
```

从执行结果可以看出，user 表中添加了名为 uReg Time 的字段，类型为 TIMESTAMP，默认值为 CURRENT_TIMESTAMP。

5) 删除字段

当字段设计冗余或是不再需要时，使用 ALTER TABLE 语句可以删除表中字段，其语法格式如下：

```
ALTER TABLE 表名 DROP 字段名;
```

【实例 3-12】删除 user 表中的字段 uReg Time。

```
mysql> ALTER TABLE user DROP uReg Time;
```

语句执行后，使用 DESC 查看 user 表，此时 user 表中不再有名为 uReg Time 的字段。

6) 修改表的存储引擎

除实现字段的添加、删除和修改外，ALTER TABLE 语句还能实现修改表的存储引擎，其语法格式如下：

```
ALTER TABLE 表名 ENGINE=存储引擎名;
```

其中，存储引擎名指的是新的存储引擎的名称。

【实例 3-13】修改 user 表的存储引擎为 MyISAM。
实现的 SQL 语句如下：

```
ALTER TABLE user ENGINE=MyISAM;
```

使用 SHOW CREATE TABLE 带参数 G 的语句，查看执行后的结果如下：

```
mysql> SHOW CREATE TABLE user\G;
*************************** 1.row ***************************
Table: user
Create Table: CREATE TABLE 'user'(
'uID' int(11)NOT NULL AUTO_INCREMENT,
'uName' varchar(30)NOT NULL,
'uPswd' varbinary(20)DEFAULT NULL,
'uSex' enum('男','女')DEFAULT '男',
PRIMARY KEY('uID')
)ENGINE=MyISAM DEFAULT CHARSET=utf8
1 row in set(0.00 sec)
```

查询结果显示，user 表的存储引擎变为 MyISAM，操作成功。

3. 复制表

MySQL 中，表的复制操作包括复制表结构和复制表中的数据。复制操作可以在同一个数据库中执行，也可以跨数据库实现，主要方法如下。

1) 复制表结构及数据到新表

```
CREATE TABLE 新表名 SELECT * FROM 源表名；
```

其中，新表名表示复制的目标表名称，此名称不能同数据库中已有的名称相同，源表名为待复制表的名称，SELECT * FROM 则表示查询符合条件的数据，有关 SELECT 的语法在项目 4 中将详细介绍。

【实例 3-14】复制 user 表的结构及数据到 users 表。

```
CREATE TABLE users SELECT * FROM user;
```

执行结果如下所示：

```
mysql> create table users select * from user;
Query OK,3 rows affected(0.01 sec)
Records: 3 Duplicates: 0 Warnings: 0
```

从结果中看，有 3 条记录被成功复制。使用 SHOW TABLES 查看数据库中的表如下：

```
mysql> SHOW TABLES;
+--------------------+
| Tables_in_onlinedb |
+--------------------+
| user |
| users |
+--------------------+
2 rows in set(0.00 sec)
```

从显示结果可以看出，onlinedb 数据库中增加了名为 users 的表。

2) 只复制表结构到新表

若只需要复制表的结构，则语法格式如下：

```
CREATE TABLE 新表名 SELECT * FROM 源表名 WHERE FALSE;
```

只复制表结构到新表的语法同复制结构及数据的语法相同,只是查询的条件恒为 FALSE。

【实例 3-15】复制 user 表的结构到 temp 表,执行结果如下:

```
mysql> CREATE TABLE temp SELECT * FROM user WHERE FALSE;
Query OK,0 rows affected(0.02 sec)
```

从结果消息可以看出,语句执行成功,且 0 行记录受到影响。读者可以使用 SHOW TABLES 查看到数据库中是否增加了名为 temp 的表。

MySQL 5.0 后,实现表结构的复制还可以使用关键字 LIKE,语法格式如下:

```
CREATE TABLE 新表名 LIKE 源表名;
```

【实例 3-16】复制 user 表的结构到 temp User 表,执行结果如下:

```
mysql> CREATE TABLE temp User LIKE user;
Query OK,0 rows affected(0.02 sec)
```

从结果消息可以看出,表结构复制成功。

3) 复制表的部分字段及数据到新表

语法格式如下:

```
CREATE TABLE 新表名 AS(SELECT 字段1,字段2,…FROM 源表名);
```

【实例 3-17】复制 user 表中 uName 和 uPswd 两列数据到 new User 表。

执行结果如下:

```
mysql> CREATE TABLE new User AS(SELECT uName,u Pswd FROM user);
Query OK,3 rows affected(0.02 sec)
Records: 3 Duplicates: 0 Warnings: 0
```

使用 SELECT 语句查看 new User 数据如下:

```
mysql> SELECT * FROM new User;
+-------+-------+
| uName | uPswd |
+-------+-------+
|李平   | 123   |
|张顺   | 123   |
|刘田   | adf   |
+-------+-------+
3 rows in set(0.00 sec)
```

从结果中可以看出,表的部分字段及数据复制成功,且有 3 条记录被复制到 new User 表中。

> **学习提示**
>
> 当源表和新表属于不同的数据库时,需要在源表名前面加上数据库名,格式为"数据库名.源表名"。

4. 删除表

删除表时，表的结构、数据、约束等将被全部删除。MySQL 中，使用 DROP TABLE 语句来删除表，其语法格式如下：

```
DROP TABLE 表名;
```

【实例 3-18】删除名为 temp 的表。

执行结果如下：

```
mysql> DROP TABLE temp;
Query OK,0 rows affected(0.01 sec)
```

执行成功后，可以使用 DESC 命令查看表 temp，执行结果如下：

```
mysql> DESC temp;
ERROR 1146(42S02): Table 'onlinedb.temp' doesn't exist
```

查看结果提示错误，表示在 onlinedb 数据库中不存在名为 temp 的表。

若想同时删除多张表，只需要在 DROP TABLE 语句中列出多个表名，表名之间用逗号分隔。

【实例 3-19】同时删除名为 newuser 和 tempusers 的表。

执行结果如下：

```
mysql> DROP TABLE newuser,tempusers;
Query OK,0 rows affected(0.01 sec)
```

执行成功，读者可以使用 SHOW TABLES 和 DESC 验证被删除的数据表是否还存在。

> **学习提示**
>
> 在删除表时，需要确保该表中的字段未被其他表关联，若有关联，需要先删除关联表，否则删除表的操作将会失败。

5. 实现数据的完整性

数据完整性是指数据的准确性和逻辑一致性，用来防止数据库中存在不符合语义规定的数据或者因错误信息的输入造成无效数据或错误信息。例如，网上商城数据库中的商品编号、名称不能为空，商品编号必须唯一，用户联系电话必须为数字等。数据完整性通常使用完整性约束来实现。

1) PRIMARY KEY 约束

PRIMARY KEY 即主键约束，定义表中构成主键的一列或多列。在创建数据表时设置主键约束，既可以为表中的一个字段设置主键，也可以为表中的多个字段设置联合主键。但是不论使用哪种方法，在一个表中只能有一个主键。

(1) 使用 Navicat 设置主键约束。

【实例 3-20】在 Navicat 中创建商品信息表 Goods，字段属性如表 3-2-2 所示。

表 3-2-2 Goods 表的结构

序号	字段	数据类型	主键	允许空	说明
1	gdID	INT(11)	是	否	商品 ID
2	gdName	VARCHAR(30)		否	商品名称
3	gdPrice	DECIMAL(8,2)			商品价格

操作步骤如下。

① 在 Navicat 中的 onlinedb 数据库下执行新建表操作,打开表设计器。

② 在"字段"选项卡中输入表 3-2-2 中定义的表结构。

③ 选中 gdID 列,单击工具栏中的"主键"按钮或右击 gdID 列,在弹出的快捷菜单中选择"主键"命令,gdID 列定义的最后一列会出现一个钥匙图标,如图 3-2-4 所示。

④ 单击工具栏中的"保存"按钮,完成表设计。

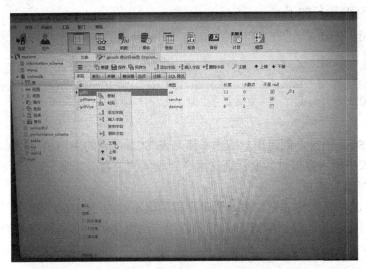

图 3-2-4 使用 Navicat 设置表的 PRIMARY KEY 约束

当 PRIMARY KEY 约束用于多列时,只需在步骤③中按住 Ctrl 键选中多个列,再单击工具栏中的"主键"按钮即可。

(2) 使用 PRIMARY KEY 关键字设置主键约束。

主键约束由关键字 PRIMARY KEY 标识,其语法格式如下:

字段名 数据类型 PRIMARY KEY

【实例 3-21】使用 SQL 语句创建商品信息表 Goods,并设置 gdID 列为主键。

创建表的 SQL 语句如下:

```
CREATE TABLE Goods
( gdID INT(11) PRIMARY KEY, --标识该字段为主键
    gdName VARCHAR(30)NOT NULL,
    gdPrice DECIMAL(8,2)
);
```

执行上述 SQL 语句,Goods 表包含 gdID、gdName 和 gdPrice 三个字段,其中,gdID 定义为主键。

当表的主键由多个字段组合构成时,主键只能在字段定义完成后定义,其语法规则如下:

```
PRIMARY KEY(字段名1,字段名2,…,字段名n)
```

【实例 3-22】创建购物车信息表 SCar,字段属性如表 3-2-3 所示。

表 3-2-3 SCar 表的结构

序号	字段	数据类型	主键	允许空	说明
1	gdID	INT	是	否	商品 ID
2	uID	INT	是	否	用户 ID
3	scNum	INT			购买数量

创建表的 SQL 语句如下:

```
CREATE TABLE SCar
( gdID INT,
uID INT,
scNum INT,
PRIMARY KEY(gdID,uID)  --定义复合主键
);
```

执行上述 SQL 语句,创建用户购物车信息表 SCar,表的主键由 gdID 和 uID 组合构成,从而在向表中插入数据时,要保证这两个字段值的组合必须唯一。

2) NOT NULL 约束

NOT NULL 约束也称非空约束,强制字段的值不能为 NULL,它不等同于 0 或空字符,不能跟任何值进行比较。NOT NULL 只能用作约束使用,其语法格式如下:

```
属性名 数据类型 NOT NULL
```

【实例 3-23】为商品信息表 Goods 添加字段 gdCode(商品编号),类型为 VARCHAR(30),不为空,并将其放置在 gdID 字段之后。

要向 Goods 表中添加新字段,需要使用 ALTER TABLE 修改表语句,代码如下:

```
ALTER TABLE Goods
ADD gdCode VARCHAR(30) NOT NULL
AFTER gdID;
```

执行成功后,使用 DESC 命令查看表的结构如下:

```
mysql> DESC goods;
+----------+-------------+------+-----+---------+-------+
| Field    | Type        | Null | Key | Default | Extra |
+----------+-------------+------+-----+---------+-------+
| gdID     | int(11)     | NO   | PRI | NULL    |       |
| gdCode   | varchar(30) | NO   |     | NULL    |       |
| gdName   | varchar(30) | NO   |     | NULL    |       |
```

```
| gdPrice   | decimal(8,2)| YES |   | NULL |   |
+-----------+-------------+-----+---+------+---+
4 rows in set(0.02 sec)
```

从结果可以看出，新增加的 gdCode 排在 gdID 之后，且不能为 NULL。

3) DEFAULT 约束

DEFAULT 约束即默认值约束，用于指定字段的默认值。当向表中添加记录时，若未为字段赋值，数据库系统会自动将字段的默认值插入。

(1) 使用 Navicat 图形工具设置默认值约束。

【实例 3-24】修改购物车信息表 SCar，设定购买数量的默认值为 0。

操作步骤如下。

① 在 Navicat 中的 onlinedb 数据库下方右击购物车信息表 SCar，打开表设计器。

② 选择字段名为 scNum 的行，在窗口的"默认"文本框中输入数字 0，如图 3-2-5 所示。

③ 单击工具栏中的"保存"按钮，完成表设计。

图 3-2-5 使用 Navicat 工具设置默认值约束

(2) 使用 SQL 语句设置默认值约束。

默认值约束使用关键字 DEFAULT 来标识，其语法格式如下：

属性名 数据类型 DEFAULT 默认值

【实例 3-25】修改购物车信息表 SCar，修改购买数量的默认值为 1。

```
ALTER TABLE SCar
MODIFY scNum INT DEFAULT 1 ;--修改默认值为1
```

执行上述 SQL 语句后，购物车信息表 SCar 中的 scNum 的列默认值修改为 1。

4) UNIQUE 约束

UNIQUE 约束又称唯一性约束，是指数据表中一列或一组列中只包含唯一值。在网上商城系统数据库中，用户 ID 用于唯一标识用户，而用户名也必须是唯一的数据。将 UNIQUE 约束应用于用户名，可以防止用户名重复出现。由于 UNIQUE 约束会创建相应的

UNIQUE 索引，有关索引的内容将在项目 5 中阐述。这里仅讲解使用 SQL 语句创建 UNIQUE 约束。

创建唯一性约束的语法格式如下：

属性名 数据类型 UNIQUE

【实例 3-26】创建用户信息表 users，表属性的定义如表 3-2-1 所示，且设置 uName 字段的值为唯一。

SQL 语句如下：

```
CREATE TABLE users(
uID int(11) PRIMARY KEY AUTO_INCREMENT COMMENT '用户 ID',
uName varchar(30) NOT NULL UNIQUE, --定义为唯一约束
uPwd varchar(30) NOT NULL,
uSex ENUM('男','女')DEFAULT '男'
);
```

> **学习提示**
>
> PRIMARY KEY 约束拥有自定义的 UNIQUE 约束。UNIQUE 约束允许字段值为空，若建立 UNIQUE 约束的字段值不允许为空时，还需要同时设置 NOT NULL 约束。

5) FOREIGN KEY 约束

FOREIGN KEY 约束又称外键约束，它与其他约束的不同之处在于，约束的实现不只在单表中进行，还在一个表中的数据与另一个表中的数据之间进行。

(1) 表间关系。

外键约束强制实施表与表之间的引用完整性。外键是表中的特殊字段，表示了相关联的两个表的联系。从网上商城系统数据库的分析可以知道，商品类别实体和商品实体间存在一对多的关系，其物理模型如图 3-2-6 所示。

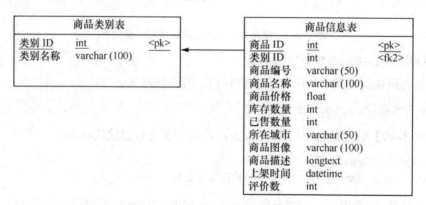

图 3-2-6　商品类别和商品的物理模型

从两个表的物理模型可以看出，商品信息表中的类别 ID 列要依赖于商品类别表中的类别 ID。在这一关系中，商品类别表被称为主表，商品信息表被称为从表。在商品信息表中的类别 ID 是商品所属类别的 ID，是引入了商品类别表中的主键类别 ID。商品类别表中

的类别 ID 被引用到商品信息表中时，类别 ID 就是外键。商品信息表中通过类别 ID 与商品类别表进行连接，实现两个表的数据关联。

在从表中引入外键后，外键字段的值必须是其引用的主表中存在的值，且主表中被引用的数据值不能被删除，以确保表间数据的完整性。

> **学习提示**
>
> 模型图中标识为 fk 的字段为外键。

(2) 使用 Navicat 图形工具创建外键约束。

【实例 3-27】创建 goodstype 表和 goods 表，goodstype 表的结构如表 3-2-4 所示，goods 表的结构如表 3-2-5 所示。其中主表为 goodstype，从表为 goods。

表 3-2-4 goodstype 表的结构

序 号	字 段	数据类型	主 键	外 键	允 许 空	说 明
1	tID	INT	是		否	类别 ID
2	tName	VARCHAR(30)			否	类别名称

表 3-2-5 goods 表的结构

序 号	字 段	数据类型	主 键	外 键	允 许 空	说 明
1	gdID	INT	是		否	商品 ID
2	tID	INT		是	否	类别 ID
3	gdCode	VARCHAR(30)			否	商品编号
4	gdName	VARCHAR(30)			否	商品名称
5	gdPrice	DECIMAL(8,2)				商品价格

操作步骤如下。

① 在 Navicat 中的 onlinedb 数据库下执行新建表操作，打开表设计器。

② 创建表 goodstype，在"字段"选项卡中输入如表 3-2-4 所示的结构。

③ 创建表 goods，在"字段"选项卡中输入表 3-2-5 所示的结构。

④ 在表设计器中切换到"外键"选项卡，输入对应的属性值，如图 3-2-7 所示。

在图 3-2-7 中，"名"为外键约束的名称，"字段"定义了 goods 中需要引用数据的列 tID，"参考数据库"为 onlinedb，tID 参考的列为 goodstype 表中的 tID，删除或更新时拒绝主表修改或更新外键关联列。

⑤ 单击工具栏中的"保存"按钮，完成表设计。

6. 使用 SQL 语句创建外键约束

定义外键约束的语法格式如下：

```
CONSTRAINT 外键名 FOREIGN KEY(外键字段名)
REFERENCES 主表名(主键字段名)
```

其中，CONSTRAINT 表示约束关键字，外键名为定义外键约束的名称，FORGEIGN KEY 指定约束类型为外键约束，外键字段名表示当前表定义中定义外键的字段名，REFERENCES 是引用关键字。

图 3-2-7　使用 Navicat 设置外键约束

> **学习提示**
>
> 主从关系中，主表被从表引用的字段应该具有主键约束或唯一性约束。

【实例 3-28】使用 SQL 语句实现实例 3-27 的操作。

(1) 首先，创建主表 goods type 的结构，SQL 语句如下：

```
CREATE TABLE goodstype
( tID INT PRIMARY KEY, --标识该字段为主键
tName VARCHAR(30)NOT NULL
);
```

(2) 创建从表 goods 的结构，SQL 语句如下：

```
CREATE TABLE goods
( gdID INT PRIMARY KEY AUTO_INCREMENT, --标识该字段为主键且自增
tID INT NOT NULL,
gdCode VARCHAR(30) NOT NULL UNIQUE,
gdName VARCHAR(30) NOT NULL,
gdPrice DECIMAL(8,2),
CONSTRAINT FK_tID FOREIGN KEY(tID) REFERENCES Goods Type(tID)
);
```

执行上述两段 SQL 语句，并使用 SHOW CREATE TABLE 语句查看 goods 表的定义，

执行结果如下:

```
mysql> SHOW CREATE TABLE goods\G;
*************************** 1.row ***************************
Table: goods
Create Table: CREATE TABLE 'goods'(
'gdID' int(11) NOT NULL AUTO_INCREMENT,
'tID' int(11) NOT NULL,
'gdCode' varchar(30) NOT NULL,
'gdName' varchar(30) NOT NULL,
'gdPrice' decimal(8,2) DEFAULT NULL,
PRIMARY KEY('gdID'),
UNIQUE KEY 'gdCode'('gdCode'),
KEY 'FK_tID'('tID'),
CONSTRAINT 'FK_tID' FOREIGN KEY('tID') REFERENCES 'goodstype'('tID')
)ENGINE=InnoDB DEFAULT CHARSET=utf8
1 row in set(0.00 sec)
```

从查询结果可以看到,已将 tID 定义为表 goods 的外键,它引用的是 goodstype 表的主键 tID,这样就实现了两张表的关联。

> **学习提示**
> 建立外键约束的表,其存储引擎必须是 InnoDB,且不能是临时表。

1) 外键约束的级联更新和删除

外键约束实现了表间的引用完整性,当主表中被引用列的值发生变化时,为了保证表间数据的一致性,从表中与该值相关的信息也应该相应更新,这就需要外键约束的级联更新和删除,其语法格式如下:

```
CONSTRAINT 外键名 FOREIGN KEY(外键字段名)
REFERENCES 主表名(主键字段名)
[ON UPDATE { CASCADE | SET NULL | NO ACTION | RESTRICT }]
[ON DELETE { CASCADE | SET NULL | NO ACTION | RESTRICT }]
```

定义外键约束的语法中添加了 ON UPDATE 和 ON DELETE 子句,其参数说明如下。

CASCADE:指定在更新和删除操作表中的记录时,如果该值被其他表引用,则级联更新或删除从表中相应的记录。

SET NULL:更新和删除操作表记录时,从表中相关记录对应的值设置为 NULL。

NO ACTION:不进行任何操作。

RESTRICT:拒绝主表更新或修改外键的关联列。

【实例 3-29】修改创建 goods 表的语句,增加外键约束的级联更新和级联删除。

SQL 语句如下:

```
CREATE TABLE goods
( gdID INT PRIMARY KEY AUTO_INCREMENT, --标识该字段为主键且自增
tID INT NOT NULL,
gdCode VARCHAR(30) NOT NULL UNIQUE,
gdName VARCHAR(30) NOT NULL,
```

```
gdPrice DECIMAL(8,2),
CONSTRAINT FK_tID FOREIGN KEY(tID) REFERENCES goodstype(tID))
ON UPDATE CASCADE
ON DELETE CASCADE
```

goods 表修改成功后，当商品类别表中某种类别的 ID 被修改或类别被删除时，商品信息表中引用了该类别的记录都会被级联更新或删除。

> **学习提示**
>
> 表间的级联深度是无限的，在多层级联后，程序员很难意识到级联的更新和删除数据，因此建议在数据库中的表间不要建立太多的级联，以免不必要的数据丢失。

2) 删除外键约束

多数情况下，约束的使用是为了使数据库中的各种关系更加严谨，但同时也限制了数据操作的灵活性。当需要解除表间主外键约束关系时，可以使用 ALTER TABLE 语句删除外键约束。删除外键约束的语法格式如下：

```
ALTER TABLE 表名 DROP FOREIGN KEY 外键名;
```

【实例 3-30】删除 goods 表中的外键约束，执行结果如下：

```
mysql> ALTER TABLE goods DROP FOREIGN KEY FK_tID;
Query OK,0 rows affected(0.04 sec)
Records: 0 Duplicates: 0 Warnings: 0
```

执行完成后，可以使用 SHOW CREATE TABLE 语句查看删除外键约束后的表定义。

> **学习提示**
>
> MySQL 中，表的约束信息由数据库 information_schema 中的 TABLE_CONSTRAINTS 表来维护，用户若需要查看表中的约束信息可以查看该表。

7. 添加和修改系统数据

对数据表进行数据的添加、更新和删除是最基本的操作。实际应用中，众多的业务都需要对系统数据进行更改，如在网上商城系统中，用户可以将商品添加到购物车，修改购物车中的商品或删除购物车中的商品等。MySQL 中，使用 INSERT 语句实现数据添加，使用 UPDATE 语句实现数据修改，使用 DELETE 语句实现数据删除。

1) 插入数据

在 MySQL 中，向表中插入数据同样可以使用图形工具和 SQL 语句实现。

(1) 使用 Navicat 图形工具插入数据。

【实例 3-31】为商品类别表添加名称为"家居"的类别，其中类别 ID 为 5。

操作步骤如下：

① 打开 Navicat 中 onlinedb 数据库下的"表"节点，在对象窗口中选中表 goodstype，或右击 goodstype，如图 3-2-8 所示。

② 在图 3-2-8 中，单击工具栏中的"打开表"按钮或在弹出的快捷菜单中选择"打

开表"命令，打开数据插入界面，输入 tID 值为 5，tName 值为"家居"，如图 3-2-9 所示。

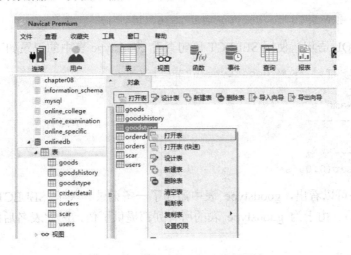

图 3-2-8　使用 Navicat 工具打开表

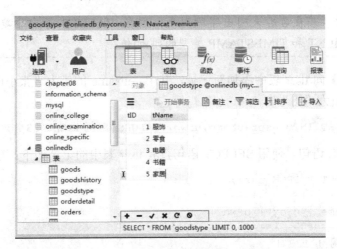

图 3-2-9　使用 Navicat 工具插入数据

③　单击状态栏中的√按钮，完成数据录入。

使用 INSERT 和 REPLACE 关键字都可以向表中插入一行或多行数据，插入的数据行可以给出每个字段的值，也可以只给出部分字段的值，还可以向表中插入其他表的数据。

(2) 使用 INSERT 语句插入单条数据。

向指定表插入单条数据的语法格式如下。

```
INSERT INTO 表名[(字段列表)] VALUES(值列表);
```

字段列表：指定需要插入的字段名，必须用圆括号将字段列表括起来，字段与字段间用逗号分隔；当向表中的每个字段都提供值时，字段列表可以省略。

VALUES：指定要插入的数据值列表。对于字段列表中每个指定的列，都必须有一个数据值，且要用圆括号将值列表括起来，VALUES 值列表的顺序必须与字段列表中指定的列一一对应。

【实例 3-32】向商品类别表添加新记录，其中 tName 的值为"运动"，tID 的值为 6。

```
mysql> INSERT INTO goodstype VALUES(6,'运动');
```

执行上述 SQL 语句，使用 SELECT 语句查看 goodstype 表中的记录如下：

```
mysql> SELECT * FROM goodstype WHERE tID=6;
+------+-------+
| tID  | tName |
+------+-------+
|  6   | 运动  |
+------+-------+
1 row in set(0.00 sec)
```

从查询结果可以看出，goodstype 表中添加了一条记录。关于 SELECT 的详细内容将在项目 4 中介绍。由于为 goodstype 表的所有列都提供了值，因此表名后的字段列表可以省略。

> **学习提示**
>
> 插入数据时，若表名后未列出字段列表，则在 VALUES 子句中要给出每一列(含 AUTO_INCREMENT 和 TIMESTAMP 类型的列)的值。

【实例 3-33】向 user 表中添加新记录，其中，uName 的值为"张小山"，uPwd 的值为 123，uSex 的值为"男"。

```
mysql> INSERT INTO user(uName,uPwd) VALUES('张小山','123');
```

执行上述 SQL 语句，使用 SELECT 语句查看 user 表中的记录如下：

```
mysql> SELECT * FROM user;
+-----+--------+------+------+
| uID | uName  | uSex | uPwd |
+-----+--------+------+------+
|  1  | 李平   | 男   | 123  |
|  2  | 张顺   | 男   | 123  |
|  3  | 刘田   | 女   | adf  |
|  4  | 张小山 | 男   | 123  |
+-----+--------+------+------+
4 rows in set(0.00 sec)
```

从查询结果看，成功添加了一条记录，且 uID 的值自动编号为 4，性别默认插入为"男"。若字段定义时指定了 AUTO_INCREMENT，则当用户不提供值时，系统会自动编号；若字段定义时指定了默认值，当用户不提供值时，系统会将该字段的默认值插入新的记录中；若字段定义时指定列允许为 NULL，当用户不提供值时，系统会默认将 NULL 插入新记录中。

> **学习提示**
>
> 向表中插入记录时，必须为表定义中标识为 NOT NULL 且无默认值或自增长的字段提供值，否则插入操作将失败。

项目 3　管理数据表

【实例 3-34】向 user 表中添加新记录,其中 uID 的值为 3,uName 的值为"李天天",uPwd 的值为 111,uSex 使用默认值。

```
mysql> INSERT INTO user(uID,uName,uPwd)VALUES('3','李天天','111');
```

执行上述 SQL 语句,系统提示错误消息如下:

```
ERROR 1062(23000): Duplicate entry '3' for key 'PRIMARY'
```

从错误信息可以看出,输入的 uID 值 3 违反了 PRIMARY KEY 约束,说明该值在表中重复,插入操作失败。

(3) 使用 REPLACE 语句插入单条数据。

使用 REPLACE 语句也可以插入记录,其语法同 INSERT 语句相似,格式如下:

```
REPLACE INTO 表名[(字段列表)] VALUES(值列表);
```

【实例 3-35】向 user 表中添加新记录,其中 uID 的值为 3,uName 的值为"乐天天",uPwd 的值为 111,uSex 使用默认值。

执行情况如下:

```
mysql> REPLACE INTO user(uID,uName,uPwd) VALUES('3','乐天天','111');
Query OK,2 rows affected(0.06 sec)
```

从执行的结果看,有 2 条记录受到影响,使用 SELECT 语句查询表中记录如下:

```
mysql> SELECT * FROM user;
+------+--------+------+------+
| uID  | uName  | uSex | uPwd |
+------+--------+------+------+
| 1    | 李平   | 男   | 123  |
| 2    | 张顺   | 男   | 123  |
| 3    | 乐天天 | 男   | 111  |
| 4    | 张小山 | 男   | 123  |
+------+--------+------+------+
4 rows in set(0.00 sec)
```

> **学习提示**
>
> 使用关键字 REPLACE 时,首先尝试将记录插入数据表中,若检测到表中已经有该记录(通过主键或唯一约束判断),则执行替换记录操作。

(4) 使用 INSERT 语句插入多条数据。

MySQL 中,使用 INSERT 关键字插入数据时,一次可以插入多条记录,语法格式如下:

```
INSERT INTO 表名[(字段列表)] VALUES(值列表 1)[(值列表 2),…,(值列表 n)];
```

其中,[(值列表 2),…,(值列表 n)]为可选,表示多条记录对应的数据。每个值列表都必须用圆括号括起来,列表间用逗号分隔。

【实例 3-36】向 user 表中添加 3 条新记录。

```
INSERT INTO user(uName,uSex,uPwd) VALUES
```

```
('郑霞','女','asd'),
('李竞','男','555'),
('朱小兰','女','123');
```

执行上述 SQL 语句,结果提示如下:

```
Query OK,3 rows affected(0.09 sec)
Records: 3 Duplicates: 0 Warnings: 0
```

从执行结果可以看出,3 行受到影响,使用 SELECT 语句查询表中记录如下:

```
mysql> SELECT * FROM user;
+-----+------+-----+------+
| uID | uName | uSex | uPwd |
+-----+------+-----+------+
| 1 | 李平 | 男 | 123 |
| 2 | 张顺 | 男 | 123 |
| 3 | 乐天天 | 男 | 111 |
| 4 | 张小山 | 男 | 123 |
| 5 | 郑霞 | 女 | asd |
| 6 | 李竞 | 男 | 555 |
| 7 | 朱小兰 | 女 | 123 |
+-----+------+-----+------+
7 rows in set(0.00 sec)
```

从执行结果看到有 3 条记录成功添加到表中。和添加单条记录一样,如果不指定字段列表,则必须为表的每个字段提供值。

(5) 使用 REPLACE 语句插入多条数据。

【实例 3-37】向 user 表中添加 3 条新记录,如果记录有重复的实行替换。

```
REPLACE INTO user(uID,uName,uSex,uPwd) VALUES
(5,'郑立','男','qaz'),
(6,'李竞','男','666'),
(8,'关关','女','333');
```

执行上述 SQL 语句,结果提示如下:

```
Query OK,5 rows affected(0.09 sec)
Records: 3 Duplicates: 2 Warnings: 0
```

从执行结果可以看出,5 行记录受影响,其中记录数为 3,重复的记录数为 2,使用 SELECT 语句查询表中记录如下:

```
mysql> SELECT * FROM user;
+-----+------+-----+------+
| uID | uName | uSex | uPwd |
+-----+------+-----+------+
| 1 | 李平 | 男 | 123 |
| 2 | 张顺 | 男 | 123 |
| 3 | 乐天天 | 男 | 111 |
| 4 | 张小山 | 男 | 123 |
| 5 | 郑立 | 男 | qaz |
| 6 | 李竞 | 男 | 666 |
```

```
| 7 |朱小兰|女 | 123 |
| 8 |关关  |女 | 333 |
+-----+------+-----+------+
8 rows in set(0.00 sec)
```

从显示结果可以看出，uID 为 5 和 6 的记录执行了替换操作，uID 为 8 的记录则执行了插入操作。

(6) 插入其他表的数据。

INSERT 语句可以将一个表中查询出来的数据插入另一个表中，这样可以方便不同表之间进行数据交换，其语法格式如下：

```
INSERT INTO 目标数据表(字段列表1)
SELECT 字段列表2 FROM 源数据表 WHERE 条件表达式;
```

其含义为将源数据表的记录插入目标数据表中，要求字段列表 1 和字段列表 2 中的字段个数一样，且每个对应的字段的数据类型必须相同。SELECT 子句表示数据检索，WHERE 子句则表示检索条件。

【实例 3-38】将表 user 中 uID 大于 5 的记录添加到表 users 中。

① 为了能正确向 users 表中插入数据，先用 DESC 查看 users 表的结构，执行结果如下：

```
mysql> DESC users;
+--------+---------------+------+-----+---------+----------------+
| Field  | Type          | Null |Key  | Default | Extra          |
+--------+---------------+------+-----+---------+----------------+
| uID    | int(11)       | NO   |PRI  | NULL    | auto_increment |
| uName  | varchar(30)   | NO   |     | NULL    |                |
| uPwd   | varchar(30)   | NO   |     | NULL    |                |
| uSex   | enum('男','女')| YES |     | 男      |                |
+--------+---------------+------+-----+---------+----------------+
4 rows in set(0.01 sec)
```

② 查询出 user 表中 uID 值大于 5 的记录行，列出 uName、uPwd、uSex 的三列数据，将查询的结果集添加到 users 表中。

SQL 语句的代码如下：

```
INSERT INTO users(uName,uPwd,uSex)
SELECT uName,uPwd,uSex
FROM user
WHERE uID>5;
```

执行上述 SQL 语句，结果提示如下：

```
Query OK,3 rows affected(0.01 sec)
Records: 3 Duplicates: 0 Warnings: 0
```

执行结果显示，有 3 条记录成功插入 users 表中，通过 SELECT 语句查看 users 表验证结果如下：

```
mysql> SELECT * FROM users;
```

MySQL 数据库项目实践教程(微课版)

```
+-----+------+-----+------+
| uID | uName | uSex | uPwd |
+-----+------+-----+------+
| 1 | 李竞 | 男 | 666 |
| 2 | 朱小兰 | 女 | 123 |
| 3 | 关关 | 女 | 333 |
+-----+------+-----+------+
3 rows in set(0.00 sec)
```

查询结果显示，3 条数据从 user 表中复制到了 users 表。

(7) INSERT 语句的其他语法格式。

使用 INSERT 语句插入数据还可以使用赋值语句的形式，语法格式如下：

```
INSERT INTO 表名
SET 字段名1=值1[,字段名2=值2,…]
```

其中，表名为待插入数据的表的名称；"字段名 1""字段名 2"为表中字段；"值 1""值 2"为字段对应的值。

【实例 3-39】向 users 表中插入一条记录，其中 uName 的值为"曲甜甜"，uPwd 的值为 666，uSex 的值为"女"。

INSERT 语句如下：

```
INSERT INTO users
SET uName='曲甜甜',
uPwd='666',
uSex='女';
```

通过 SELECT 语句查看 users 表，验证结果如下：

```
mysql> SELECT * FROM users;
+-----+-------+------+-----+
| uID | uName | uPwd | uSex |
+-----+-------+------+-----+
| 1 | 朱小兰 | 123 | 女 |
| 2 | 李竞 | 666 | 男 |
| 3 | 关关 | 333 | 女 |
| 4 | 曲甜甜 | 666 | 女 |
+-----+-------+------+-----+
4 rows in set(0.00 sec)
```

从显示结果看，新记录成功插入。使用赋值语句形式插入记录对字段列表的顺序没有要求，只要提供的值与字段值的类型相同，且表中不为空、无默认值的字段都要求提供数据值。

2) 修改数据

UPDATE 语句用于更新数据表中的数据。利用该语句可以修改表中的一行或多行数据。其语句格式如下：

```
UPDATE 表名
SET 字段名1=值1,字段名2=值2,…,字段名n=值n
[WHERE 条件表达式];
```

其中，字段名 n 表示需要更新的字段名称，值 n 表示为待更新的字段提供的新数据，关键字 WHERE 表示条件，条件表达式指定更新记录需满足的条件。当满足条件表达式的记录有多条时，则所有满足该条件的记录都会被更改。

【实例3-40】将 users 表中 uName 为"朱小兰"的用户密码 uPwd 重置为888。

```
UPDATE users
SET uPwd='888'
WHERE uName='朱小兰';
```

执行上述 SQL 语句，消息结果如下：

```
Query OK,1 row affected(0.00 sec)
Rows matched: 1 Changed: 1 Warnings: 0
```

从结果可以看出1行数据受到影响，其中，Rows matched: 1 表示1行数据匹配成功，Changed: 1 表示1行数据被改变。

通过 SELECT 语句查看 users 表，验证结果如下：

```
mysql> SELECT * FROM users;
+-----+------+------+-------+
| uID | uName | uPwd | uSex |
+-----+------+------+-------+
| 1 |朱小兰| 888 |女 |
| 2 |李竞 | 666 |男 |
| 3 |关关 | 124 |女 |
| 4 |曲甜甜| 666 |女 |
+-----+------+------+-----+
4 rows in set(0.00 sec)
```

从结果看，uName 为"朱小兰"的记录的 uPwd 值修改为888。

【实例3-41】将 users 表中所有用户密码 uPwd 都重置为888。

```
UPDATE users
SET uPwd='888';
```

执行上述 SQL 语句，消息结果如下：

```
Query OK,3 rows affected(0.00 sec)
Rows matched: 4 Changed: 3 Warnings: 0
```

从执行结果看到3行数据受到影响，4行数据匹配成功，3条记录发生改变。

3) 删除数据

删除数据是指删除表中不再需要的记录。MySQL 中使用 DELETE 或 TRUNCATE 语句来删除数据。

(1) 使用 DELETE 语句删除数据。

语法格式如下。

```
DELETE FROM 表名 [WHERE 条件表达式];
```

其中，关键字 WHERE 表示条件，条件表达式指定删除满足条件的记录。当满足条件表达式的记录有多条时，则所有满足该条件的记录都会被删除。

【实例 3-42】删除 users 表中 uID 为 4 的记录。

```
DELETE FROM users
WHERE uID=4;
```

执行上述 SQL 语句，消息结果如下：

```
Query OK,1 row affected(0.00 sec)
```

通过 SELECT 语句查看 users 表，验证结果如下：

```
mysql> SELECT * FROM users;
+-----+--------+------+------+
| uID | uName  | uPwd | uSex |
+-----+--------+------+------+
|  1  | 朱小兰 | 888  | 女   |
|  2  | 李竞   | 888  | 男   |
|  3  | 关关   | 888  | 女   |
+-----+--------+------+------+
3 rows in set(0.00 sec)
```

在执行删除操作时，表中若有多条记录满足条件，则都会被删除。

【实例 3-43】删除 users 表中的所有记录。

```
DELETE FROM users;
```

执行上述 SQL 语句，消息结果如下：

```
Query OK,3 rows affected(0.00 sec)
```

通过 SELECT 语句查看 users 表，验证结果如下：

```
mysql> SELECT * FROM users;
Empty set(0.00 sec)
```

从查询结果看，记录集为空，表示所有数据都被删除。

使用 DELETE 删除记录后，当用户向表中添加新记录时，标识为 AUTO_INCREMENT 的字段值会根据已经存在的 ID 继续自增。

【实例 3-44】向 users 表中插入 3 条记录。

```
INSERT INTO users(uName,uPwd,uSex)VALUES
('郑霞','asd','女'),
('李竞','555','男'),
('朱小兰','123','女')
```

执行上述 SQL 语句，并通过 SELECT 语句查看 users 表，验证结果如下：

```
mysql> SELECT * FROM users;
+-----+--------+------+------+
| uID | uName  | uPwd | uSex |
+-----+--------+------+------+
|  5  | 郑霞   | asd  | 女   |
|  6  | 李竞   | 555  | 男   |
|  7  | 朱小兰 | 123  | 女   |
```

```
+-----+-------+-----+------+
3 rows in set(0.00 sec)
```

从显示结果可以看到，3 条记录成功插入到表中。记录的 uID 顺序从原存在的记录序号继续自增。

(2) 使用 TRUNCATE 语句删除数据。

使用 TRUNCATE 语句可以无条件删除表中的所有记录，语法格式如下：

```
TRUNCATE [TABLE] 表名;
```

其中，表名是指待删除数据的表名称，关键字 TABLE 可以省略。

【实例 3-45】删除 users 表中的所有记录。

```
TRUNCATE users;
```

执行上述 SQL 语句，结果信息如下：

```
Query OK,0 rows affected(0.00 sec)
```

从执行结果看，TRUNCATE 语句执行成功。通过 SELECT 语句查看 users 表，验证结果如下：

```
mysql> SELECT * FROM users;
Empty set(0.00 sec)
```

从查询结果看，记录集为空，表示所有数据都被删除。此时再向表中插入记录时，uID 的值会从 1 开始进行自增。读者可以尝试插入数据后查看新记录的 uID 值。

DELETE 语句和 TRUNCATE 语句都能实现删除表中所有数据，它们的主要区别如下。

① DELETE 语句可以实现带条件的数据删除，TRUNCATE 语句只能清除表中所有记录。

② TRUNCATE 语句清除表中记录后，再向表中插入记录时，自动增加的字段默认初始值重新从 1 开始；使用 DELETE 语句删除表中所有记录后，再向表中添加记录时，自增字段的值会从记录中该字段最大值加 1 开始编号。

③ 使用 DELETE 语句每删除一行记录都会记录在系统操作日志中，而用 TRUNCATE 语句清空数据时，不会在日志中记录删除内容。若要清除表中所有数据，TRUNCATE 语句的效率要高于 DELETE 语句。

经验点拨

经验 1：表删除操作须谨慎。

表删除操作将把表的定义和表中的数据一起删除，并且 MySQL 在执行删除操作时，不会有任何确认信息提示，因此执行删除操作时，应当慎重。在删除表前，最好对表中的数据进行备份，这样当操作失误时，可以对数据进行恢复，以免造成无法挽回的后果。

同样地，在使用 ALTER TABLE 语句对表进行修改操作之前，也应该对数据进行完整的备份，因为数据库的改变是无法撤销的。如果添加了一个不需要的字段，可以将其删除；但如果删除了一个列，则该列下面的所有数据都将会丢失。

经验 2：不是每个表都要有一个主键。

一般来说，如果多个表之间进行连接操作时，需要用到主键，但是并不需要为每个表建立主键，而且有些情况最好不使用主键；没有主键的表的该列必须是唯一列，也就是说值不能重复。

经验 3：不是每个表都可以任意选择存储引擎。

外键约束(FOREIGN KEY)不能跨引擎使用。MySQL 支持多种存储引擎，每一个表都可以指定一个不同的存储引擎，但是要注意：外键约束是用来保证数据的参照完整性的，如果表之间需要关联外键，却指定了不同的存储引擎，这些表之间是不能创建外键约束的。所以，存储引擎的选择也不完全是随意的。

经验 4：带 AUTO_INCREMENT 约束的字段值是从 1 开始的吗？

默认地，在 MySQL 中，AUTO_INCREMENT 的初始值是 1，每新增一条记录，字段值自动加 1。设置自增属性(AUTO_INCREMENT)的时候，还可以指定第一条插入记录的自增字段的值，这样新插入的记录的自增字段值从初始值开始递增。例如，在 tb_emp8 中插入第一条记录，同时指定 id 值为 5，则以后插入的记录的 id 值就会从 6 开始往上增加。添加具有唯一性的主键约束时，往往需要设置字段自动增加的属性。

项目小结

在本项目中，我们学习了以下内容。
- 数据库的建立方法。
- 使用图形管理工具操作数据库。
- 学会如何定义表的结构。

思考与练习

1. 填空题

(1) 常用的字段数据类型有数值类型、_____和时间日期类型。
(2) 整数类型有 TINYINT、SMALLINT、_____、INT 和 BIGINT。
(3) 创建表使用_____命令。
(4) 查看表结构，可以使用 DESCRIBE 或_____命令。
(5) 添加字段时，可将字段放在第一位或指定字段的_____。

2. 选择题

(1) 查看表结构时，所显示的是(　　)。
  A. 表的属性　　　　　　　　　　B. 表的所有字段名称
  C. 表的完整数据　　　　　　　　D. 所有字段的名称和类型等

(2) 关于添加表数据，下列说法错误的是(　　)。
  A. 对于小数点后面的位数超过允许范围的值，MySQL 数据库会自动将它四舍五入为最接近它的值，再插入它

B. 若某个字段需要存储的数据在其许可范围之外，MySQL 数据库会根据允许范围最接近它的一端截短后再进行存储
　　C. 在控制台添加表数据，每一条信息必须添加所有字段的数据
　　D. 在控制台添加表数据，允许某些字段的数据不添加

(3) 查看数据库中的表，使用( )语句。
　　A. SHOW TABLES　　　　　　B. SELECT TABLES
　　C. DESC TABLES　　　　　　 D. GET TABLES

(4) 下列不属于时间日期类型的是( )。
　　A. DATE　　　B. TIME　　　C. YEAR　　　D. MONTH

(5) 修改字段位置时，不能修改为( )。
　　A. 第一个字段　B. 最后一个字段　C. 指定字段的前面　D. 指定字段的后面

(6) 修改表名使用( )关键字。
　　A. CREATE　　B. RENAME　　C. DROP　　D. DESC

3. 上机练习：数据表的基本操作

(1) 创建名称为 On Line DB 的数据库，默认字符集设置为 utf8。

(2) 根据网上商城的数据库设计，在 On Line DB 数据库中添加用户信息表(Users)、商品类别表(Goods Type)、商品信息表(Goods)、购物车信息表(Scars)、订单信息表(Orders)、订单详情表(Order Details)。

(3) 根据网上商城的数据库设计，为 On Line DB 数据库中的数据表添加如下约束。
　① 为每张表添加主键约束。
　② 根据表间关系，为 Goods、Scars、Orders、Order Details 表中的相关列添加相应的外键约束。
　③ 为 Users 表中的 uName 添加唯一性约束。
　④ 为 Goods 表中的 gName 添加唯一性约束。
　⑤ 为 Orders 表中的 oName 属性添加唯一性约束。
　⑥ 为 Goods 表中的 gdAdd Time 添加默认值约束，默认值为系统当前时间。
　⑦ 为 Goods 表中的 gdSaleQty 列添加默认值约束，默认值为 0。

(4) 向 Goods Type 表中添加新的商品类别，类别名称为"乐器"。

(5) 向 Goods 表中添加新的商品，类别为"乐器"，商品编号为 099，商品名称为"紫竹洞箫"，价格为 288，数量为 10，城市为"浙江"。

(6) 修改 Goods 表中商品编号为 099 的商品销售量为 5。

(7) 删除 Goods 表中商品名称为"紫竹洞箫"的商品。

拓展训练

创建和管理技能大赛项目管理系统数据表

一、任务描述

按照学生竞赛项目管理系统的关系模式创建表结构，要求全部使用命令行操作。

二、任务分析

在设计数据库时,我们已经确定学生竞赛项目管理系统需要创建 8 张表。现在设计表的结构,主要包括表的名称、表中每字段的名称、数据类型和长度,表中的字段是否为空值、是否唯一、是否有默认值,表的哪些字段是主键、哪些字段是外键等。

三、任务实施

1. 创建表

(1) 创建 student 表。在数据库 competition 中创建一张表 student,它由 7 个字段组成,分别为 st_id、st_no、st_password、st_name、st_sex、class_id、dp_id。

(2) 创建 teacher 表。在数据库 competition 中创建一张表 teacher,它由 7 个字段组成,分别为 tc_id、tc_no、tc_password、tc_name、tc_sex、dp_id、tc_info。

2. 查看表

(1) 查看数据库 competition 中的学生表 student 的定义。

(2) 执行 SQL 语句 SHOW CREATE TABLE,查看数据库 competition 中的教师表 teacher 的详细信息。

3. 修改表

(1) 将数据库 competition 中的 student 表改名为 stu 表。

(2) 为前面创建的 teacher 表增加 jobtime(入职时间)字段,其数据类型为日期型。

(3) 在 teacher 表的第一个位置增加 tc_type(教师类别)字段,其数据类型为字符型,长度为 10。然后,通过 DESC teacher 语句查看增加字段后的表。

(4) 在 teacher 表中 tc_name 字段后增加 tc_title(职称)字段,其数据类型为字符型,长度为 20。

(5) 将 teacher 表的 tc_name 字段长度改为 25。

(6) 将 teacher 表的 tc_id 字段的数据类型改为 SMALLINT。

(7) 将 teacher 表中的 tc_password 字段的名称改为 tc_pwd。

4. 删除字段或表

(1) 删除 teacher 表中的 tc_title 字段。

(2) 删除 teacher 表。

项目 4　数据表的数据查询

学习目标

【知识目标】
- 掌握 MySQL 数据表的各类查询语句。
- 掌握正则表达式查询方法。

【技能目标】
- 能进行单表查询。
- 能进行多表查询。
- 能进行子查询。

【拓展目标】
能够使用命令行查询指定数据库的数据表。

任务描述

数据查询是数据库应用中最基本也最为重要的操作。为了满足用户对数据的查看、计算、统计及分析等要求，应用程序需要从数据表中提取有效的数据。在电商购物系统中，用户的每一个操作都离不开数据查询，如用户身份验证、浏览商品、查看订单、计算订单金额、管理员分析商品信息等。

4.1 知识准备:数据表的数据查询基础

4.1.1 基本查询语句

查询数据是数据库操作中最常用的操作,通过对数据库的查询,用户可以从数据库中获取需要的数据记录。MySQL 数据库中使用 SELECT 语句来进行查询,SELECT 语句被用来检索从一个或多个表中精选的行。

SELECT 语句的使用非常广泛,也可以用来检索不引用任何表的计算行。例如,直接通过 SELECT 语句计算 12 和 23 相加后的结果。输出结果如下:

```
mysql> select 12+23;
+-------+
| 12+23 |
+-------+
|    35 |
+-------+
1 row in set (0.05 sec)
```

在 MySQL 数据库中使用 SELECT 语句的基本语法如下:

```
SELECT [STRAIGHT_JOIN] [SQL_SMALL_RESULT] [SQL_BIG_RESULT] [HIGH_PRIORITY]
    [DISTINCT | DISTINCTROW | ALL]
    select_expression,...
    [INTO {OUTFILE | DUMPFILE} 'file_name' export_options]
    [FROM table_references
        [WHERE where_definition]
        [GROUP BY col_name,...]
        [HAVING where_definition]
        [ORDER BY {unsigned_integer | col_name | formula} [ASC | DESC] ,...]
        [LIMIT [offset,] rows]
        [PROCEDURE procedure_name] ]
```

上述语法中,select_expression 表示需要查询的字段名;table_references 表示从此处指定的表或视图中查询数据;WHERE where_definition 表示指定查询的条件;GROUP BY col_name 表示按照指定的字段进行分组;HAVING where_definition 表示满足这个条件的表达式才能输出;ORDER BY 中的内容表示按照指定的字段进行排序,其中,ASC 表示按升序进行排序,这是默认值,DESC 表示按降序进行排列;PROCEDURE procedure_name 表示指定的存储过程名称。

💡 **注意:** 使用 SELECT 语句时,所有要使用的关键词必须精确地按照上面的顺序指定,否则会出现错误。例如,HAVING 子句必须跟在 GROUP BY 子句之后,并位于 ORDER BY 子句之前。

4.1.2 单表查询

单表查询是指从一张数据表中查询所需的数据。本节将介绍单表查询中基本的查询方式，主要有查询所有字段、查询指定字段、查询指定记录、查询空值、多条件的查询、对查询结果进行排序等。

扫码观看视频学习

1. 查询所有字段

1) 在 SELECT 语句中使用星号(*)通配符查询所有字段

使用 SELECT 查询记录最简单的形式是从一个表中检索所有记录，实现的方法是用*通配符指定查找所有的列。语法格式如下：

```
SELECT * FROM 表名;
```

【引例 4-1】从 fruits 表中检索所有字段的数据。
SQL 语句如下：

```
mysql> SELECT * FROM fruits;
+------+------+------------+---------+
| f_id | s_id | f_name     | f_price |
+------+------+------------+---------+
| a1   | 101  | apple      |    5.20 |
| a2   | 103  | apricot    |    2.20 |
| b1   | 101  | blackberry |   10.20 |
| b2   | 104  | berry      |    7.60 |
| b5   | 107  | xxxx       |    3.60 |
| bs1  | 102  | orange     |   11.20 |
| bs2  | 105  | melon      |    8.20 |
| c0   | 101  | cherry     |    3.20 |
| l2   | 104  | lemon      |    6.40 |
| m1   | 106  | mango      |   15.60 |
| m2   | 105  | xbabay     |    2.60 |
| m3   | 105  | xxtt       |   11.60 |
| o2   | 103  | coconut    |    9.20 |
| t1   | 102  | banana     |   10.30 |
| t2   | 102  | grape      |    5.30 |
| t4   | 107  | xbababa    |    3.60 |
+------+------+------------+---------+
```

可以看到，使用*通配符查询时，将返回所有列的数据，列按照定义表时的字段顺序显示。

2) 在 SELECT 语句中指定所有字段

根据前面 SELECT 语句的格式，SELECT 关键字后面的字段名为将要查找的数据，因此可以将表中所有字段的名称写在 SELECT 子句后面。如果忘记了字段名称，可以用 DESC 命令查看表的结构。有时，由于表中的字段比较多，不一定能记得所有字段的名称，因此使用该方法会很不方便。例如，查询 fruits 表中的所有数据，SQL 语句也可以书写如下：

```
SELECT f_id, s_id ,f_name, f_price FROM fruits;
```

查询结果与引例 4-1 相同。

> **学习提示**
>
> 一般情况下，除非需要使用表中所有的字段数据，否则最好不要使用通配符*。使用通配符虽然可以节省输入查询语句的时间，但是获取不需要的列数据通常会降低查询和所使用的应用程序的效率。使用通配符的优势是，当不知道所需要的列的名称时，可以用通配符来代替。

2. 查询指定字段

1) 查询单个字段

查询表中的某一个字段的语法格式如下：

```
SELECT 列名 FROM 表名;
```

【引例 4-2】查询 fruits 表中 f_name 列中的所有水果名称。
SQL 语句如下：

```
SELECT f_name FROM fruits;
```

该语句使用 SELECT 声明从 fruits 表中获取 f_name 字段中的所有水果名称，指定字段的名称紧跟在 SELECT 关键字之后，查询结果如下：

```
mysql> SELECT f_name FROM fruits;
+---------------+
| f_name        |
+---------------+
| apple         |
| apricot       |
| blackberry    |
| berry         |
| xxxx          |
| orange        |
| melon         |
| cherry        |
| lemon         |
| mango         |
| xbabay        |
| xxtt          |
| coconut       |
| banana        |
| grape         |
| xbababa       |
+---------------+
```

输出结果显示了 fruits 表中 f_name 字段中的所有数据。

2) 查询多个字段

使用 SELECT 声明，可以获取多个字段中的数据，方法是在关键字 SELECT 的后面指定要查找的字段的名称，不同的字段名称之间用逗号(,)分隔，最后一个字段后面不需要加逗号，语法格式如下：

```
SELECT 字段名1,字段名2,…,字段名n FROM 表名;
```

【引例 4-3】从 fruits 表中获取 f_name 和 f_price 两列中的数据。

SQL 语句如下：

```
SELECT f_name, f_price FROM fruits;
```

该语句使用 SELECT 声明从 fruits 表中获取 f_name 和 f_price 两个字段中的所有水果的名称和价格，两个字段名之间用逗号分隔，查询结果如下：

```
mysql> SELECT f_name, f_price FROM fruits;
+------------+---------+
| f_name     | f_price |
+------------+---------+
| apple      |    5.20 |
| apricot    |    2.20 |
| blackberry |   10.20 |
| berry      |    7.60 |
| xxxx       |    3.60 |
| orange     |   11.20 |
| melon      |    8.20 |
| cherry     |    3.20 |
| lemon      |    6.40 |
| mango      |   15.60 |
| xbabay     |    2.60 |
| xxtt       |   11.60 |
| coconut    |    9.20 |
| banana     |   10.30 |
| grape      |    5.30 |
| xbababa    |    3.60 |
+------------+---------+
```

输出结果显示了 fruits 表中 f_name 和 f_price 两个字段中的所有数据。

3. 查询指定记录

数据库中包含大量的数据，根据特殊要求，可能只需要查询表中的指定数据，即对数据进行过滤。在 SELECT 语句中，通过 WHERE 子句可以对数据进行过滤，语法格式如下：

```
SELECT 字段名1,字段名2,…,字段名n
FROM 表名
WHERE 查询条件
```

在 WHERE 子句中，MySQL 提供了一系列的条件判断符，如表 4-1-1 所示。

表 4-1-1 WHERE 条件判断符

操 作 符	说 明
=	相等
<>，!=	不相等
<	小于
<=	小于或者等于
>	大于
>=	大于或者等于
BETWEEN	位于两值之间

【引例 4-4】查询价格为 10.20 元的水果的名称。
SQL 语句如下：

```
SELECT f_name, f_price
FROM fruits
WHERE f_price = 10.20;
```

该语句使用 SELECT 声明从 fruits 表中获取价格等于 10.20 元的水果的数据。从查询结果可以看到，价格是 10.20 元的水果的名称是 blackberry，其他水果均不满足查询条件，查询结果如下：

```
mysql> SELECT f_name, f_price
    -> FROM fruits
    -> WHERE f_price = 10.20;
+------------+---------+
| f_name     | f_price |
+------------+---------+
| blackberry | 10.20   |
+------------+---------+
```

本例采用了简单的相等过滤，即查询一个指定列 f_price 值为 10.20 的数据。
相等判断符还可以用来比较字符串，举例如下。
【引例 4-5】查找名为 apple 的水果的价格。
SQL 语句如下：

```
SELECT f_name, f_price
FROM fruits
WHERE f_name = 'apple';
```

该语句使用 SELECT 声明从 fruits 表中获取名为 apple 的水果的价格，从查询结果可以看到只有名为 apple 的数据被返回。

```
mysql> SELECT f_name, f_price
    -> FROM fruits
    -> WHERE f_name = 'apple';
+--------+---------+
| f_name | f_price |
```

```
+--------+---------+
| apple  | 5.20    |
+--------+---------+
```

【引例 4-6】查询价格小于 10 元的水果的名称。
SQL 语句如下：

```
SELECT f_name, f_price
FROM fruits
WHERE f_price < 10.00;
```

该语句使用 SELECT 声明从 fruits 表中获取价格低于 10 元的水果名称，即 f_price 小于 10 元的水果信息被返回，查询结果如下：

```
mysql> SELECT f_name, f_price
    -> FROM fruits
    -> WHERE f_price < 10.00;
+----------+---------+
| f_name   | f_price |
+----------+---------+
| apple    |    5.20 |
| apricot  |    2.20 |
| berry    |    7.60 |
| xxxx     |    3.60 |
| melon    |    8.20 |
| cherry   |    3.20 |
| lemon    |    6.40 |
| xbabay   |    2.60 |
| coconut  |    9.20 |
| grape    |    5.30 |
| xbababa  |    3.60 |
+----------+---------+
```

可以看到查询结果中，所有记录的 f_price 字段的值均小于 10.00，而大于或等于 10.00 的记录没有。

4. 带 IN 关键字的查询

IN 操作符用来查询满足指定范围的记录，使用 IN 操作符时，将所有检索条件用括号括起来，检索条件之间用逗号分隔，只要满足条件范围内的一个值即为匹配项。

【引例 4-7】查询 s_id 为 101 和 102 的记录。
SQL 语句如下：

```
SELECT s_id,f_name, f_price
FROM fruits
WHERE s_id IN(101,102)
ORDER BY f_name;
```

查询结果如下：

```
+------+-------------+---------+
| s_id | f_name      | f_price |
```

```
| 101  | apple      |   5.20  |
| 102  | banana     |  10.30  |
| 101  | blackberry |  10.20  |
| 101  | cherry     |   3.20  |
| 102  | grape      |   5.30  |
| 102  | orange     |  11.20  |
+------+------------+---------+
```

相反，可以使用关键字 NOT 来检索不在条件范围内的记录。

【引例 4-8】查询所有 s_id 不等于 101 也不等于 102 的记录。

SQL 语句如下：

```
SELECT s_id, f_name, f_price
FROM fruits
WHERE s_id NOT IN(101,102)
ORDER BY f_name;
```

查询结果如下：

```
+------+---------+---------+
| s_id | f_name  | f_price |
+------+---------+---------+
| 103  | apricot |   2.20  |
| 104  | berry   |   7.60  |
| 103  | coconut |   9.20  |
| 104  | lemon   |   6.40  |
| 106  | mango   |  15.60  |
| 105  | melon   |   8.20  |
| 107  | xbababa |   3.60  |
| 105  | xbabay  |   2.60  |
| 105  | xxtt    |  11.60  |
| 107  | xxxx    |   3.60  |
+------+---------+---------+
```

可以看到，该语句在 IN 关键字前面加上了 NOT 关键字，这使得查询的结果与引例 4-7 的结果正好相反。引例 4-7 检索了 s_id 等于 101 和 102 的记录，而此例则要求查询的记录中的 s_id 字段值不等于这两个值中的任何一个。

5．带 BETWEEN AND 的范围查询

BETWEEN AND 用来查询某个范围内的值，该操作符需要两个参数，即范围的开始值和结束值。如果字段值满足指定的范围查询条件，则这些记录被返回。

【引例 4-9】查询价格在 2.00 元到 10.20 元之间的水果名称和价格。

SQL 语句如下：

```
SELECT f_name, f_price FROM fruits WHERE f_price BETWEEN 2.00 AND 10.20;
```

查询结果如下：

```
mysql> SELECT f_name, f_price
    -> FROM fruits
```

```
    -> WHERE f_price BETWEEN 2.00 AND 10.20;
+------------+---------+
| f_name     | f_price |
+------------+---------+
| apple      |    5.20 |
| apricot    |    2.20 |
| blackberry |   10.20 |
| berry      |    7.60 |
| xxxx       |    3.60 |
| melon      |    8.20 |
| cherry     |    3.20 |
| lemon      |    6.40 |
| xbabay     |    2.60 |
| coconut    |    9.20 |
| grape      |    5.30 |
| xbababa    |    3.60 |
+------------+---------+
```

可以看到，返回结果包含价格从 2.00 元到 10.20 元之间的字段值，并且端点值 10.20 也包括在返回结果中，即 BETWEEN 匹配范围中的所有值，包括开始值和结束值。

BETWEEN AND 操作符前可以加关键字 NOT，表示指定范围之外的值，如果字段值不满足指定的范围，则这些记录被返回。

【引例 4-10】查询价格在 2.00 元到 10.20 元之外的水果名称和价格，SQL 语句如下：

```
SELECT f_name, f_price
FROM fruits
WHERE f_price NOT BETWEEN 2.00 AND 10.20;
```

查询结果如下：

```
+--------+---------+
| f_name | f_price |
+--------+---------+
| orange |   11.20 |
| mango  |   15.60 |
| xxtt   |   11.60 |
| banana |   10.30 |
+--------+---------+
```

由结果可以看到，返回记录的 f_price 字段值大于 10.20。如果表中有 f_price 字段值小于 2.00 的记录，也会作为查询结果被返回。

6．带 LIKE 的字符匹配查询

在前面的检索操作中，讲述了如何查询多个字段的记录，如何进行比较查询或者查询一个范围内的记录。如果要查找所有包含字符 ge 的水果名称，该如何查找呢？简单的比较操作已经行不通了，在这里，需要使用通配符进行匹配查找，通过创建查找模式对表中的数据进行比较。执行这个任务的关键字是 LIKE。

通配符是一种在 SQL 的 WHERE 条件子句中拥有特殊意思的字符。SQL 语句中支持多种通配符，可以和 LIKE 一起使用的通配符有"%"和"_"。

1) 百分号通配符(%)

百分号通配符可以匹配任意长度的字符，甚至包括空字符。

【引例4-11】查找所有以b字母开头的水果。

SQL语句如下：

```
SELECT f_id, f_name
FROM fruits
WHERE f_name LIKE 'b%';
```

查询结果如下：

```
+-------+------------+
| f_id  | f_name     |
+-------+------------+
| b1    | blackberry |
| b2    | berry      |
| t1    | banana     |
+-------+------------+
```

该语句查询的结果返回所有以b开头的水果的id和name。%告诉MySQL，返回所有以字母b开头的记录，不管b后面有多少个字符。

在搜索匹配时，%可以放在不同位置，如引例4-12和引例4-13所示。

【引例4-12】在fruits表中，查询f_name中包含字母g的记录，SQL语句如下：

```
SELECT f_id, f_name
FROM fruits
WHERE f_name LIKE '%g%';
```

查询结果如下：

```
+-------+--------+
| f_id  | f_name |
+-------+--------+
| bs1   | orange |
| m1    | mango  |
| t2    | grape  |
+-------+--------+
```

该语句查询字符串中包含字母g的水果名称，只要名字中有字符g，而前面或后面不管有多少个字符，都满足查询的条件。

【引例4-13】查询以b开头，并以y结尾的水果的名称。

SQL语句如下：

```
SELECT f_name
FROM fruits
WHERE f_name LIKE 'b%y';
```

查询结果如下：

```
+------------+
| f_name     |
```

```
+------------+
| blackberry |
| berry      |
+------------+
```

通过以上查询结果,可以看到,%用于匹配指定位置任意数目的字符。

2) 下划线通配符(_)

下划线通配符一次只能匹配任意一个字符。

下划线通配符的用法和"%"相同,区别是"%"可以匹配多个字符,而"_"只能匹配任意单个字符,如果要匹配多个字符,则需要使用相同个数的"_"。

【引例4-14】在 fruits 表中,查询以字母 y 结尾,且 y 的前面只有 4 个字母的记录。
SQL 语句如下:

```
SELECT f_id, f_name FROM fruits WHERE f_name LIKE '_ _ _ _ y';
```

查询结果如下:

```
+------+--------+
| f_id | f_name |
+------+--------+
| b2   | berry  |
+------+--------+
```

从结果可以看到,以 y 结尾且前面只有 4 个字母的记录只有一条。其他记录的 f_name 字段中也有以 y 结尾的,但其总的字符串长度不为 5,因此不在返回结果中。

7. 查询空值

创建数据表的时候,设计者可以指定某列中是否可以包含空值(NULL)。空值不同于 0,也不同于空字符串。空值一般表示数据未知、不适用或将在以后添加数据。在 SELECT 语句中使用 IS NULL 子句,可以查询某字段内容为空的记录。

下面在数据库中创建数据表 customers,该表中包含本章需要用到的数据。

```
CREATE TABLE customers
(
  c_id      int      NOT NULL AUTO_INCREMENT,
  c_name    char(50) NOT NULL,
  c_address char(50) NULL,
  c_city    char(50) NULL,
  c_zip     char(10) NULL,
  c_contact char(50) NULL,
  c_email   char(255) NULL,
  PRIMARY KEY (c_id)
);
```

为了演示需要插入的数据,请读者执行以下语句:

```
INSERT INTO customers(c_id, c_name, c_address, c_city,
c_zip, c_contact, c_email)
VALUES(10001, 'RedHook', '200 Street ', 'Tianjin',
'300000', 'LiMing', 'LMing@163.com'),
```

```
(10002, 'Stars', '333 Fromage Lane',
 'Dalian', '116000', 'Zhangbo','Jerry@hotmail.com'),
(10003, 'Netbhood', '1 Sunny Place', 'Qingdao', '266000',
 'LuoCong', NULL),
(10004, 'JOTO', '829 Riverside Drive', 'Haikou',
 '570000', 'YangShan', 'sam@hotmail.com');
SELECT COUNT(*) AS cust_num FROM customers;
```

【引例 4-15】查询 customers 表中 c_email 为空的记录的 c_id、c_name 和 c_email 字段值。

SQL 语句如下：

```
SELECT c_id, c_name,c_email FROM customers WHERE c_email IS NULL;
```

查询结果如下：

```
mysql> SELECT c_id, c_name,c_email FROM customers WHERE c_email IS NULL;
+-------+----------+---------+
| c_id  | c_name   | c_email |
+-------+----------+---------+
| 10003 | Netbhood | NULL    |
+-------+----------+---------+
```

可以看到，结果显示 customers 表中字段 c_email 的值为 NULL 的记录，满足查询条件。

与 IS NULL 相反的是 NOT IS NULL，该关键字查找字段不为空的记录。

【引例 4-16】查询 customers 表中 c_email 不为空的记录的 c_id、c_name 和 c_email 字段值。

SQL 语句如下：

```
SELECT c_id, c_name,c_email FROM customers WHERE c_email IS NOT NULL;
```

查询结果如下：

```
mysql> SELECT c_id, c_name,c_email FROM customers WHERE c_email IS NOT NULL;
+-------+---------+--------------------+
| c_id  | c_name  | c_email            |
+-------+---------+--------------------+
| 10001 | RedHook | LMing@163.com      |
| 10002 | Stars   | Jerry@hotmail.com  |
| 10004 | JOTO    | sam@hotmail.com    |
+-------+---------+--------------------+
```

可以看到，查询出来的记录的 c_email 字段都不为空值。

8. 带 AND 的多条件查询

使用 SELECT 查询时，可以增加查询的限制条件，这样可以使查询的结果更加精确。在 WHERE 子句中使用 AND 操作符可以限定只有满足所有查询条件的记录才会被返回。可以使用 AND 连接两个甚至多个查询条件，多个条件表达式之间用 AND 分开。

【引例 4-17】 在 fruits 表中查询 s_id = 101，并且 f_price 大于等于 5 的水果价格和名称。

SQL 语句如下：

```
SELECT f_id, f_price, f_name FROM fruits WHERE s_id = '101' AND f_price >=5;
```

查询结果如下：

```
mysql> SELECT f_id, f_price, f_name
    -> FROM fruits
    -> WHERE s_id = '101' AND f_price >= 5;
+------+---------+------------+
| f_id | f_price | f_name     |
+------+---------+------------+
| a1   |    5.20 | apple      |
| b1   |   10.20 | blackberry |
+------+---------+------------+
```

上述语句检索了 s_id=101 的水果供应商所有价格大于等于 5 元的水果名称和价格。WHERE 子句中的条件分为两部分，AND 关键字指示返回所有同时满足两个条件的行。id=101 的水果供应商提供的水果中，如果价格<5，或者是 id 不等于 101 的水果供应商提供的水果不管其价格为多少，均不是要查询的结果。

> **学习提示**
>
> 引例 4-17 的 WHERE 子句中只包含一个 AND 语句，把两个过滤条件组合在一起。实际上可以添加多个 AND 过滤条件，增加条件的同时增加一个 AND 关键字。

【引例 4-18】 在 fruits 表中查询 s_id = 101 或者 102，且 f_price 大于等于 5，并且 f_name='apple'的水果价格和名称。

SQL 语句如下：

```
SELECT f_id, f_price, f_name FROM fruits
WHERE s_id IN('101', '102') AND f_price >= 5 AND f_name = 'apple';
```

查询结果如下：

```
mysql> SELECT f_id, f_price, f_name FROM fruits
    -> WHERE s_id IN('101','102') AND f_price >= 5 AND f_name = 'apple';
+------+---------+--------+
| f_id | f_price | f_name |
+------+---------+--------+
| a1   |    5.20 | apple  |
+------+---------+--------+
```

可以看到，符合查询条件的记录只有一条。

9. 带 OR 的多条件查询

与 AND 相反，在 WHERE 声明中使用 OR 操作符，表示只需要满足其中一个条件的记录即可返回。OR 也可以连接两个甚至多个查询条件，多个条件表达式之间用 OR 分开。

【引例 4-19】 查询 s_id=101 或者 s_id=102 的水果供应商的 f_price 和 f_name。

SQL 语句如下：

```
SELECT s_id,f_name, f_price FROM fruits WHERE s_id = 101 OR s_id = 102;
```

查询结果如下：

```
mysql> SELECT s_id,f_name, f_price
    -> FROM fruits
    -> WHERE s_id = 101 OR s_id = 102;
+-------+------------+---------+
| s_id  | f_name     | f_price |
+-------+------------+---------+
| 101   | apple      |    5.20 |
| 101   | blackberry |   10.20 |
| 102   | orange     |   11.20 |
| 101   | cherry     |    3.20 |
| 102   | banana     |   10.30 |
| 102   | grape      |    5.30 |
+-------+------------+---------+
```

结果显示了 s_id=101 和 s_id=102 的水果名称和价格，OR 操作符告诉 MySQL，检索的时候只需要满足其中的一个条件，不需要全部都满足。如果这里使用 AND，将检索不到符合条件的数据。

在这里，也可以使用 IN 操作符实现与 OR 相同的功能，下面的例子可进行说明。

【引例 4-20】查询 s_id=101 或者 s_id=102 的水果供应商的 f_name 和 f_price。

SQL 语句如下：

```
SELECT s_id,f_name, f_price FROM fruits WHERE s_id IN(101,102);
```

查询结果如下：

```
mysql> SELECT s_id,f_name, f_price
    -> FROM fruits
    -> WHERE s_id IN(101,102);
+-------+------------+---------+
| s_id  | f_name     | f_price |
+-------+------------+---------+
| 101   | apple      |    5.20 |
| 101   | blackberry |   10.20 |
| 102   | orange     |   11.20 |
| 101   | cherry     |    3.20 |
| 102   | banana     |   10.30 |
| 102   | grape      |    5.30 |
+-------+------------+---------+
```

在这里可以看到，使用 OR 操作符和 IN 操作符的结果是一样的，它们可以实现相同的功能。但是使用 IN 操作符可以使检索语句更加简洁明了，并且 IN 执行的速度要快于 OR。更重要的是，使用 IN 操作符，可以执行更加复杂的嵌套查询(后面章节将会讲述)。

> **学习提示**
>
> 引例 4-17 的 WHERE 子句中只包含一个 AND 语句，把两个过滤条件组合在一起。实际上可以添加多个 OR 操作符和 AND 一起使用，但是在使用时要注意两者的优先级。由于 AND 的优先级高于 OR，因此会先对 AND 两边的操作数进行操作，再与 OR 中的操作数结合。

10. 查询结果不重复

从前面的例子可以看到，SELECT 查询可以返回所有匹配的行。例如，查询 fruits 表中所有的 s_id 值，其结果如下：

```
+------+
| s_id |
+------+
|  101 |
|  103 |
|  101 |
|  104 |
|  107 |
|  102 |
|  105 |
|  101 |
|  104 |
|  106 |
|  105 |
|  105 |
|  103 |
|  102 |
|  102 |
|  107 |
+------+
```

可以看到查询结果返回了 16 条记录，其中有一些重复的 s_id 值。有时，出于对数据分析的要求，需要消除重复的记录值，如何才能使查询结果中没有重复的记录值呢？在 SELECT 语句中，可以使用 DISTINCT 关键字消除重复的记录值，语法格式如下：

`SELECT DISTINCT 字段名 FROM 表名;`

【引例 4-21】查询 fruits 表中 s_id 字段的值，返回 s_id 字段值且不得重复。

SQL 语句如下：

`SELECT DISTINCT s_id FROM fruits;`

查询结果如下：

```
mysql> SELECT DISTINCT s_id FROM fruits;
+------+
| s_id |
+------+
|  101 |
```

```
| 103 |
| 104 |
| 107 |
| 102 |
| 105 |
| 106 |
+------+
```

可以看到，这次查询结果只返回了 7 条记录的 s_id 值，且没有重复的值。

11．对查询结果排序

从前面的查询结果，读者会发现有些字段的值是没有任何顺序的。MySQL 可以通过在 SELECT 语句中使用 ORDER BY 子句，对查询的结果进行排序。

1) 单列排序

例如，查询 f_name 字段，查询结果如下：

```
mysql> SELECT f_name FROM fruits;
+-------------+
| f_name      |
+-------------+
| apple       |
| apricot     |
| blackberry  |
| berry       |
| xxxx        |
| orange      |
| melon       |
| cherry      |
| lemon       |
| mango       |
| xbabay      |
| xxtt        |
| coconut     |
| banana      |
| grape       |
| xbababa     |
+-------------+
```

可以看到，查询的数据并没有以一种特定的顺序显示。如果没有对它们进行排序，它们将根据自身插入数据表中的顺序来显示。

下面使用 ORDER BY 子句对指定的列数据进行排序。

【引例 4-22】查询 fruits 表中的 f_name 字段值，并对其进行排序。

SQL 语句如下：

```
mysql> SELECT f_name FROM fruits ORDER BY f_name;
+-------------+
| f_name      |
+-------------+
| apple       |
| apricot     |
```

```
| banana        |
| berry         |
| blackberry    |
| cherry        |
| coconut       |
| grape         |
| lemon         |
| mango         |
| melon         |
| orange        |
| xbababa       |
| xbabay        |
| xxtt          |
| xxxx          |
+---------------+
```

该语句查询的结果和前面的语句相同,不同的是,通过指定 ORDER BY 子句,MySQL 对查询的 name 列的数据,按字母表的顺序进行了升序排序。

2) 多列排序

有时,需要根据多列的值进行排序。对多列数据进行排序时,需要排序的列之间要用逗号隔开。

【引例 4-23】查询 fruits 表中的 f_name 和 f_price 字段,先按 f_name 排序,再按 f_price 排序。

SQL 语句如下:

SELECT f_name, f_price FROM fruits ORDER BY f_name, f_price;

查询结果如下:

```
mysql> SELECT f_name, f_price FROM fruits ORDER BY f_name, f_price;
+------------+---------+
| f_name     | f_price |
+------------+---------+
| apple      |    5.20 |
| apricot    |    2.20 |
| banana     |   10.30 |
| berry      |    7.60 |
| blackberry |   10.20 |
| cherry     |    3.20 |
| coconut    |    9.20 |
| grape      |    5.30 |
| lemon      |    6.40 |
| mango      |   15.60 |
| melon      |    8.20 |
| orange     |   11.20 |
| xbababa    |    3.60 |
| xbabay     |    2.60 |
| xxtt       |   11.60 |
| xxxx       |    3.60 |
+------------+---------+
```

> **学习提示**
>
> 在对多列进行排序的时候，首先排序的第一列必须有相同的列值，才会对第二列进行排序。如果第一列数据中的所有值都是唯一的，将不再对第二列进行排序。

3) 指定排序方向

默认情况下，查询数据按字母升序进行排序(从 A 到 Z)，但数据的排序并不仅限于此，还可以使用 ORDER BY 对查询结果进行降序排序(从 Z 到 A)，这可以通过关键字 DESC 实现。下面的例子表明了如何进行降序排列。

【引例 4-24】查询 fruits 表中的 f_name 和 f_price 字段，对结果按 f_price 降序方式排序。

SQL 语句如下：

```
SELECT f_name, f_price FROM fruits ORDER BY f_price DESC;
```

查询结果如下：

```
mysql> SELECT f_name, f_price FROM fruits ORDER BY f_price DESC;
+------------+---------+
| f_name     | f_price |
+------------+---------+
| mango      |   15.60 |
| xxtt       |   11.60 |
| orange     |   11.20 |
| banana     |   10.30 |
| blackberry |   10.20 |
| coconut    |    9.20 |
| melon      |    8.20 |
| berry      |    7.60 |
| lemon      |    6.40 |
| grape      |    5.30 |
| apple      |    5.20 |
| xxxx       |    3.60 |
| xbababa    |    3.60 |
| cherry     |    3.20 |
| xbabay     |    2.60 |
| apricot    |    2.20 |
+------------+---------+
```

> **学习提示**
>
> 与 DESC 相反的是 ASC(升序排序)，意思是将列中的数据，按字母表顺序升序排序。因为 ASC 是默认的排序方式，所以加不加都可以。

也可以对多列进行不同的顺序排序，如引例 4-25 所示。

【引例 4-25】查询 fruits 表，先按 f_price 降序排序，再按 f_name 字段升序排序。

SQL 语句如下：

```
SELECT f_price, f_name FROM fruits ORDER BY f_price DESC, f_name;
```

查询结果如下：

```
mysql> SELECT f_price, f_name FROM fruits ORDER BY f_price DESC, f_name;
+---------+------------+
| f_price | f_name     |
+---------+------------+
|   15.60 | mango      |
|   11.60 | xxtt       |
|   11.20 | orange     |
|   10.30 | banana     |
|   10.20 | blackberry |
|    9.20 | coconut    |
|    8.20 | melon      |
|    7.60 | berry      |
|    6.40 | lemon      |
|    5.30 | grape      |
|    5.20 | apple      |
|    3.60 | xbababa    |
|    3.60 | xxxx       |
|    3.20 | cherry     |
|    2.60 | xbabay     |
|    2.20 | apricot    |
+---------+------------+
```

由结果可以看出，DESC 关键字只对其前面的列进行降序排列，在这里只对 f_price 排序，而没有对 f_name 进行排序。因此，f_price 按降序排序，而 f_name 列仍按升序排序。如果要对多个列都进行降序排序，必须要在每一列的列名后面添加 DESC 关键字。

12. 分组查询

分组查询是对数据按照某个或多个字段进行分组，MySQL 中使用 GROUP BY 关键字对数据进行分组，基本语法形式如下：

```
[GROUP BY 字段] [HAVING <条件表达式>]
```

"字段"为进行分组时所依据的列名称；"HAVING <条件表达式>"指定满足表达式限定条件的结果将被显示。

1) 创建分组

GROUP BY 关键字通常和集合函数一起使用，如 MAX()、MIN()、COUNT()、SUM()、AVG()。例如，要返回每个水果供应商提供的水果种类，就要在分组过程中用到 COUNT()函数，把数据分为多个逻辑组，并对每个组进行集合计算。

【引例 4-26】根据 s_id 对 fruits 表中的数据进行分组。

SQL 语句如下：

```
SELECT s_id, COUNT(*) AS Total FROM fruits GROUP BY s_id;
```

查询结果如下：

```
mysql> SELECT s_id, COUNT(*) AS Total FROM fruits GROUP BY s_id;
+------+-------+
| s_id | Total |
+------+-------+
|  101 |   3   |
|  102 |   3   |
|  103 |   2   |
|  104 |   2   |
|  105 |   3   |
|  106 |   1   |
|  107 |   2   |
+------+-------+
```

查询结果显示，s_id 表示供应商的 ID，Total 字段使用 COUNT()函数计算得出，GROUP BY 子句按照 s_id 排序并对数据分组，可以看到 ID 为 101、102、105 的供应商分别提供 3 种水果，ID 为 103、104、107 的供应商分别提供 2 种水果，ID 为 106 的供应商只提供 1 种水果。

如果要查看每个供应商提供的水果种类，该怎么办呢？可以在 GROUP BY 子句中使用 GROUP_CONCAT()函数，将每个分组中各个字段的值显示出来。

【引例 4-27】根据 s_id 对 fruits 表中的数据进行分组，将每个供应商提供的水果显示出来。

SQL 语句如下：

```
SELECT s_id, GROUP_CONCAT(f_name) AS Names FROM fruits GROUP BY s_id;
```

查询结果如下：

```
mysql> SELECT s_id, GROUP_CONCAT(f_name) AS Names FROM fruits GROUP BY s_id;
+------+-------------------------+
| s_id | Names                   |
+------+-------------------------+
|  101 | apple,blackberry,cherry |
|  102 | grape,banana,orange     |
|  103 | apricot,coconut         |
|  104 | lemon,berry             |
|  105 | xbabay,xxtt,melon       |
|  106 | mango                   |
|  107 | xxxx,xbababa            |
+------+-------------------------+
```

由结果可以看到，GROUP_CONCAT()函数将每个分组中的名称显示出来了，其名称的个数与 COUNT()函数计算出来的相同。

2) 使用 HAVING 过滤分组

GROUP BY 可以和 HAVING 一起限定显示记录所需满足的条件，只有满足条件的分组才会被显示。

【引例 4-28】根据 s_id 对 fruits 表中的数据进行分组，并显示水果种类大于 1 的分组信息。

SQL 语句如下:

```
SELECT s_id, GROUP_CONCAT(f_name) AS Names
FROM fruits
GROUP BY s_id HAVING COUNT(f_name) > 1;
```

查询结果如下:

```
+------+--------------------------+
| s_id | Names                    |
+------+--------------------------+
| 101  | apple,blackberry,cherry  |
| 102  | grape,banana,orange      |
| 103  | apricot,coconut          |
| 104  | lemon,berry              |
| 105  | xbabay,xxtt,melon        |
| 107  | xxxx,xbababa             |
+------+--------------------------+
```

由结果可以看到,ID 为 101、102、103、104、105、107 的供应商提供的水果种类大于 1,满足 HAVING 子句条件,因此出现在返回结果中;而 ID 为 106 的供应商的水果种类等于 1,不满足限定条件,因此不在返回结果中。

> **学习提示**
>
> HAVING 关键字与 WHERE 关键字都是用来过滤数据的,两者有什么区别呢?其中重要的一点是,HAVING 在数据分组之后进行过滤来选择分组,而 WHERE 在分组之前用来选择记录。另外,WHERE 排除的记录不再包括在分组中。

3) 在 GROUP BY 子句中使用 WITH ROLLUP

使用 WITH ROLLUP 关键字之后,在所有查询出的分组记录之后增加一条记录,该记录计算查询出的所有记录的总和,即统计记录数量。

【引例 4-29】根据 s_id 对 fruits 表中的数据进行分组,并显示记录数量。

SQL 语句如下:

```
SELECT s_id, COUNT(*) AS Total
FROM fruits
GROUP BY s_id WITH ROLLUP;
```

查询结果如下:

```
+------+-------+
| s_id | Total |
+------+-------+
| 101  |   3   |
| 102  |   3   |
| 103  |   2   |
| 104  |   2   |
| 105  |   3   |
| 106  |   1   |
```

```
| 107  |    2  |
| NULL |   16  |
+------+-------+
```

由结果可以看到，通过 GROUP BY 分组之后，在显示结果的最后面新添加了一行，该行 Total 列的值正好是上面所有数值之和。

4) 多字段分组

使用 GROUP BY 可以对多个字段进行分组，GROUP BY 关键字后面跟需要分组的字段。分组层次从左到右，即先按第 1 个字段分组，然后对第 1 个字段值相同的记录，再根据第 2 个字段进行分组，依次类推。

【引例 4-30】根据 s_id 和 f_name 字段对 fruits 表中的数据进行分组，SQL 语句如下：

```
mysql> SELECT * FROM fruits GROUP BY s_id,f_name;
```

查询结果如下：

```
+------+------+------------+---------+
| f_id | s_id | f_name     | f_price |
+------+------+------------+---------+
| a1   | 101  | apple      |   5.20  |
| b1   | 101  | blackberry |  10.20  |
| c0   | 101  | cherry     |   3.20  |
| t1   | 102  | banana     |  10.30  |
| t2   | 102  | grape      |   5.30  |
| bs1  | 102  | orange     |  11.20  |
| a2   | 103  | apricot    |   2.20  |
| o2   | 103  | coconut    |   9.20  |
| b2   | 104  | berry      |   7.60  |
| l2   | 104  | lemon      |   6.40  |
| bs2  | 105  | melon      |   8.20  |
| m2   | 105  | xbabay     |   2.60  |
| m3   | 105  | xxtt       |  11.60  |
| m1   | 106  | mango      |  15.60  |
| t4   | 107  | xbababa    |   3.60  |
| b5   | 107  | xxxx       |   3.60  |
+------+------+------------+---------+
```

由结果可以看到，查询记录先按照 s_id 进行分组，然后对 f_name 字段不同的取值进行分组。

5) GROUP BY 和 ORDER BY 一起使用

前面已经介绍过 ORDER BY 用来对查询的记录进行排序，如果和 GROUP BY 一起使用则可以完成对分组的排序。

为了演示效果，首先创建数据表，SQL 语句如下：

```
CREATE TABLE orderitems
(
 o_num  int  NOT NULL,
 o_item int  NOT NULL,
 f_id   char(10) NOT NULL,
 quantity int  NOT NULL,
```

```
  item_price decimal(8,2) NOT NULL,
  PRIMARY KEY (o_num,o_item)
);
```

插入演示数据。SQL 语句如下：

```
INSERT INTO orderitems(o_num, o_item, f_id, quantity, item_price)
VALUES(30001, 1, 'a1', 10, 5.2),
(30001, 2, 'b2', 3, 7.6),
(30001, 3, 'bs1', 5, 11.2),
(30001, 4, 'bs2', 15, 9.2),
(30002, 1, 'b3', 2, 20.0),
(30003, 1, 'c0', 100, 10),
(30004, 1, 'o2', 50, 2.50),
(30005, 1, 'c0', 5, 10),
(30005, 2, 'b1', 10, 8.99),
(30005, 3, 'a2', 10, 2.2),
(30005, 4, 'm1', 5, 14.99);
```

【引例 4-31】 查询订单价格大于等于 100 的订单号和总订单价格。

SQL 语句如下：

```
SELECT o_num, SUM(quantity*item_price) AS orderTotal
FROM orderitems
GROUP BY o_num
HAVING SUM(quantity*item_price) >= 100;
```

查询结果如下：

```
+-------+------------+
| o_num | orderTotal |
+-------+------------+
| 30001 |     268.80 |
| 30003 |    1000.00 |
| 30004 |     125.00 |
| 30005 |     236.85 |
+-------+------------+
```

可以看到，返回的结果中 orderTotal 列的总订单价格并没有按照一定的顺序显示。接下来，使用 ORDER BY 关键字按总订单价格排序显示结果，SQL 语句如下：

```
SELECT o_num, SUM(quantity*item_price) AS orderTotal
FROM orderitems
GROUP BY o_num
HAVING SUM(quantity*item_price) >= 100
ORDER BY orderTotal;
```

查询结果如下：

```
+-------+------------+
| o_num | orderTotal |
+-------+------------+
| 30004 |     125.00 |
```

```
| 30005 |     236.85 |
| 30001 |     268.80 |
| 30003 |    1000.00 |
+-------+------------+
```

由结果可以看到，GROUP BY 子句按订单号对数据进行分组，SUM()函数便可以返回总的订单价格，HAVING 子句对分组数据进行过滤，从而只返回总价格大于等于 100 的订单，最后使用 ORDER BY 子句排序输出。

学习提示

当使用 ROLLUP 时，不能同时使用 ORDER BY 子句进行结果排序，即 ROLLUP 和 ORDER BY 是互相排斥的。

---

13. 使用 LIMIT 限制查询结果的数量

使用 SELECT 返回匹配的行时，如果只需要返回第一行或者前几行，可以使用 LIMIT 关键字，基本语法格式如下：

```
LIMIT [位置偏移量,] 行数
```

"位置偏移量"参数指示 MySQL 从哪一行开始显示，是一个可选参数。如果不指定"位置偏移量"，将会从表中的第一条记录开始显示(第一条记录的位置偏移量是 0，第二条记录的位置偏移量是 1，依次类推)；参数"行数"指示返回的记录条数。

【引例 4-32】显示 fruits 表查询结果的前 4 行。

SQL 语句如下：

```
SELECT * From fruits LIMIT 4;
```

查询结果如下：

```
+------+------+------------+---------+
| f_id | s_id | f_name     | f_price |
+------+------+------------+---------+
| a1   | 101  | apple      |    5.20 |
| a2   | 103  | apricot    |    2.20 |
| b1   | 101  | blackberry |   10.20 |
| b2   | 104  | berry      |    7.60 |
+------+------+------------+---------+
```

由结果可以看到，该语句没有指定返回记录的"位置偏移量"参数，显示结果从第一行开始，"行数"参数为 4，因此返回的结果为表中的前 4 行记录。

【引例 4-33】在 fruits 表中，使用 LIMIT 子句返回从第 5 个记录开始的 3 行记录。

SQL 语句如下：

```
SELECT * From fruits LIMIT 4, 3;
```

查询结果如下：

```
mysql> SELECT * From fruits LIMIT 4, 3;
+------+------+----------+---------+
```

```
| f_id | s_id | f_name | f_price |
+------+------+--------+---------+
| b5   | 107  | xxxx   |    3.60 |
| bs1  | 102  | orange |   11.20 |
| bs2  | 105  | melon  |    8.20 |
+------+------+--------+---------+
```

由结果可以看到，上述语句指示 MySQL 返回从第 5 条记录开始的 3 条记录。第一个数字 4 表示从第 5 行开始(位置偏移量从 0 开始，第 5 行的位置偏移量为 4)，第二个数字 3 表示返回的行数。

综上所述，带一个参数的 LIMIT 指定从查询结果的首行开始，唯一的参数表示返回的行数，即 LIMIT n 与 LIMIT 0,n 等价。带两个参数的 LIMIT 可以返回从任何一个位置开始的指定的行数。

返回第一行时，位置偏移量是 0。因此，LIMIT 1,1 将返回第二行，而不是第一行。

4.1.3 使用集合函数查询

有时候并不需要返回表中的实际数据，而只是对数据进行总结。MySQL 提供了一些集合函数，可以对获取的数据进行分析和报告。这些集合函数的功能有：计算数据表中记录行数的总数；计算某个字段中数据的总和；计算表中某个字段中的最大值、最小值或者平均值。

本节将介绍这些函数以及如何使用它们。这些集合函数的名称和作用如表 4-1-2 所示。

表 4-1-2 MySQL 集合函数

函　　数	作　　用
AVG()	返回某列的平均值
COUNT()	返回某列的行数
MAX()	返回某列的最大值
MIN()	返回某列的最小值
SUM()	返回某列值的和

下面详细介绍各函数的使用方法。

1. COUNT()函数

COUNT()函数统计数据表中包含的记录行数，或者根据查询结果返回列中包含的数据行数。其使用方法有两种：

COUNT(*) 计算表中总的行数，不管某列有数值或者为空值。

COUNT(字段名)计算指定列下总的行数，计算时将忽略空值的行。

【引例 4-34】查询 customers 表中总的行数。

SQL 语句如下：

```
mysql> SELECT COUNT(*) AS cust_num
    -> FROM customers;
```

```
+----------+
| cust_num |
+----------+
|    4     |
+----------+
```

由查询结果可以看到，COUNT(*)返回 customers 表中记录的总行数，不管其值是什么。返回的总数的名称为 cust_num。

【引例 4-35】查询 customers 表中有电子邮箱的顾客的总数。
SQL 语句如下：

```
mysql> SELECT COUNT(c_email) AS email_num
    -> FROM customers;
+-----------+
| email_num |
+-----------+
|     3     |
+-----------+
```

由查询结果可以看到，表中只有 3 个记录有 email，email 为空值的记录没有包含在内。

> **学习提示**
>
> 上面两个例子中不同的数值，说明了两种方式在计算总数的时候对待 NULL 值的方式不同。即指定列的值为空的行被 COUNT()函数忽略，但是如果不指定列，而在 COUNT()函数中使用星号"*"，则所有记录都不忽略。

前面介绍分组查询的时候，同时使用 COUNT()函数与 GROUP BY 关键字，可以计算不同分组中的记录总数，举例如下。

【引例 4-36】在 orderitems 表中，用 COUNT()函数统计不同订单号中订购的水果种类。

SQL 语句如下：

```
mysql> SELECT o_num, COUNT(f_id)
    -> FROM orderitems
    -> GROUP BY o_num;
+-------+-------------+
| o_num | COUNT(f_id) |
+-------+-------------+
| 30001 |      4      |
| 30002 |      1      |
| 30003 |      1      |
| 30004 |      1      |
| 30005 |      4      |
+-------+-------------+
```

从查询结果可以看到，GROUP BY 关键字先按照订单号进行分组，然后计算每个分组中的总记录数。

2. SUM()函数

SUM()是一个求总和的函数,返回指定列值的总和。

【引例 4-37】在 orderitems 表中查询 30005 号订单购买的水果总量。

SQL 语句如下:

```
mysql> SELECT SUM(quantity) AS items_total
    -> FROM orderitems
    -> WHERE o_num = 30005;
+-------------+
| items_total |
+-------------+
|          30 |
+-------------+
```

由查询结果可以看到,SUM(quantity)函数返回订单中所有水果的数量之和,WHERE 子句指定查询的订单号为 30005。

SUM()可以与 GROUP BY 一起使用,计算每个分组的总和,举例如下。

【引例 4-38】在 orderitems 表中,使用 SUM()函数统计不同订单号中订购的水果总量。

SQL 语句如下:

```
mysql> SELECT o_num, SUM(quantity) AS items_total
    -> FROM orderitems
    -> GROUP BY o_num;
+-------+-------------+
| o_num | items_total |
+-------+-------------+
| 30001 |          33 |
| 30002 |           2 |
| 30003 |         100 |
| 30004 |          50 |
| 30005 |          30 |
+-------+-------------+
```

由查询结果可以看到,GROUP BY 按照订单号 o_num 进行分组,SUM()函数计算每个分组中订购的水果总量。

3. AVG()函数

AVG()函数通过计算返回的行数和每一行数据的和,求得指定列数据的平均值。

【引例 4-39】在 fruits 表中,查询 s_id=103 的供应商的水果价格的平均值。

SQL 语句如下:

```
mysql> SELECT AVG(f_price) AS avg_price
    -> FROM fruits
    -> WHERE s_id = 103;
+-----------+
| avg_price |
+-----------+
```

```
|   5.700000 |
+------------+
```

该例中，查询语句增加了一个 WHERE 子句，并且添加了查询过滤条件，只查询 s_id = 103 的记录中的 f_price。因此，通过 AVG()函数计算的结果只是指定的供应商提供的水果的价格平均值，而不是市场上所有水果的价格的平均值。

AVG()可以与 GROUP BY 一起使用，来计算每个分组的平均值，举例如下。

【引例 4-40】在 fruits 表中，查询每个供应商的水果价格的平均值。

SQL 语句如下：

```
mysql> SELECT s_id,AVG(f_price) AS avg_price
    -> FROM fruits
    -> GROUP BY s_id;
+------+-----------+
| s_id | avg_price |
+------+-----------+
|  101 |  6.200000 |
|  102 |  8.933333 |
|  103 |  5.700000 |
|  104 |  7.000000 |
|  105 |  7.466667 |
|  106 | 15.600000 |
|  107 |  3.600000 |
+------+-----------+
```

GROUP BY 关键字根据 s_id 字段对记录进行分组，然后计算每个分组的平均值，这种分组求平均值的方法非常有用。例如，求不同班级学生成绩的平均值，求不同部门工人的平均工资，求各地的年平均气温等。

> **学习提示**
>
> 使用 AVG()函数时，其参数为要计算的列名称，如果要得到多个列的多个平均值，则需要在每一列上都使用 AVG()函数。

4. MAX()函数

MAX()返回指定列中的最大值。

【引例 4-41】在 fruits 表中查找市场上价格最高的水果。

SQL 语句如下：

```
mysql>SELECT MAX(f_price) AS max_price FROM fruits;
+-----------+
| max_price |
+-----------+
|    15.60  |
+-----------+
```

由结果可以看到，MAX()函数查询出了 f_price 字段的最大值 15.60。

MAX()也可以和 GROUP BY 关键字一起使用，求每个分组中的最大值，举例如下。

【引例4-42】 在 fruits 表中查找不同供应商提供的价格最高的水果。

SQL 语句如下：

```
mysql> SELECT s_id, MAX(f_price) AS max_price
    -> FROM fruits
    -> GROUP BY s_id;
+------+-----------+
| s_id | max_price |
+------+-----------+
|  101 |     10.20 |
|  102 |     11.20 |
|  103 |      9.20 |
|  104 |      7.60 |
|  105 |     11.60 |
|  106 |     15.60 |
|  107 |      3.60 |
+------+-----------+
```

由结果可以看到，GROUP BY 关键字根据 s_id 字段对记录进行分组，然后计算出每个分组中的最大值。

MAX()函数不仅适用于查找数值类型，也可用于查找字符类型，举例如下。

【引例4-43】 在 fruits 表中查找 f_name 的最大值。

SQL 语句如下：

```
mysql> SELECT MAX(f_name) FROM fruits;
+-------------+
| MAX(f_name) |
+-------------+
| xxxx        |
+-------------+
```

由结果可以看到，MAX()函数可以对字母进行大小判断，并返回最大的字符或者字符串值。

> **学习提示**
>
> MAX()函数除了可以找出最大的列值或日期值之外，还可以返回任意列中的最大值，包括返回字符类型的最大值。在对字符类型的数据进行比较时，按照字符的 ASCII 码值大小进行比较，从 a~z，a 的 ASCII 码值最小，z 的最大。在比较时，先比较第一个字母，如果相等，继续比较下一个字母，一直到两个字母不相等或者字符结束为止。例如，b 与 t 比较时，t 为最大值；bcd 与 bca 比较时，bcd 为最大值。

5. MIN()函数

MIN()函数返回查询列中的最小值。

【引例4-44】 在 fruits 表中查找市场上价格最低的水果。

SQL 语句如下：

```
mysql>SELECT MIN(f_price) AS min_price FROM fruits;
+-----------+
| min_price |
+-----------+
|   2.20    |
+-----------+
```

由结果可以看到,MIN()函数查询出了 f_price 字段的最小值 2.20。

MIN()函数也可以和 GROUP BY 关键字一起使用,求出每个分组中的最小值,举例如下。

【引例 4-45】在 fruits 表中查找不同供应商提供的价格最低的水果。

SQL 语句如下:

```
mysql> SELECT s_id, MIN(f_price) AS min_price
    -> FROM fruits
    -> GROUP BY s_id;
+------+-----------+
| s_id | min_price |
+------+-----------+
| 101  |   3.20    |
| 102  |   5.30    |
| 103  |   2.20    |
| 104  |   6.40    |
| 105  |   2.60    |
| 106  |  15.60    |
| 107  |   3.60    |
+------+-----------+
```

由结果可以看到,GROUP BY 关键字根据 s_id 字段对记录进行分组,然后计算出每个分组中的最小值。

MIN()函数与 MAX()函数类似,不仅适用于查找数值类型,也可用于查找字符类型。

4.1.4 连接查询

扫码观看视频学习

连接是关系数据库模型的主要特点。连接查询是关系数据库中最主要的查询,主要包括内连接、外连接等,通过连接运算符可以实现多个表查询。在关系数据库管理系统中,建立表时各数据之间的关系不必确定,可以把一个实体的所有信息存放在一个表中。当查询数据时,通过连接操作可以查询出存放在多个表中的不同实体的信息。当两个或多个表中存在相同意义的字段时,便可以通过这些字段对不同的表进行连接查询。下面将介绍多表之间的内连接查询、外连接查询以及复合条件连接查询。

1. 内连接查询

内连接(INNER JOIN)是使用比较运算符进行表间某(些)列数据的比较操作,并列出这些表中与连接条件相匹配的数据行,组合成新的记录。也就是说,在内连接查询中,只有满足条件的记录才能出现在结果关系中。

项目 4 数据表的数据查询

为了演示的需要,首先创建数据表 suppliers,SQL 语句如下:

```
CREATE TABLE suppliers
(
  s_id    int(11) NOT NULL AUTO_INCREMENT,
  s_name  char(50) NOT NULL,
  s_city  char(50) NULL,
  s_zip   char(10) NULL,
  s_call  char(50) NOT NULL,
  PRIMARY KEY (s_id)
);
```

插入需要演示的数据,SQL 语句如下:

```
INSERT INTO suppliers(s_id, s_name,s_city, s_zip, s_call)
VALUES(101,'FastFruit Inc.','Tianjin','300000','48075'),
(102,'LT Supplies','Chongqing','400000','44333'),
(103,'ACME','Shanghai','200000','90046'),
(104,'FNK Inc.','Zhongshan','528437','11111'),
(105,'Good Set','Taiyuang','030000', '22222'),
(106,'Just Eat Ours','Beijing','010', '45678'),
(107,'DK Inc.','Zhengzhou','450000', '33332');
```

【引例 4-46】在 fruits 表和 suppliers 表之间使用内连接查询。

查询之前,查看两个表的结构:

```
mysql> DESC fruits;
+---------+--------------+------+-----+---------+-------+
| Field   | Type         | Null | Key | Default | Extra |
+---------+--------------+------+-----+---------+-------+
| f_id    | char(10)     | NO   | PRI | NULL    |       |
| s_id    | int(11)      | NO   |     | NULL    |       |
| f_name  | char(255)    | NO   |     | NULL    |       |
| f_price | decimal(8,2) | NO   |     | NULL    |       |
+---------+--------------+------+-----+---------+-------+

mysql> DESC suppliers;
+--------+----------+------+-----+---------+----------------+
| Field  | Type     | Null | Key | Default | Extra          |
+--------+----------+------+-----+---------+----------------+
| s_id   | int(11)  | NO   | PRI | NULL    | auto_increment |
| s_name | char(50) | NO   |     | NULL    |                |
| s_city | char(50) | YES  |     | NULL    |                |
| s_zip  | char(10) | YES  |     | NULL    |                |
| s_call | char(50) | NO   |     | NULL    |                |
+--------+----------+------+-----+---------+----------------+
```

由结果可以看到,fruits 表和 suppliers 表中都有相同数据类型的字段 s_id,两个表可以通过 s_id 字段建立联系。接下来从 fruits 表中查询 f_name、f_price 字段,从 suppliers 表中查询 s_id、s_name,SQL 语句如下:

```
mysql> SELECT s_id, s_name,f_name, f_price
    -> FROM fruits, suppliers
    -> WHERE fruits.s_id = suppliers.s_id;
+------+----------------+------------+---------+
| s_id | s_name         | f_name     | f_price |
+------+----------------+------------+---------+
| 101  | FastFruit Inc. | apple      |    5.20 |
| 103  | ACME           | apricot    |    2.20 |
| 101  | FastFruit Inc. | blackberry |   10.20 |
| 104  | FNK Inc.       | berry      |    7.60 |
| 107  | DK Inc.        | xxxx       |    3.60 |
| 102  | LT Supplies    | orange     |   11.20 |
| 105  | Good Set       | melon      |    8.20 |
| 101  | FastFruit Inc. | cherry     |    3.20 |
| 104  | FNK Inc.       | lemon      |    6.40 |
| 106  | Just Eat Ours  | mango      |   15.60 |
| 105  | Good Set       | xbabay     |    2.60 |
| 105  | Good Set       | xxtt       |   11.60 |
| 103  | ACME           | coconut    |    9.20 |
| 102  | LT Supplies    | banana     |   10.30 |
| 102  | LT Supplies    | grape      |    5.30 |
| 107  | DK Inc.        | xbababa    |    3.60 |
+------+----------------+------------+---------+
```

在这里，SELECT 语句与前面所介绍的一个最大的差别是：SELECT 后面指定的列分别属于两个不同的表，f_name、f_price 在表 fruits 中，而另外两个字段在表 suppliers 中；同时 FROM 子句列出了两个表 fruits 和 suppliers。WHERE 子句在这里作为过滤条件，指明只有两个表中的 s_id 字段值相等的时候才符合连接查询的条件。从返回的结果可以看到，显示的记录是由两个表中的不同列值组成的新记录。

> **学习提示**
>
> 因为 fruits 表和 suppliers 表中有相同的字段 s_id，因此在比较的时候，需要完全限定表名(格式为"表名.列名")，如果只给出 s_id，MySQL 将不知道指的是哪一个，并返回错误信息。

下面的内连接查询语句返回与前面完全相同的结果。

【引例 4-47】在 fruits 表和 suppliers 表之间，使用 INNER JOIN 语法进行内连接查询。

SQL 语句如下：

```
mysql> SELECT suppliers.s_id, s_name, f_name, f_price
    -> FROM fruits INNER JOIN suppliers
    -> ON fruits.s_id = suppliers.s_id;
+------+----------------+------------+---------+
| s_id | s_name         | f_name     | f_price |
+------+----------------+------------+---------+
| 101  | FastFruit Inc. | apple      |    5.20 |
| 103  | ACME           | apricot    |    2.20 |
```

```
|  101  | FastFruit Inc.  | blackberry      |  10.20  |
|  104  | FNK Inc.        | berry           |   7.60  |
|  107  | DK Inc.         | xxxx            |   3.60  |
|  102  | LT Supplies     | orange          |  11.20  |
|  105  | Good Set        | melon           |   8.20  |
|  101  | FastFruit Inc.  | cherry          |   3.20  |
|  104  | FNK Inc.        | lemon           |   6.40  |
|  106  | Just Eat Ours   | mango           |  15.60  |
|  105  | Good Set        | xbabay          |   2.60  |
|  105  | Good Set        | xxtt            |  11.60  |
|  103  | ACME            | coconut         |   9.20  |
|  102  | LT Supplies     | banana          |  10.30  |
|  102  | LT Supplies     | grape           |   5.30  |
|  107  | DK Inc.         | xbababa         |   3.60  |
+-------+-----------------+-----------------+---------+
```

在这里的查询语句中，两个表之间的关系通过 INNER JOIN 指定。使用这种语法的时候，连接的条件使用 ON 子句给出而不是 WHERE，ON 和 WHERE 后面指定的条件相同。

> **学习提示**
>
> 使用 WHERE 子句定义连接条件比较简单明了，但在某些时候会影响查询的性能，而 INNER JOIN 语法是 ANSI SQL 的标准规范，使用 INNER JOIN 连接语法能够确保不会忘记连接条件。

如果在一个连接查询中，涉及的两个表都是同一个表，这种查询称为自连接查询。自连接是一种特殊的内连接，它是指相互连接的表在物理上为同一张表，但可以在逻辑上分为两张表。

【引例 4-48】 查询 f_id= 'a1'的水果供应商提供的水果种类。

SQL 语句如下：

```
mysql> SELECT f1.f_id, f1.f_name
    -> FROM fruits AS f1, fruits AS f2
    -> WHERE f1.s_id = f2.s_id AND f2.f_id = 'a1';
+------+------------+
| f_id | f_name     |
+------+------------+
| a1   | apple      |
| b1   | blackberry |
| c0   | cherry     |
+------+------------+
```

此处查询的两个表是同一个表，为了防止产生二义性，对表使用了别名，fruits 表第 1 次出现的别名为 f1，第 2 次出现的别名为 f2。使用 SELECT 语句返回列时明确指出返回以 f1 为前缀的列的全名，用 WHERE 连接两个表，并按照第 2 个表的 f_id 对数据进行过滤，返回所需数据。

2. 外连接查询

连接查询将查询多个表中相关联的行，内连接时，只返回符合查询条件和连接条件的行。如果要返回没有关联的行中数据,即返回的查询结果集合中不仅包含符合连接条件的行,而且还包括左表(左外连接或左连接)、右表(右外连接或右连接)或两个连接表(全外连接)中的所有数据行,这时就要用到外连接查询。

外连接分为左外连接和右外连接。

LEFT JOIN(左连接):返回左表中的所有记录和右表中与连接字段相等的记录。

RIGHT JOIN(右连接):返回右表中的所有记录和右表中与连接字段相等的记录。

1) LEFT JOIN

左连接的结果包括 LEFT OUTER 子句中指定的左表的所有行,而不仅仅是连接列所匹配的行。如果左表的某行在右表中没有匹配行,则在相关联的结果行中,右表的所有选择列均为空值。

首先创建表 orders,SQL 语句如下:

```
CREATE TABLE orders
(
 o_num int NOT NULL AUTO_INCREMENT,
 o_date datetime NOT NULL,
 c_id int NOT NULL,
 PRIMARY KEY (o_num)
);
```

插入需要演示的数据,SQL 语句如下:

```
INSERT INTO orders(o_num, o_date, c_id)
VALUES(30001, '2008-09-01', 10001),
(30002, '2008-09-12', 10003),
(30003, '2008-09-30', 10004),
(30004, '2008-10-03', 10005),
(30005, '2008-10-08', 10001);
```

【引例 4-49】在 customers 表和 orders 表中,查询所有客户,包括没有订单的客户。
SQL 语句如下:

```
mysql> SELECT customers.c_id, orders.o_num
    -> FROM customers LEFT OUTER JOIN orders
    -> ON customers.c_id = orders.c_id;
+-------+-------+
| c_id  | o_num |
+-------+-------+
| 10001 | 30001 |
| 10001 | 30005 |
| 10002 | NULL  |
| 10003 | 30002 |
| 10004 | 30003 |
+-------+-------+
```

结果显示了 5 条记录,ID 等于 10002 的客户目前并没有下订单,所以对应的 orders 表中没有该客户的订单信息,所以该条记录只取出了 customers 表中相应的值,而从 orders 表中取出的值为空值 NULL。

2) RIGHT JOIN

右连接是左连接的反向连接,将返回右表中的所有行。如果右表的某行在左表中没有匹配行,左表将返回空值。

【引例 4-50】在 customers 表和 orders 表中,查询所有订单,包括没有客户的订单。

SQL 语句如下:

```
mysql> SELECT customers.c_id, orders.o_num
    -> FROM customers RIGHT OUTER JOIN orders
    -> ON customers.c_id = orders.c_id;
+-------+-------+
| c_id  | o_num |
+-------+-------+
| 10001 | 30001 |
| 10003 | 30002 |
| 10004 | 30003 |
| NULL  | 30004 |
| 10001 | 30005 |
+-------+-------+
```

结果显示了 5 条记录,订单号 30004 对应的客户可能由于某种原因取消了该订单,对应的 customers 表中并没有该客户的信息,所以该条记录只取出了 orders 表中相应的值,而从 customers 表中取出的值为空值 NULL。

3.复合条件连接查询

复合条件连接查询是在连接查询的过程中,通过添加过滤条件,限制查询的结果,使查询的结果更加准确。

【引例 4-51】在 customers 表和 orders 表中,使用 INNER JOIN 语法查询 customers 表中 ID 为 10001 的客户的订单信息。

SQL 语句如下:

```
mysql> SELECT customers.c_id, orders.o_num
    -> FROM customers INNER JOIN orders
    -> ON customers.c_id = orders.c_id AND customers.c_id = 10001;
+-------+-------+
| c_id  | o_num |
+-------+-------+
| 10001 | 30001 |
| 10001 | 30005 |
+-------+-------+
```

结果显示,在连接查询时指定查询客户 ID 为 10001 的订单信息,添加了过滤条件之后返回的结果将会变少,因此返回结果只有两条记录。

使用连接查询时,可以对查询的结果进行排序,举例如下。

【引例 4-52】在 fruits 表和 suppliers 表之间,使用 INNER JOIN 语法进行内连接查询,并对查询结果排序。

SQL 语句如下:

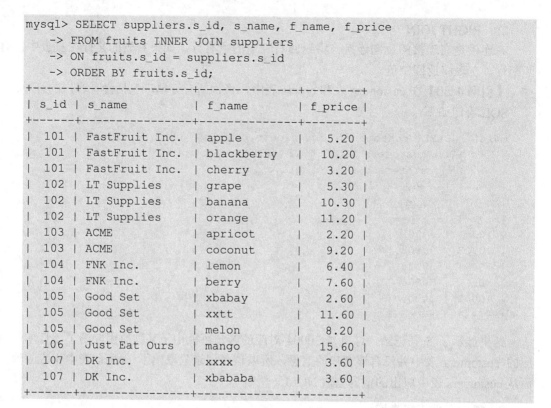

由结果可以看到，内连接查询的结果按照 suppliers.s_id 字段进行了升序排序。

4.1.5 子查询

扫码观看视频学习

子查询是指一个查询语句嵌套在另一个查询语句内部的查询，这个特性从 MySQL 4.1 版本开始引入。在 SELECT 子句中先计算子查询，子查询结果作为外层另一个查询的过滤条件，查询可以基于一个表或者多个表。子查询中常用的操作符有 ANY(SOME)、ALL、IN、EXISTS。子查询可以添加到 SELECT、UPDATE 和 DELETE 语句中，而且可以进行多层嵌套。子查询中也可以使用比较运算符，如 "<" "<=" ">" ">=" 和 "!=" 等。下面将介绍如何在 SELECT 语句中嵌套子查询。

1. 带 ANY、SOME 关键字的子查询

ANY 和 SOME 关键字是同义词，表示满足其中任一条件，它们允许创建一个表达式对子查询的返回值列表进行比较，只要满足内层子查询中的任何一个比较条件，就返回一个结果作为外层查询的条件。

下面定义两个表 tbl1 和 tbl2：

```
CREATE table tbl1(num1 INT NOT NULL);
CREATE table tbl2(num2 INT NOT NULL);
```

分别向两个表中插入数据：

```
INSERT INTO tbl1 values(1), (5), (13), (27);
INSERT INTO tbl2 values(6), (14), (11), (20);
```

ANY 关键字位于一个比较操作符的后面，表示若与子查询返回的任何值比较为 TRUE，则返回 TRUE。

【引例 4-53】返回 tbl2 表的所有 num2 列，然后将 tbl1 中的 num1 的值与之进行比较，只要大于 num2 的任何一个值，即为符合查询条件的结果。

SQL 语句如下：

```
mysql> SELECT num1 FROM tbl1 WHERE num1 > ANY (SELECT num2 FROM tbl2);
+------+
| num1 |
+------+
|   13 |
|   27 |
+------+
```

在子查询中，返回的是 tbl2 表中 num2 列的所有值(6,14,11,20)，然后将 tbl1 表中 num1 列的值与之进行比较，只要大于 num2 列的任意一个数即为符合条件的结果。

2. 带 ALL 关键字的子查询

ALL 关键字与 ANY 和 SOME 不同，使用 ALL 时需要同时满足所有内层查询的条件。例如，修改引例 4-53，用 ALL 关键字替换 ANY。

ALL 关键字位于一个比较操作符的后面，表示与子查询返回的所有值比较为 TRUE，则返回 TRUE。

【引例 4-54】返回 tbl1 表中比 tbl2 表中 num2 列的所有值都大的值。

SQL 语句如下：

```
mysql> SELECT num1 FROM tbl1 WHERE num1 > ALL(SELECT num2 FROM tbl2);
+------+
| num1 |
+------+
|   27 |
+------+
```

在子查询中，返回的是 tbl2 表 num2 列的所有值(6,14,11,20)，然后将 tbl1 表中 num1 列的值与之进行比较，大于 num2 列中所有值的数只有 27，因此返回结果为 27。

3. 带 EXISTS 关键字的子查询

EXISTS 关键字后面的参数是一个任意的子查询，系统对子查询进行运算以判断它是否返回行。如果至少返回一行，那么 EXISTS 的结果为 true，此时外层查询语句将进行查询；如果子查询没有返回任何行，那么 EXISTS 返回的结果是 false，此时外层语句将不进行查询。

【引例 4-55】查询 suppliers 表中是否存在 s_id=107 的供应商，如果存在，则查询 fruits 表中的记录。

SQL 语句如下：

```
mysql> SELECT * FROM fruits
    -> WHERE EXISTS
    -> (SELECT s_name FROM suppliers WHERE s_id = 107);
+------+------+------------+---------+
| f_id | s_id | f_name     | f_price |
+------+------+------------+---------+
| a1   | 101  | apple      |  5.20   |
| a2   | 103  | apricot    |  2.20   |
| b1   | 101  | blackberry | 10.20   |
| b2   | 104  | berry      |  7.60   |
| b5   | 107  | xxxx       |  3.60   |
| bs1  | 102  | orange     | 11.20   |
| bs2  | 105  | melon      |  8.20   |
| c0   | 101  | cherry     |  3.20   |
| l2   | 104  | lemon      |  6.40   |
| m1   | 106  | mango      | 15.60   |
| m2   | 105  | xbabay     |  2.60   |
| m3   | 105  | xxtt       | 11.60   |
| o2   | 103  | coconut    |  9.20   |
| t1   | 102  | banana     | 10.30   |
| t2   | 102  | grape      |  5.30   |
| t4   | 107  | xbababa    |  3.60   |
+------+------+------------+---------+
```

由结果可以看到，内层查询结果表明 suppliers 表中存在 s_id=107 的记录，因此 EXISTS 表达式返回 true；外层查询语句接收 true 之后对表 fruits 进行查询，返回所有的记录。

EXISTS 关键字可以和条件表达式一起使用，举例如下。

【引例 4-56】查询 suppliers 表中是否存在 s_id=107 的供应商，如果存在，则查询 fruits 表中 f_price 大于 10.20 的记录。

SQL 语句如下：

```
mysql> SELECT * FROM fruits
    -> WHERE f_price>10.20 AND EXISTS
    -> (SELECT s_name FROM suppliers WHERE s_id = 107);
+------+------+--------+---------+
| f_id | s_id | f_name | f_price |
+------+------+--------+---------+
| bs1  | 102  | orange | 11.20   |
| m1   | 106  | mango  | 15.60   |
| m3   | 105  | xxtt   | 11.60   |
| t1   | 102  | banana | 10.30   |
+------+------+--------+---------+
```

由结果可以看到，内层查询结果表明 suppliers 表中存在 s_id=107 的记录，因此 EXISTS 表达式返回 true；外层查询语句接收 true 之后根据查询条件 f_price > 10.20 对 fruits 表进行查询，返回结果为 4 条 f_price 大于 10.20 的记录。

NOT EXISTS 与 EXISTS 的使用方法相同，返回的结果相反。子查询如果至少返回一行，那么 NOT EXISTS 的结果为 false，此时外层查询语句将不进行查询；如果子查询没有返回任何行，那么 NOT EXISTS 返回的结果是 true，此时外层语句将进行查询。

【引例 4-57】查询 suppliers 表中是否存在 s_id=107 的供应商，如果不存在则查询 fruits 表中的记录。

SQL 语句如下：

```
mysql> SELECT * FROM fruits
    -> WHERE NOT EXISTS
    -> (SELECT s_name FROM suppliers WHERE s_id = 107);
Empty set (0.00 sec)
```

查询语句 SELECT s_name FROM suppliers WHERE s_id = 107，对 suppliers 表进行查询返回了一条记录，NOT EXISTS 表达式返回 false，外层表达式接收 false，将不再查询 fruits 表中的记录。

> **学习提示**
>
> EXISTS 和 NOT EXISTS 的结果只取决于是否会返回行，而不取决于这些行的内容，所以这个子查询输入列表通常是无关紧要的。

4．带 IN 关键字的子查询

用 IN 关键字进行子查询时，内层查询语句只返回一个数据列，这个数据列里的值将提供给外层查询语句进行比较操作。

【引例 4-58】在 orderitems 表中查询 f_id 为 c0 的订单号，并根据订单号查询具有订单号的客户 c_id。

SQL 语句如下：

```
mysql> SELECT c_id FROM orders WHERE o_num IN
    -> (SELECT o_num FROM orderitems WHERE f_id = 'c0');
+-------+
| c_id  |
+-------+
| 10004 |
| 10001 |
+-------+
```

查询结果中的 c_id 有两个值，分别为 10004 和 10001。上述查询过程可以分步执行，首先内层子查询查出 orderitems 表中符合条件的订单号，单独执行内查询，查询结果如下：

```
mysql> SELECT o_num FROM orderitems WHERE f_id = 'c0';
+-------+
| o_num |
+-------+
| 30003 |
| 30005 |
+-------+
```

可以看到，符合条件的 o_num 列的值有两个：30003 和 30005，然后执行外层查询，在 orders 表中查询订单号等于 30003 或 30005 的客户 c_id。嵌套子查询语句还可以写成如下形式，实现相同的效果：

```
mysql> SELECT c_id FROM orders WHERE o_num IN(30003, 30005);
+-------+
| c_id  |
+-------+
| 10004 |
| 10001 |
+-------+
```

这个例子说明在处理 SELECT 语句的时候，MySQL 实际上执行了两个操作过程，即先执行内层子查询，再执行外层查询，内层子查询的结果作为外部查询的比较条件。

在 SELECT 语句中可以使用 NOT IN 关键字，其作用与 IN 正好相反，举例如下。

【引例 4-59】在 SELECT 语句中使用 NOT IN 关键字。

SQL 语句如下：

```
mysql> SELECT c_id FROM orders WHERE o_num NOT IN
    -> (SELECT o_num FROM orderitems WHERE f_id = 'c0');
+-------+
| c_id  |
+-------+
| 10001 |
| 10003 |
| 10005 |
+-------+
```

这里返回的结果有 3 条记录，由前面可以看到，子查询返回的订单值有两个，即 30003 和 30005，但为什么这里还有值为 10001 的 c_id 呢？这是因为 c_id 等于 10001 的客户的订单不止一个，可以查看订单表 orders 中的记录。

```
mysql> SELECT * FROM orders;
+-------+---------------------+-------+
| o_num | o_date              | c_id  |
+-------+---------------------+-------+
| 30001 | 2008-09-01 00:00:00 | 10001 |
| 30002 | 2008-09-12 00:00:00 | 10003 |
| 30003 | 2008-09-30 00:00:00 | 10004 |
| 30004 | 2008-10-03 00:00:00 | 10005 |
| 30005 | 2008-10-08 00:00:00 | 10001 |
+-------+---------------------+-------+
```

可以看到，虽然排除了订单号为 30003 和 30005 的客户 c_id，但是 o_num 为 30001 的订单与 30005 都是 10001 号客户的订单。所以结果中只是排除了订单号，但是仍然有可能选择同一个客户。

> **学习提示**
>
> 子查询的功能也可以通过连接查询完成，但是使用子查询可以使 MySQL 的代码更容易阅读和编写。

5. 带比较运算符的子查询

利用子查询时还可以使用比较运算符，如"<"、"<="、"="、">="和"!="等。

【引例 4-60】 在 suppliers 表中查询 s_city 等于 Tianjin 的供应商 s_id，然后在 fruits 表中查询该供应商提供的所有水果的种类。

SQL 语句如下：

```
SELECT s_id, f_name FROM fruits
WHERE s_id =
(SELECT s1.s_id FROM suppliers AS s1 WHERE s1.s_city = 'Tianjin');
```

该嵌套查询首先在 suppliers 表中查找 s_city 等于 Tianjin 的供应商的 s_id，执行下面的操作过程：

```
mysql> SELECT s1.s_id FROM suppliers AS s1 WHERE s1.s_city = 'Tianjin';
+------+
| s_id |
+------+
| 101  |
+------+
```

然后在外层查询时，在 fruits 表中查找 s_id 等于 101 的供应商提供的水果的种类，查询结果如下：

```
mysql> SELECT s_id, f_name FROM fruits
    -> WHERE s_id =
    -> (SELECT s1.s_id FROM suppliers AS s1 WHERE s1.s_city = 'Tianjin');
+------+------------+
| s_id | f_name     |
+------+------------+
| 101  | apple      |
| 101  | blackberry |
| 101  | cherry     |
+------+------------+
```

结果表明，Tianjin 地区的供应商提供的水果种类有 3 种，分别为 apple、blackberry、cherry。

【引例 4-61】 在 suppliers 表中查询 s_city 等于 Tianjin 的供应商的 s_id，然后在 fruits 表中查询所有非该供应商提供的水果的种类。

SQL 语句如下：

```
mysql> SELECT s_id, f_name FROM fruits
    -> WHERE s_id <>
    -> (SELECT s1.s_id FROM suppliers AS s1 WHERE s1.s_city = 'Tianjin');
```

```
+------+---------+
| s_id | f_name  |
+------+---------+
| 103  | apricot |
| 104  | berry   |
| 107  | xxxx    |
| 102  | orange  |
| 105  | melon   |
| 104  | lemon   |
| 106  | mango   |
| 105  | xbabay  |
| 105  | xxtt    |
| 103  | coconut |
| 102  | banana  |
| 102  | grape   |
| 107  | xbababa |
+------+---------+
```

该嵌套查询的执行过程与前面相同,在这里使用了不等于(<>)运算符,因此返回的结果和前面正好相反。

4.1.6 合并查询结果

利用 UNION 关键字,可以给出多条 SELECT 语句,并将它们的结果组合成一个结果集。合并时,两个表对应的列数和数据类型必须相同。SELECT 语句之间使用 UNION 或 UNION ALL 关键字分隔。不使用关键字 ALL,执行的时候会删除重复的记录,所有返回的行都是唯一的;使用关键字 ALL 的作用是不删除重复行,也不对结果进行自动排序。基本的语法格式如下:

```
SELECT column,... FROM table1
UNION [ALL]
SELECT column,... FROM table2
```

【引例 4-62】查询所有价格小于 9 的水果的信息,查询 s_id 等于 101 和 103 的所有水果的信息,使用 UNION 连接查询结果。

SQL 语句如下:

```
SELECT s_id, f_name, f_price
FROM fruits
WHERE f_price < 9.0
UNION
SELECT s_id, f_name, f_price
FROM fruits
WHERE s_id IN(101,103);
```

合并查询结果如下:

```
+------+-----------+---------+
| s_id | f_name    | f_price |
+------+-----------+---------+
```

```
| 101 | apple      |  5.20 |
| 103 | apricot    |  2.20 |
| 104 | berry      |  7.60 |
| 107 | xxxx       |  3.60 |
| 105 | melon      |  8.20 |
| 101 | cherry     |  3.20 |
| 104 | lemon      |  6.40 |
| 105 | xbabay     |  2.60 |
| 102 | grape      |  5.30 |
| 107 | xbababa    |  3.60 |
| 101 | blackberry | 10.20 |
| 103 | coconut    |  9.20 |
+-----+------------+-------+
```

如前所述,UNION 将多条 SELECT 语句的结果组合成一个结果集合。下面分开查看每个 SELECT 语句的结果:

```
mysql> SELECT s_id, f_name, f_price
    -> FROM fruits
    -> WHERE f_price < 9.0;
+------+---------+---------+
| s_id | f_name  | f_price |
+------+---------+---------+
| 101  | apple   |  5.20   |
| 103  | apricot |  2.20   |
| 104  | berry   |  7.60   |
| 107  | xxxx    |  3.60   |
| 105  | melon   |  8.20   |
| 101  | cherry  |  3.20   |
| 104  | lemon   |  6.40   |
| 105  | xbabay  |  2.60   |
| 102  | grape   |  5.30   |
| 107  | xbababa |  3.60   |
+------+---------+---------+
10 rows in set (0.00 sec)

mysql> SELECT s_id, f_name, f_price
    -> FROM fruits
    -> WHERE s_id IN(101,103);
+------+------------+---------+
| s_id | f_name     | f_price |
+------+------------+---------+
| 101  | apple      |  5.20   |
| 103  | apricot    |  2.20   |
| 101  | blackberry | 10.20   |
| 101  | cherry     |  3.20   |
| 103  | coconut    |  9.20   |
+------+------------+---------+
5 rows in set (0.00 sec)
```

由分开查询的结果可以看到,第 1 条 SELECT 语句查询价格小于 9 的水果,第 2 条

SELECT 语句查询供应商 101 和 103 提供的水果。使用 UNION 关键字将两条 SELECT 语句分隔开，执行完毕之后把输出结果组合成一个结果集，并删除重复的记录。

使用 UNION ALL 包含重复的行，在这个例子中，分开查询时，两个返回结果中有相同的记录。UNION 从查询结果集中自动去除了重复的行，如果要返回所有匹配行，而不进行删除，可以使用 UNION ALL。

【引例 4-63】查询所有价格小于 9 的水果的信息，查询 s_id 等于 101 和 103 的所有水果的信息，使用 UNION ALL 连接查询结果。

SQL 语句如下：

```
SELECT s_id, f_name, f_price
FROM fruits
WHERE f_price < 9.0
UNION ALL
SELECT s_id, f_name, f_price
FROM fruits
WHERE s_id IN(101,103);
```

查询结果如下：

```
+------+------------+---------+
| s_id | f_name     | f_price |
+------+------------+---------+
| 101  | apple      |    5.20 |
| 103  | apricot    |    2.20 |
| 104  | berry      |    7.60 |
| 107  | xxxx       |    3.60 |
| 105  | melon      |    8.20 |
| 101  | cherry     |    3.20 |
| 104  | lemon      |    6.40 |
| 105  | xbabay     |    2.60 |
| 102  | grape      |    5.30 |
| 107  | xbababa    |    3.60 |
| 101  | apple      |    5.20 |
| 103  | apricot    |    2.20 |
| 101  | blackberry |   10.20 |
| 101  | cherry     |    3.20 |
| 103  | coconut    |    9.20 |
+------+------------+---------+
```

由结果可以看到，这里总的记录数等于两条 SELECT 语句返回的记录数之和，连接查询结果并没有去除重复的行。

> **学习提示**
>
> 使用 ALL 关键字的语句在执行时所需要的资源少，因此在确定查询结果中不会有重复数据或者不需要去掉重复数据的时候，应当使用 UNION ALL 以提高查询效率。

4.1.7 为表和字段取别名

在前面介绍分组查询、集合函数查询和嵌套子查询章节中，有的地方使用了 AS 关键字来为查询结果中的某一列指定一个特定的名字。本节将介绍如何为字段和表创建别名以及如何使用别名。

1. 为表取别名

当表的名字很长或者执行一些特殊查询时，为了方便操作或者需要多次使用相同的表时，可以为表指定别名，以替代表原来的名称。为表取别名的基本语法格式如下：

```
表名 [AS] 表别名
```

其中，"表名"为数据库中存储的数据表的名称，"表别名"为查询时指定的表的新名称，AS 关键字为可选参数。

【引例4-64】为 orders 表取别名 o，查询 30001 号订单的下单日期。
SQL 语句如下：

```
SELECT * FROM orders AS o
WHERE o.o_num = 30001;
```

在这里 orders AS o 代码表示为 orders 表取别名为 o，指定过滤条件时直接使用 o 代替 orders，查询结果如下：

```
+-------+---------------------+-------+
| o_num | o_date              | c_id  |
+-------+---------------------+-------+
| 30001 | 2008-09-01 00:00:00 | 10001 |
+-------+---------------------+-------+
```

【引例4-65】为 customers 和 orders 表分别取别名，并进行连接查询。
SQL 语句如下：

```
mysql> SELECT c.c_id, o.o_num
    -> FROM customers AS c LEFT OUTER JOIN orders AS o
    -> ON c.c_id = o.c_id;
+-------+-------+
| c_id  | o_num |
+-------+-------+
| 10001 | 30001 |
| 10001 | 30005 |
| 10002 | NULL  |
| 10003 | 30002 |
| 10004 | 30003 |
+-------+-------+
```

由结果看到，MySQL 可以同时为多个表取别名，而且表别名可以放在不同的位置，如 WHERE 子句、SELECT 列表、ON 子句以及 ORDER BY 子句等。

在前面介绍内连接查询时指出自连接是一种特殊的内连接，在连接查询中所用的两个表是同一个表，其查询语句如下：

```
mysql> SELECT f1.f_id, f1.f_name
    -> FROM fruits AS f1, fruits AS f2
    -> WHERE f1.s_id = f2.s_id AND f2.f_id = 'a1';
+------+------------+
| f_id | f_name     |
+------+------------+
| a1   | apple      |
| b1   | blackberry |
| c0   | cherry     |
+------+------------+
```

在这里，如果不使用表别名，MySQL 不知道引用的是哪个 fruits 表实例，这是表别名非常有用的一个地方。

2. 为字段取别名

在使用 SELECT 语句显示查询结果时，MySQL 会显示每个 SELECT 后面指定的输出列。在有些情况下，显示的列的名称会很长或者名称不够直观，这时可以指定列别名。为字段取别名的基本语法格式如下：

列名 [AS] 列别名

其中，"列名"为表中字段的名称，"列别名"为字段新的名称，AS 关键字为可选参数。

【引例 4-66】查询 fruits 表，为 f_name 取别名 fruit_name，为 f_price 取别名 fruit_price，为 fruits 表取别名 f1，查询表中 f_price 小于 8 的水果的名称。

SQL 语句如下：

```
mysql> SELECT f1.f_name AS fruit_name, f1.f_price AS fruit_price
    -> FROM fruits AS f1
    -> WHERE f1.f_price < 8;
+------------+-------------+
| fruit_name | fruit_price |
+------------+-------------+
| apple      |        5.20 |
| apricot    |        2.20 |
| berry      |        7.60 |
| xxxx       |        3.60 |
| cherry     |        3.20 |
| lemon      |        6.40 |
| xbabay     |        2.60 |
| grape      |        5.30 |
| xbababa    |        3.60 |
+------------+-------------+
```

也可以为 SELECT 子句中的计算字段取别名，例如，对使用 COUNT 集合函数或者 CONCAT 等系统函数执行的结果字段取别名。

【引例 4-67】查询 suppliers 表中的字段 s_name 和 s_city，使用 CONCAT 函数连接这

两个字段值,并取列别名为 suppliers_title。

如果没有对连接后的值取别名,则显示的列名称不够直观,SQL 语句如下:

```
mysql> SELECT CONCAT(TRIM(s_name) , ' (', TRIM(s_city), ')')
    -> FROM suppliers
    -> ORDER BY s_name;
+------------------------------------------------+
| CONCAT(TRIM(s_name) , ' (', TRIM(s_city), ')') |
+------------------------------------------------+
| ACME (Shanghai)                                |
| DK Inc. (Qingdao)                              |
| FastFruit Inc. (Tianjin)                       |
| FNK Inc. (Zhongshan)                           |
| Good Set (Taiyuan)                             |
| Just Eat Ours (Beijing)                        |
| LT Supplies (Chongqing)                        |
+------------------------------------------------+
```

由结果可以看到,显示结果的列名称为 SELECT 子句后面的计算字段。实际上,计算之后的列是没有名字的,这样的结果不容易让人理解,如果为字段取一个别名,会使结果更清晰,SQL 语句如下:

```
mysql> SELECT CONCAT(TRIM(s_name) , ' (', TRIM(s_city), ')')
    -> AS suppliers_title
    -> FROM suppliers
    -> ORDER BY s_name;
+--------------------------+
| suppliers_title          |
+--------------------------+
| ACME (Shanghai)          |
| DK Inc. (Qingdao)        |
| FastFruit Inc. (Tianjin) |
| FNK Inc. (Zhongshan)     |
| Good Set (Taiyuan)       |
| Just Eat Ours (Beijing)  |
| LT Supplies (Chongqing)  |
+--------------------------+
```

由结果可以看到,上述语句增加了 AS suppliers_title,意思是为计算字段创建一个别名 suppliers_title,显示结果为指定的列别名,这样就增强了查询结果的可读性。

> **学习提示**
> 表别名只在执行查询的时候使用,并不在返回结果中显示;而列别名定义之后,将返回给客户端显示,显示的结果字段为字段列的别名。

4.1.8 使用正则表达式查询

使用正则表达式可以检索或替换符合某个模式的文本内容,根据指定的匹配模式匹配文本中符合要求的特殊字符串。例如，从一个文本文件中提取电话号码，查找一篇文章中重复的单词或者替换用户输入的某些敏感词语等，这些地方都可以使用正则表达式。正则表达式强大而且灵活，可以应用于非常复杂的查询。

在 MySQL 中，使用 REGEXP 关键字指定正则表达式的字符匹配模式，表 4-1-3 列出了 REGEXP 常用的字符匹配列表。

表 4-1-3 正则表达式常用的字符匹配列表

选 项	说 明	例 子	匹配值示例
^	匹配文本的开始字符	^b：匹配以字母 b 开头的字符串	book, big, banana, bike
$	匹配文本的结束字符	st$：匹配以 st 结尾的字符串	test, resist, persist
.	匹配任何单个字符	b.t：匹配 b 和 t 之间的一个字符	bit, bat, but, bite
*	匹配 0 个或多个在它前面的字符	f*n：匹配字符 n 前面的 0 个或多个 f 字符的字符串	fn, fan, faan, abcn
+	匹配前面的字符 1 次或多次	ba+：匹配以 b 开头后面紧跟 1 个或多个 a 的字符串	ba, bay, bare, battle
<字符串>	匹配包含指定的字符串的文本	fa：匹配包含 fa 的字符串	fan, afa, faad
[字符集合]	匹配字符集合中的任何一个字符	'[xz]'：匹配 x 或者 z	dizzy, zebra, x-ray, extra
[^]	匹配不在括号中的任何字符	'[^abc]'：匹配任何不包含 a、b 或 c 的字符串	desk, fox, f8ke
字符串{n,}	匹配前面的字符串至少 n 次	b{2,}：匹配有 2 个或更多的 b 字符的字符串	bbb, bbbb, bbbbbbb
字符串{n,m}	匹配前面的字符串至少 n 次，至多 m 次。如果 n 为 0，此参数为可选参数	b{2,4}：匹配最少有 2 个，最多有 4 个 b 字符的字符串	bb, bbb, bbbb

下面将详细介绍在 MySQL 中如何使用正则表达式。

1. 查询以特定字符或字符串开头的记录

字符^可以匹配以特定字符或者字符串开头的文本。

【引例 4-68】在 fruits 表中，查询 f_name 字段以字母 b 开头的记录。
SQL 语句如下：

```
mysql> SELECT * FROM fruits WHERE f_name REGEXP '^b';
+------+------+------------+---------+
| f_id | s_id | f_name     | f_price |
+------+------+------------+---------+
| b1   | 101  | blackberry | 10.20   |
| b2   | 104  | berry      |  7.60   |
| t1   | 102  | banana     | 10.30   |
+------+------+------------+---------+
```

fruits 表中有 3 条记录的 f_name 字段值是以字母 b 开头的,因此返回结果有 3 条记录。

【引例 4-69】在 fruits 表中,查询 f_name 字段值以 be 开头的记录。

SQL 语句如下:

```
mysql> SELECT * FROM fruits WHERE f_name REGEXP '^be';
+------+------+--------+---------+
| f_id | s_id | f_name | f_price |
+------+------+--------+---------+
| b2   | 104  | berry  | 7.60    |
+------+------+--------+---------+
```

只有 berry 是以 be 开头,所以查询结果中只有 1 条记录。

2. 查询以特定字符或字符串结尾的记录

字符$可以匹配以特定字符或者字符串结尾的文本。

【引例 4-70】在 fruits 表中,查询 f_name 字段值以字母 y 结尾的记录。

SQL 语句如下:

```
mysql> SELECT * FROM fruits WHERE f_name REGEXP 'y$';
+------+------+------------+---------+
| f_id | s_id | f_name     | f_price |
+------+------+------------+---------+
| b1   | 101  | blackberry | 10.20   |
| b2   | 104  | berry      | 7.60    |
| c0   | 101  | cherry     | 3.20    |
| m2   | 105  | xbabay     | 2.60    |
+------+------+------------+---------+
```

fruits 表中有 4 条记录的 f_name 字段值是以字母 y 结尾的,因此返回结果有 4 条记录。

【引例 4-71】在 fruits 表中,查询 f_name 字段值以字符串 rry 结尾的记录。

SQL 语句如下:

```
mysql> SELECT * FROM fruits WHERE f_name REGEXP 'rry$';
+------+------+------------+---------+
| f_id | s_id | f_name     | f_price |
+------+------+------------+---------+
| b1   | 101  | blackberry | 10.20   |
| b2   | 104  | berry      | 7.60    |
| c0   | 101  | cherry     | 3.20    |
+------+------+------------+---------+
```

fruits 表中有 3 条记录的 f_name 字段值是以字符串 rry 结尾的,因此返回结果有 3 条记录。

3. 替代字符串中的任意一个字符

字符.可以匹配任意一个字符。

【引例 4-72】 在 fruits 表中，查询 f_name 字段值包含字母 a 与 g 且两个字母之间只有一个字母的记录。

SQL 语句如下：

```
mysql> SELECT * FROM fruits WHERE f_name REGEXP 'a.g';
+------+------+--------+---------+
| f_id | s_id | f_name | f_price |
+------+------+--------+---------+
| bs1  | 102  | orange | 11.20   |
| m1   | 106  | mango  | 15.60   |
+------+------+--------+---------+
```

查询语句中 a.g 指定匹配字符中要有字母 a 和 g，且两个字母之间包含单个字符，并不限定匹配的字符的位置和所查询字符串的总长度，因此 orange 和 mango 都符合匹配条件。

4. 匹配多个字符

星号(*)可以任意多次匹配前面的字符，包括 0 次。加号(+)至少匹配后面的字符一次。

【引例 4-73】 在 fruits 表中，查询 f_name 字段值以字母 b 开头，且 b 后面出现字母 a 的记录。

SQL 语句如下：

```
mysql> SELECT * FROM fruits WHERE f_name REGEXP '^ba*';
+------+------+------------+---------+
| f_id | s_id | f_name     | f_price |
+------+------+------------+---------+
| b1   | 101  | blackberry | 10.20   |
| b2   | 104  | berry      |  7.60   |
| t1   | 102  | banana     | 10.30   |
+------+------+------------+---------+
```

星号(*)可以匹配任意多个字符，blackberry 和 berry 中的字母 b 后面并没有出现字母 a，但是也满足匹配条件。

【引例 4-74】 在 fruits 表中，查询 f_name 字段值以字母 b 开头，且 b 后面至少紧跟着出现一次字母 a 的记录。

SQL 语句如下：

```
mysql> SELECT * FROM fruits WHERE f_name REGEXP '^ba+';
+------+------+--------+---------+
| f_id | s_id | f_name | f_price |
+------+------+--------+---------+
| t1   | 102  | banana | 10.30   |
+------+------+--------+---------+
```

a+至少匹配字母 a 一次，只有 banana 满足匹配条件。

5. 匹配指定字符串

正则表达式可以匹配指定字符串，只要这个字符串在查询文本中即可，如果要匹配多

个字符串，多个字符串之间使用分隔符(|)隔开。

【引例 4-75】在 fruits 表中，查询 f_name 字段值中包含字符串 on 的记录。

SQL 语句如下：

```
mysql> SELECT * FROM fruits WHERE f_name REGEXP 'on';
+------+------+---------+---------+
| f_id | s_id | f_name  | f_price |
+------+------+---------+---------+
| bs2  | 105  | melon   | 8.20    |
| l2   | 104  | lemon   | 6.40    |
| o2   | 103  | coconut | 9.20    |
+------+------+---------+---------+
```

可以看到，f_name 字段中的值 melon、lemon 和 coconut 都含有字符串 on，满足匹配条件。

【引例 4-76】在 fruits 表中，查询 f_name 字段值中包含字符串 on 或者 ap 的记录。

SQL 语句如下：

```
mysql> SELECT * FROM fruits WHERE f_name REGEXP 'on|ap';
+------+------+---------+---------+
| f_id | s_id | f_name  | f_price |
+------+------+---------+---------+
| a1   | 101  | apple   | 5.20    |
| a2   | 103  | apricot | 2.20    |
| bs2  | 105  | melon   | 8.20    |
| l2   | 104  | lemon   | 6.40    |
| o2   | 103  | coconut | 9.20    |
| t2   | 102  | grape   | 5.30    |
+------+------+---------+---------+
```

可以看到，f_name 字段中的值 melon、lemon 和 coconut 都含有字符串 on，值 apple、apricot 和 grape 中包含字符串 ap，满足匹配条件。

> **学习提示**
>
> 之前介绍过，LIKE 运算符也可以匹配指定的字符串，但与 REGEXP 不同，LIKE 匹配的字符串如果在文本中间出现，则找不到它，相应的行也不会返回。而 REGEXP 可以在文本内进行匹配，如果被匹配的字符串在文本中出现，REGEXP 将会找到它，相应的行也会被返回。对比结果如引例 4-77 所示。

【引例 4-77】在 fruits 表中，使用 LIKE 运算符查询 f_name 字段值为 on 的记录。

SQL 语句如下：

```
mysql> SELECT * FROM fruits WHERE f_name LIKE 'on';
Empty set (0.00 sec)
```

f_name 字段没有值为 on 的记录，返回结果为空。读者可以体会一下两者的区别。

6. 匹配指定字符中的任意一个

方括号([])可以指定一个字符集合，只要匹配其中的任何一个字符，即为所查找的文本。

【引例4-78】在 fruits 表中，查找 f_name 字段中包含字母 o 或者 t 的记录。

SQL 语句如下：

```
mysql> SELECT * FROM fruits WHERE f_name REGEXP '[ot]';
+------+------+---------+---------+
| f_id | s_id | f_name  | f_price |
+------+------+---------+---------+
| a2   | 103  | apricot |    2.20 |
| bs1  | 102  | orange  |   11.20 |
| bs2  | 105  | melon   |    8.20 |
| l2   | 104  | lemon   |    6.40 |
| m1   | 106  | mango   |   15.60 |
| m3   | 105  | xxtt    |   11.60 |
| o2   | 103  | coconut |    9.20 |
+------+------+---------+---------+
```

从查询结果可以看到，返回的所有记录的 f_name 字段值中都含有字母 o 或者 t，或者两个都有。

方括号([])还可以指定数值集合，举例如下。

【引例4-79】在 fruits 表中，查询 s_id 字段值中包含 4、5 或者 6 的记录。

SQL 语句如下：

```
mysql> SELECT * FROM fruits WHERE s_id REGEXP '[456]';
+------+------+---------+---------+
| f_id | s_id | f_name  | f_price |
+------+------+---------+---------+
| b2   | 104  | berry   |    7.60 |
| bs2  | 105  | melon   |    8.20 |
| l2   | 104  | lemon   |    6.40 |
| m1   | 106  | mango   |   15.60 |
| m2   | 105  | xbabay  |    2.60 |
| m3   | 105  | xxtt    |   11.60 |
+------+------+---------+---------+
```

从查询结果中可以看出，s_id 字段值中有 3 个指定数字中的 1 个即为匹配记录字段。

匹配集合[456]也可以写成[4-6]，即指定集合区间。例如，[a-z]表示集合区间为从 a 到 z 的字母，[0-9]表示集合区间为 0～9。

7. 匹配指定字符以外的字符

[^字符集合]可以匹配不在指定集合中的任何字符。

【引例4-80】在 fruits 表中，查询 f_id 字段值包含字母 a～e 和数字 1～2 以外的字符的记录。

SQL 语句如下：

```
mysql> SELECT * FROM fruits WHERE f_id REGEXP '[^a-e 1-2]';
+------+------+---------+---------+
| f_id | s_id | f_name  | f_price |
+------+------+---------+---------+
| b5   | 107  | xxxx    |    3.60 |
| bs1  | 102  | orange  |   11.20 |
| bs2  | 105  | melon   |    8.20 |
| c0   | 101  | cherry  |    3.20 |
| l2   | 104  | lemon   |    6.40 |
| m1   | 106  | mango   |   15.60 |
| m2   | 105  | xbabay  |    2.60 |
| m3   | 105  | xxtt    |   11.60 |
| o2   | 103  | coconut |    9.20 |
| t1   | 102  | banana  |   10.30 |
| t2   | 102  | grape   |    5.30 |
| t4   | 107  | xbababa |    3.60 |
+------+------+---------+---------+
```

返回记录中的 f_id 字段值中包含指定字母和数字以外的值，如 s、m、o、t、5、0 等，这些均不在 a～e 与 1～2 之间，满足匹配条件。

8．指定字符串连续出现的次数

"字符串{n,}"表示至少匹配 n 次前面的字符；"字符串{n,m}"表示匹配前面的字符串不少于 n 次，不多于 m 次。例如，a{2,}表示字母 a 至少连续出现 2 次，也可以大于 2 次；a{2,4}表示字母 a 最少连续出现 2 次，最多不能超过 4 次。

【引例 4-81】在 fruits 表中，查询 f_name 字段值至少出现两次字母 x 的记录。

SQL 语句如下：

```
mysql> SELECT * FROM fruits WHERE f_name REGEXP 'x{2,}';
+------+------+--------+---------+
| f_id | s_id | f_name | f_price |
+------+------+--------+---------+
| b5   | 107  | xxxx   |    3.60 |
| m3   | 105  | xxtt   |   11.60 |
+------+------+--------+---------+
```

可以看到，f_name 字段值 xxxx 含有 4 个 x 字母，xxtt 含有 2 个 x 字母，均为满足匹配条件的记录。

【引例 4-82】在 fruits 表中，查询 f_name 字段值中至少出现 1 次、最多出现 3 次 ba 字符串的记录。

SQL 语句如下：

```
mysql> SELECT * FROM fruits WHERE f_name REGEXP 'ba{1,3}';
+------+------+---------+---------+
| f_id | s_id | f_name  | f_price |
+------+------+---------+---------+
| m2   | 105  | xbabay  |    2.60 |
| t1   | 102  | banana  |   10.30 |
| t4   | 107  | xbababa |    3.60 |
+------+------+---------+---------+
```

可以看到，f_name 字段的值 xbabay 中出现了 2 次 ba，banana 中出现了 1 次，xbababa 中出现了 3 次，都是满足匹配条件的记录。

4.2 实践操作：电商购物系统数据表查询操作

数据查询是数据库应用中最基本也最为重要的操作。为了满足用户对数据的查看、计算、统计及分析等要求，应用程序需要从数据表中提取有效的数据。在网上商城系统中，用户的每一个操作都离不开数据查询，如用户身份验证、浏览商品、查看订单、计算订单金额，管理员分析商品信息等。

操作目标

(1) 用 SELECT 语句查询数据列。
(2) 根据条件筛选指定的数据行。
(3) 使用集合函数分组统计数据。
(4) 使用内连接、外连接和交叉连接及联合条件连接查询多表数据。
(5) 使用比较运算符及 IN、ANY、EXISTS 等关键字查询多表数据。

操作指导

1. 查询单表数据

1) 查询列

查询列是指从表中选出指定的属性值组成的结果集。通过 SELECT 子句的列名项组成结果集的列。

【实例 4-1】查询 On LineDB 数据库中 goods type(商品类别表)中所有的商品类别信息。

```
USE On LineDB;
SELECT * FROM goods type;
```

执行上述代码，结果集列出了商品类别中的所有数据，如图 4-2-1 所示。

tID	tName
1	服饰
2	零食
3	电器
4	书籍
5	家居

图 4-2-1 查询 goods type 表中的所有列

【实例 4-2】查询 Goods(商品信息表)中所有的商品编号、名称、价格和销售数量。

```
SELECT gdCode,gdName,gdPrice,gdSaleQty
FROM Goods;
```

执行结果如图 4-2-2 所示。

项目 4 数据表的数据查询

gdCode	gdName	gdPrice	gdSaleQty
001	迷彩帽	63	29
002	漫画书	20	3
003	牛肉干	94	61
004	零食礼包	145	102
005	运动鞋	400	200
006	咖啡壶	50	45
007	漂移卡丁车	1049	10
008	A字裙	128	200
009	LED小台灯	29	31
010	华为P9_PLUS	3980	7

图 4-2-2 查询商品信息表中指定的列

【实例 4-3】查询 Goods 表中所有的商品编号、名称、价格、销售数量、城市和是否热销，并将城市(gdCity)列放到查询列表中的最后一列。

```
SELECT gdCode,gdName,gdPrice,gdSaleQty,gdHot,gdCity
FROM Goods;
```

执行结果如图 4-2-3 所示。

gdCode	gdName	gdPrice	gdSaleQty	gdHot	gdCity
001	迷彩帽	63	29	0	长沙
002	漫画书	20	203	0	西安
003	牛肉干	94	61	0	重庆
004	零食礼包	145	234	0	济南
005	运动鞋	400	200	0	上海
006	咖啡壶	50	45	0	北京
007	漂移卡丁车	1049	10	0	武汉
008	A字裙	128	200	0	长沙
009	LED小台灯	29	31	0	长沙
010	华为P9_PLUS	3980	7	0	深圳

图 4-2-3 查询商品信息表中指定列的排列顺序

【实例 4-4】查询 Goods 表中每件商品的销售总价，其中销售总价=销售数量×价格，显示商品名称和销售总价。

```
SELECT gdName,gdSaleQty*gdPrice
FROM Goods;
```

执行结果如图 4-2-4 所示。

gdName	gdSaleQty*gdPrice
迷彩帽	1827
漫画书	60
牛肉干	5734
零食礼包	14790
运动鞋	80000
咖啡壶	2250
漂移卡丁车	10490
A字裙	25600
LED小台灯	899
华为P9_PLUS	27860

图 4-2-4 查询商品的销售总价

【实例 4-5】 查询 Users(用户信息表)中的用户名和年龄。

从 Users 表的结构可以看到,表中存在"出生年月(uBirth)"的列可以和当前日期计算出年龄。编写的 SQL 查询语句如下:

```
SELECT uName,year(now())-year(uBirth)
FROM Users;
```

其中,函数 year()的功能是返回指定日期的年份;函数 now()的功能是返回系统当前的日期时间。执行结果如图 4-2-5 所示。

uName	year(now())-year(uBirth)
郭炳颜	22
蔡准	18
段湘林	16
盛伟刚	22
李珍珍	27
常浩萍	31
柴宗文	33
李莎	22
陈瑾	15
次旦多吉	8
冯玲芬	33
范丙全	32

图 4-2-5 计算用户年龄

【实例 4-6】 查询 Goods 表中的商品名称、价格和所处城市,结果集中各列的标题指定为商品名、价格和城市。

```
SELECT gdName AS 商品名,gdPrice AS 价格,gdCity AS 城市
FROM Goods;
```

执行结果如图 4-2-6 所示。

商品名	价格	城市
迷彩帽	63	长沙
漫画书	20	西安
牛肉干	94	重庆
零食礼包	145	济南
运动鞋	400	上海
咖啡壶	50	北京
漂移卡丁车	1049	武汉
A字裙	128	长沙
LED小台灯	29	长沙
华为P9_PLUS	3980	深圳

图 4-2-6 为查询指定列标题

【实例 4-7】 修改实例 4-4,为计算出的销售总价指定列标题为 totalPrice。

```
SELECT gdName,gdSaleQty*gdPrice AS totalPrice
FROM Goods;
```

执行结果如图 4-2-7 所示。

gdName	totalPrice
迷彩帽	1827
漫画书	60
牛肉干	5734
零食礼包	14790
运动鞋	80000
咖啡壶	2250
漂移卡丁车	10490
A字裙	25600
LED小台灯	899
华为P9_PLUS	27860

图 4-2-7　为销售总价指定列标题

2) 选择行

实际应用中，应用程序只需获取满足用户的数据，因而在查询数据时通常会指定查询条件，以筛选出用户所需的数据，这种查询方式称为选择行。

【实例 4-8】查询 Users 表中 uID 为 8 的用户姓名。

```
SELECT uID,uName
FROM Users
WHERE uID=8;
```

执行结果如图 4-2-8 所示。

图 4-2-8　查询 uID 为 8 的用户名

【实例 4-9】查询 Users 表中 2000 年后出生的用户，显示用户 ID、用户姓名、电话号码。

```
SELECT uID,uName,uPhone
FROM Users
WHERE year(uBirth)>=2000;
```

执行结果如图 4-2-9 所示。

uID	uName	uPhone
3	段湘林	18974521635
9	陈瑾	15874269513
10	次旦多吉	17654289375

图 4-2-9　查询 2000 年后出生的用户信息

【实例 4-10】查询 Users 表中 2000 年以后出生且性别为"男"的用户信息，列出用户 ID、用户姓名和电话号码。

```
SELECT uID,uName,uPhone
FROM Users
WHERE year(uBirth)>=2000 AND uSex='男';
```

执行结果如图 4-2-10 所示。

uID	uName	uPhone
3	段湘林	18974521635
10	次旦多吉	17654289375

图 4-2-10　逻辑 AND 查询示例

【实例 4-11】查询 Goods 表中 tID 等于 4 或 gdPrice 小于等于 50 的商品类别 ID、商品名称和商品价格。

```
SELECT tID,gdName,gdPrice
FROM Goods
WHERE tID=4 OR gdPrice<=50;
```

执行结果如图 4-2-11 所示。

tID	gdName	gdPrice
4	漫画书	20
5	咖啡壶	50
5	LED小台灯	29

图 4-2-11　逻辑 OR 查询示例

【实例 4-12】查询 Goods 表中 gdPrice 不大于 50 的商品名称和商品价格。

```
SELECT gdName,gdPrice
FROM Goods
WHERE NOT(gdPrice>50);
```

执行结果如图 4-2-12 所示。

gdName	gdPrice
漫画书	20
LED小台灯	29

图 4-2-12　逻辑 NOT 查询示例

【实例 4-13】查询 Goods 表中 gdCity 值为“长沙”或“西安”，且 gdPrice 小于等于 50 的商品名称、价格及城市。

```
SELECT gdName,gdPrice,gdCity
FROM Goods
WHERE (gdCity='长沙' OR gdCity='西安') AND gdPrice<=50;
```

执行结果如图 4-2-13 所示。

gdName	gdPrice	gdCity
漫画书	20	西安
LED小台灯	29	长沙

图 4-2-13　AND 和 OR 组合查询示例

【实例 4-14】查询 Goods 表中 gdPrice 在 100 到 500 元之间的商品名称和价格。

```
SELECT gdName,gdPrice
FROM Goods
WHERE gdPrice BETWEEN 100 AND 500;
```

执行结果如图 4-2-14 所示。

gdName	gdPrice
零食礼包	145
运动鞋	400
A字裙	128

图 4-2-14　BETWEEN…AND 查询示例

【实例 4-15】查询 Goods 表中 gdCity 为长沙、西安、上海三个城市的商品名称。

```
SELECT gdName,gdCity
FROM Goods
WHERE gdCity IN('长沙','西安','上海');
```

执行结果如图 4-2-15 所示。

gdName	gdCity
迷彩帽	长沙
漫画书	西安
运动鞋	上海
A字裙	长沙
LED小台灯	长沙

图 4-2-15　IN 查询示例

【实例 4-16】查询 Users 表中 uName 以"李"开头的用户姓名、性别和手机号。

```
SELECT uName,uSex,uPhone
FROM users
WHERE uName LIKE '李%';
```

执行结果如图 4-2-16 所示。

uName	uSex	uPhone
李珍珍	女	14752369842
李莎	女	17632954782

图 4-2-16　通配符 "%" 使用示例

【实例 4-17】查询 Users 表中 gdName 中的第 2 个字为"湘"的用户姓名、性别和手机号。

```
SELECT uName,uSex,uPhone
FROM users
WHERE uName LIKE '_湘%';
```

执行结果如图 4-2-17 所示。

uName	uSex	uPhone
段湘林	男	18974521635

图 4-2-17　通配符使用示例

【实例 4-18】查询 Goods 表中 gdName 以"华为 P9_"开头的商品编号、名称和价格。

```
SELECT gdCode,gdName,gdPrice
FROM Goods
WHERE gdName LIKE '华为 P9\_%';
```

执行结果如图 4-2-18 所示。

gdCode	gdName	gdPrice
010	华为P9_PLUS	3980

图 4-2-18　默认转义字符"\"示例

【实例 4-19】查询 Goods 表中 gdName 以"华为 P9_"开头的商品编号、名称和价格。

```
SELECT gdCode,gdName,gdPrice
FROM Goods
WHERE gdName LIKE '华为 P9|_%' ESCAPE'|';
```

其中，ESCAPE 后指定的"|"为转义字符。执行结果如图 4-2-19 所示。

gdCode	gdName	gdPrice
010	华为P9_PLUS	3980

图 4-2-19　ESCAPE 短语指定转义字符示例

【实例 4-20】查询 Users 表中 uPhone 以 5 结尾的用户的姓名、性别和电话。

```
SELECT uName,uSex,uPhone
FROM users
WHERE uPhone REGEXP '5$' ;
```

执行结果如图 4-2-20 所示。

uName	uSex	uPhone
蔡准	男	14786593245
段湘林	男	18974521635
盛伟刚	男	13598742685
常浩萍	女	16247536915
次旦多吉	男	17654289375
范丙全	男	17652149635

图 4-2-20　正则表达式模式"$"示例

【实例 4-21】查询 Users 表中 uPhone 以"16,17,18"开头的用户的姓名、性别和电话。

```
SELECT uName,uSex,uPhone
FROM users
WHERE uPhone REGEXP '^1[678]';
```

执行结果如图 4-2-21 所示。

图 4-2-21　正则表达式模式组合使用示例

【实例 4-22】查询 Users 表中 uImage 为空的用户姓名和性别。

```
SELECT uName,uSex,uImage
FROM users
WHERE uImage IS NULL;
```

执行结果如图 4-2-22 所示。

图 4-2-22　NULL 值比较示例

【实例 4-23】查询 Goods 表中 gdPrice 大于 200 的商品来自哪些城市。

```
SELECT DISTINCT gdCity
FROM Goods
WHERE gdPrice>200;
```

执行结果如图 4-2-23 所示。

图 4-2-23　DISTINCT 使用示例

3) 数据排序

【实例 4-24】查询 Goods 表中 tID 为 1 的商品编号、名称和价格，并按价格升序排列。

```
SELECT gdCode,gdName,gdPrice
FROM Goods
WHERE tID=1
ORDER BY gdPrice;
```

执行结果如图 4-2-24 所示。

图 4-2-24　单列排序使用示例

【实例 4-25】查询 Goods 表中 tID 为 1 的商品编号、名称、价格和销售量,并先按销售量降序,再按价格升序排列。

```
SELECT gdCode,gdName,gdSaleQty,gdPrice
FROM Goods
WHERE tID=1
ORDER BY gdSaleQty DESC,gdPrice;
```

执行结果如图 4-2-25 所示。

gdCode	gdName	gdSaleQty	gdPrice
008	A字裙	200	128
005	运动鞋	200	400
001	迷彩帽	29	63

图 4-2-25　多列排序使用示例

【实例 4-26】查询 Goods 表前 3 行记录的商品编号、名称和价格。

```
SELECT gdCode,gdName,gdPrice
FROM Goods
LIMIT 3;
```

执行结果如图 4-2-26 所示。

gdCode	gdName	gdPrice
001	迷彩帽	63
002	漫画书	20
003	牛肉干	94

图 4-2-26　LIMIT 省略 OFFSET 使用示例

【实例 4-27】查询 Goods 表,显示从第 4 行开始的连续 3 行记录的编号、名称和价格。

```
SELECT gdCode,gdName,gdPrice
FROM Goods
LIMIT 3,3;
```

执行结果如图 4-2-27 所示。

gdCode	gdName	gdPrice
004	零食礼包	145
005	运动鞋	400
006	咖啡壶	50

图 4-2-27　限定查询结果范围使用示例

【实例 4-28】查询 Goods 表,统计所有商品的总销售量。

```
SELECT SUM(gdSaleQty) FROM Goods;
```

执行结果如图 4-2-28 所示。

SUM(gdSaleQty)
688

图 4-2-28 函数 SUM 使用示例

【实例 4-29】查询 Goods 表，显示商品的最高价格。

```
SELECT MAX(gdPrice) FROM Goods;
```

执行结果如图 4-2-29 所示。

MAX(gdPrice)
3980

图 4-2-29 函数 MAX 使用示例

【实例 4-30】查询 Users 表，统计用户总人数。

```
SELECT COUNT(*) FROM users;
```

执行结果如图 4-2-30 所示。

COUNT(*)
12

图 4-2-30 函数 COUNT 使用示例

【实例 4-31】查询 Orders 表，显示购买过商品的用户人数。

```
SELECT COUNT(DISTINCT uID) FROM orders;
```

执行结果如图 4-2-31 所示。

COUNT(DISTINCT uID)
5

图 4-2-31 函数 COUNT 去重复统计示例

【实例 4-32】查询 Users 表，按 uCity 列进行分组。

```
SELECT uID,uName,uSex,uCity
FROM users
GROUP BY uCity;
```

执行结果如图 4-2-32 所示。

uID	uName	uSex	uCity
4	盛伟刚	男	上海
2	蔡佳	男	北京
7	柴宗文	男	重庆
1	郭炳颜	男	长沙

图 4-2-32 单独使用 GROUP BY 子句

【实例 4-33】查询 Users 表，统计各城市的用户人数。

```sql
SELECT uCity,COUNT(*)
FROM users
GROUP BY uCity;
```

执行结果如图 4-2-33 所示。

uCity	COUNT(*)
上海	2
北京	3
重庆	1
长沙	6

图 4-2-33　GROUP BY 和 COUNT 函数使用示例

【实例 4-34】查询 Users 表，将同一城市的 uID 值用逗号","连接起来，列名为 uIDs。

```sql
SELECT uCity,GROUP_CONCAT(uID) AS uIDs
FROM users
GROUP BY uCity;
```

执行结果如图 4-2-34 所示。

uCity	uIDs
上海	4,5
北京	7,2,6
重庆	8
长沙	11,10,9,1,3,12

图 4-2-34　使用默认分隔符的分组值连接示例

【实例 4-35】查询 Users 表，将同一城市的 uID 值用下划线"_"连接起来，列名为 uIDs。

```sql
SELECT uCity,GROUP_CONCAT(uID ORDER BY uID SEPARATOR '_') AS uIDs
FROM users
GROUP BY uCity;
```

执行结果如图 4-2-35 所示。

uCity	uIDs
上海	4_5
北京	2_6_7
重庆	8
长沙	1_3_9_10_11_12

图 4-2-35　使用指定分隔符的排序分组值连接示例

【实例 4-36】查询 Users 表，统计"上海"和"长沙"两个城市的用户人数。

```sql
SELECT uCity,COUNT(*)
FROM users
```

```
WHERE uCity IN('长沙','上海')
GROUP BY uCity
WITH ROLLUP;
```

执行结果如图 4-2-36 所示。

uCity	COUNT(*)
上海	2
长沙	6
(Null)	8

图 4-2-36 WITH ROLLUP 使用示例

【实例 4-37】查询 Users 表，统计各城市的用户人数，显示人数不少于 3 人的城市。

```
SELECT uCity,COUNT(*)
FROM users
GROUP BY uCity
HAVING COUNT(*)>=3;
```

执行结果如图 4-2-37 所示。

uCity	COUNT(*)
北京	3
长沙	6

图 4-2-37 HAVING 子句过滤记录示例

2. 连接查询多表数据

【实例 4-38】查询 Goods 表中商品类别为"服饰"的商品编号、名称、价格及类别名称。

```
SELECT tName,gdCode,gdName,gdPrice
FROM Goodstype JOIN goods
ON goodstype.tID=goods.tID
WHERE tName='服饰';
```

执行结果如图 4-2-38 所示。

tName	gdCode	gdName	gdPrice
服饰	001	迷彩帽	63
服饰	005	运动鞋	400
服饰	008	A字裙	128

图 4-2-38 内连接使用示例

【实例 4-39】查询名为"段湘林"的用户购买商品的订单总金额。

```
SELECT uName,SUM(o Total)
FROM users s JOIN orders t       --users表的别名指定为s，orders表的别名指定为t
ON s.uID=t.uID
WHERE uName='段湘林';
```

执行结果如图 4-2-39 所示。

uName	SUM(oTotal)
▶ 段湘林	1193

图 4-2-39 内连接使用示例

【实例 4-40】查询 uName 值为"段湘林"的购物车中的商品名称、价格及购买数量。

```
SELECT g.gdID,gdName,gdPrice,scNum
FROM users s JOIN scar t ON s.uid=t.uid
JOIN goods g ON g.gdID=t.gdID
WHERE uName='段湘林';
```

执行结果如图 4-2-40 所示。

gdID	gdName	gdPrice	scNum
▶ 9	LED小台灯	29	2
2	漫画书	20	1
7	漂移卡丁车	1049	1

图 4-2-40 多表内连接使用示例

在多张表进行连接时，查询的内连接可以先使用 JOIN 将所有表连接起来，再使用 ON 关键字写出多个连接条件。实例 4-40 也可改写成如下语句：

```
SELECT g.gdID,gdName,gdPrice,scNum
FROM users s JOIN scar t JOIN goods g
ON s.uid=t.uid AND g.gdID=t.gdID
WHERE uName='段湘林';
```

在 JOIN 连接中，当连接条件是两张名称相同且类型相同的表进行字段相连时，可以使用 USING(列名)来连接。实例 4-40 还可以改写成如下语句：

```
SELECT gdID,gdName,gdPrice,scNum
FROM users JOIN scar USING(uid)
JOIN goods USING(gdID)
WHERE uName='段湘林';
```

【实例 4-41】查询与用户"蔡准"在同一城市的用户 uName 和 uPhone。

```
SELECT s.uName,s.uPhone,s.uCity
FROM users s JOIN users t
ON s.uCity=t.uCity
WHERE t.uName='蔡准';
```

执行结果如图 4-2-41 所示。

uName	uPhone	uCity
▶ 蔡准	14786593245	北京
常浩萍	16247536915	北京
柴宗文	18245739214	北京

图 4-2-41 自连接使用示例

【实例 4-42】 查询每个用户的订单金额，列出 uID、uName、oTotal。

```
SELECT s.uID,uName,oTotal
FROM users s LEFT JOIN orders t
ON s.uID=t.uID;
```

执行结果如图 4-2-42 所示。

uID	uName	oTotal
1	郭炳颜	83
2	蔡淮	(Null)
3	段湘林	144
3	段湘林	1049
4	盛伟刚	557
5	李珍珍	(Null)
6	常浩萍	(Null)
7	柴宗文	(Null)
8	李莎	1049

图 4-2-42 左外连接使用示例

【实例 4-43】 查询每个用户的订单数，列出 uID、uName、orderNum(订单数)。

```
SELECT s.uID,uName,count(t.uID) AS order Num
FROM orders t RIGHT JOIN users s
ON s.uID=t.uID
GROUP BY s.uID;
```

执行结果如图 4-2-43 所示。

uID	uName	orderNum
1	郭炳颜	1
2	蔡淮	0
3	段湘林	2
4	盛伟刚	1
5	李珍珍	0
6	常浩萍	0
7	柴宗文	0
8	李莎	1

图 4-2-43 右外接使用示例

【实例 4-44】 查询会员能购买的所有可能的商品情况，列出 uID、uName、gdID、gdName。

```
SELECT uID,uName,gdID,gdName
FROM users CROSS JOIN goods;
```

执行结果如图 4-2-44 所示。

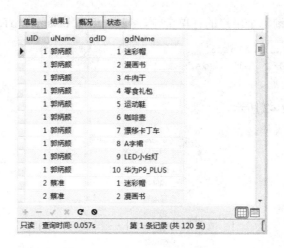

图 4-2-44 交叉查询使用示例

【实例 4-45】联合查询 uID 值为 1 和 2 的用户信息，列出 uID、uName、uSex。

```
SELECT uID,uName,uSex
FROM users
WHERE uID=1
UNION
SELECT uID,uName,uSex
FROM users
WHERE uID=2;
```

执行结果如图 4-2-45 所示。

图 4-2-45 联合查询使用示例

【实例 4-46】联合查询 tId 值为 1 和 2 的商品信息，列出 tId、gdName、gdPrice，并按 gdPrice 从高到低排序，显示前 3 行记录。

```
SELECT tId,gdName,gdPrice
FROM Goods
WHERE tId=1
UNION
SELECT tId,gdName,gdPrice
FROM Goods
WHERE tId=2
ORDER BY gdPrice DESC LIMIT 3;
```

执行结果如图 4-2-46 所示。

	tId	gdName	gdPrice
▶	1	运动鞋	400
	2	零食礼包	145
	1	A字裙	128

图 4-2-46　联合查询排序使用示例

3. 子查询多表数据

【实例 4-47】查询商品类别为"服饰"的商品 ID、名称、价格及销售量。

第 1 步：先在 goodstype 表中查出类别名称 tName 为"服饰"的 tId(类别 ID)。

```
SELECT tId
FROM Goodstype
WHERE tName='服饰';
```

执行上述代码，可以查看到 tId 为 1。

第 2 步：根据 tId 的值，在 goods 表中筛选商品的指定信息。

```
SELECT gdId,gdName,gdPrice,gdSaleQty
FROM Goods
WHERE tId=1;
```

第 3 步：合并两个查询语句，将第 2 步中的数值 1 用第 1 步中的查询语句替换。

```
SELECT gdId,gdName,gdPrice,gdSaleQty
FROM Goods
WHERE tId=(SELECT tId
FROM Goodstype
WHERE tName='服饰');
```

从以上分析可以看出，在这种查询方式中，子查询的查询结果作为外层查询的条件来筛选记录，其中步骤 2 和步骤 3 查询的结果相同。子查询的运用使得多表查询变得更为灵活，通常可以将子查询用作派生表、关联数据及将子查询用作表达式等方式。

【实例 4-48】查询商品名称为"LED 小台灯"的评价信息和评价时间。

```
SELECT dEvalution,odTime
FROM orderdetail
WHERE gdID=(SELECT gdID
FROM Goods
WHERE gdName='LED 小台灯');
```

执行结果如图 4-2-47 所示。

dEvalution	odTime
▶ 性价比很高，这样的价格买到这质量非常不错，性	2016-11-06
听同事介绍来的，都说质量不错，下次还来你家。	2016-11-07

图 4-2-47　比较运算符"="使用示例

【实例 4-49】查询比商品"LED 小台灯"的销售量少的商品信息，列出商品编号、商品名称、商品价格和商品销售量。

```
SELECT gdCode,gdName,gdPrice,gdSaleQty
FROM Goods
WHERE gdSaleQty <(SELECT gdSaleQty
FROM Goods
WHERE gdName='LED 小台灯');
```

执行结果如图 4-2-48 所示。

gdCode	gdName	gdPrice	gdSaleQty
001	迷彩帽	63	29
002	漫画书	20	3
007	漂移卡丁车	1049	10
010	华为P9_PLUS	3980	7

图 4-2-48　比较运算符 "<" 使用示例

【实例 4-50】查询已购物的会员信息，包括用户名、性别、出生年月和注册时间。

```
SELECT uName,uSex,uBirth,uRegTime
FROM users
WHERE uID IN(SELECT uID
FROM orders);
```

执行结果如图 4-2-49 所示。

uName	uSex	uBirth	uRegTime
郭炳颜	男	1994-12-28	2010-03-17 16:55:34
段湘林	男	2000-03-01	2015-10-29 14:25:42
盛伟刚	男	1994-04-20	2012-09-07 11:36:47
李莎	女	1994-01-24	2014-07-31 19:46:19
陈瑾	女	2001-07-02	2012-07-26 16:49:32

图 4-2-49　IN 关键字使用示例

【实例 4-51】查询消费金额在 1000 元以上的会员信息，包括用户名、性别、年龄和注册时间。

```
SELECT uName,uSex,uBirth,uRegTime
FROM users
WHERE uID IN(SELECT uID
FROM orders
GROUP BY uID
HAVING SUM(o Total)>=1000);
```

执行结果如图 4-2-50 所示。

uName	uSex	uBirth	uRegTime
段湘林	男	2000-03-01	2015-10-29 14:25:42
李莎	女	1994-01-24	2014-07-31 19:46:19

图 4-2-50　HAVING 关键字使用示例

【实例 4-52】查询比服饰类某一商品价格高的商品信息，包括商品编号、商品名称和商品价格。

```
SELECT gdCode,gdName,gdPrice
FROM Goods
WHERE gdPrice > ANY(SELECT gdPrice
FROM Goods
WHERE(tID=(SELECT tId
FROM Goodstype
WHERE tName='服饰')));
```

执行结果如图 4-2-51 所示。

gdCode	gdName	gdPrice
▶ 003	牛肉干	94
004	零食礼包	145
005	运动鞋	400
007	漂移卡丁车	1049
008	A字裙	128
010	华为P9_PLUS	3980

图 4-2-51 ANY 关键字使用示例

【实例 4-53】查询价格比服饰类商品都高的商品信息,包括商品编号、商品名称和商品价格。

```
SELECT gdCode,gdName,gdPrice
FROM Goods
WHERE gdPrice > ALL(SELECT gdPrice
FROM Goods
WHERE(tID=(SELECT tId
FROM Goodstype
WHERE tName='服饰')));
```

执行结果如图 4-2-52 所示。

gdCode	gdName	gdPrice
▶ 007	漂移卡丁车	1049
010	华为P9_PLUS	3980

图 4-2-52 ALL 关键字使用示例

【实例 4-54】查询年龄在 20 至 30 岁之间的用户名、性别和年龄。

```
SELECT *
FROM(SELECT uName,uSex,year(now())-year(uBirth) AS uAge
FROM Users) AS tempTb
WHERE uAge BETWEEN 20 AND 30;
```

执行结果如图 4-2-53 所示。

uName	uSex	uAge
▶ 郭炳颜	男	23
盛伟刚	男	23
李珍珍	女	28
李莎	女	23

图 4-2-53 子查询用作派生表示例

【实例 4-55】查询已购物的会员信息，包括用户名、性别、出生年月和注册时间。

```
SELECT uName,uSex,uBirth,uRegTime
FROM users
WHERE EXISTS(SELECT *
FROM orders
WHERE users.uID=orders.uID);
```

查询执行结果如图 4-2-54 所示。

uName	uSex	uBirth	uRegTime
郭炳颜	男	1994-12-28	2010-03-17 16:55:34
段湘林	男	2000-03-01	2015-10-29 14:25:42
盛伟刚	男	1994-04-20	2012-09-07 11:36:47
李莎	女	1994-01-24	2014-07-31 19:46:19
陈蓬	女	2001-07-02	2012-07-26 16:49:32

图 4-2-54　EXISTS 关键字子查询示例

【实例 4-56】查询 2016 年 11 月 7 日评价了商品的用户，列出用户名、被评价的商品名和评价时间。

```
SELECT(SELECT uName
FROM users
where uID=(SELECT uID
FROM orders
WHERE orders.oID=od.oID))AS '用户名',
(SELECT gdName
FROM Goods
WHERE goods.gdID=od.gdID)AS '商品名',
od Time AS '评价时间'
FROM orderdetail AS od
WHERE DATE_FORMAT(odTime,'%Y-%m-%d')='2016-11-07' ;
```

执行结果如图 4-2-55 所示。

用户名	商品名	评价时间
盛伟刚	漂移卡丁车	2016-11-07 07:06:38
李莎	运动鞋	2016-11-07 11:25:58
李莎	A字裙	2016-11-07 12:18:51
李莎	LED小台灯	2016-11-07 16:21:18

图 4-2-55　计算相关子查询示例

【实例 4-57】创建商品历史表 goodsHistory，将库存量小于 10 且上架时间超过一年的商品下架处理，并将这些商品添加到 goodsHistory 表中。

```
--创建商品历史表 goodsHistory，其结构与商品表 goods 相同
CREATE TABLE goodsHistory LIKE goods;
--将满足条件的商品插入到 goodsHistory 表中
INSERT INTO goodsHistory
SELECT *
FROM Goods
WHERE gdQuantity < 10 AND year(now())-year(gdAddTime)>=1;
```

本例中先通过表复制语句创建 goodsHistory 表，其表结构同 goods 表。然后再使用 INSERT…SELECT 命令将查询集结果插入到 goodsHistory 中。执行结果如图 4-2-56 所示。

```
[SQL]
INSERT INTO goodsHistory
SELECT *
FROM goods
WHERE gdQuantity < 10 AND year(now())-year(gdAddTime)>=1;
受影响的行: 2
时间: 0.004s
```

图 4-2-56 查询结果集作为 INSERT 的数据源

【实例 4-58】统计订单详情表中的评价数，将商品销售量为 200 以上，且评价数大于 1 的商品，设置为热销商品，即将"是否热销"(gdHot)属性值改为 1。

```
UPDATE goods
SET gdHot=1
WHERE gdSaleQty>=200
AND gdID IN(SELECT gdID
FROM orderdetail
GROUP BY gdID
HAVING COUNT(gdID)>=1);
```

执行结果如图 4-2-57 所示。

```
[SQL]UPDATE goods
SET gdHot = 1
WHERE gdSaleQty>=200
        AND gdID IN (SELECT gdID
                     FROM orderdetail
                     WHERE dEvalution IS NOT NULL
                     GROUP BY gdID
                     HAVING COUNT(gdID)>=1);
受影响的行: 3
时间: 0.231s
```

图 4-2-57 子查询作为 UPDATE 的条件

【实例 4-59】统计订单详情表中指定商品的购买数，并更新商品表中商品的销售量。

```
UPDATE goods
set gdSaleQty=(SELECT SUM(odNum)
FROM orderdetail
WHERE goods.gdID=orderdetail.gdID);
```

执行结果如图 4-2-58 所示。

```
[SQL]UPDATE goods
set gdSaleQty=(SELECT SUM(odNum)
               FROM orderdetail
               WHERE goods.gdID=orderdetail.gdID);
受影响的行: 10
时间: 0.020s
```

图 4-2-58 子查询的结果作为 UPDATE 的更新数据

【实例 4-60】将已经下架的商品从商品表中删除,其中,下架商品是指已经存放在历史表中的商品。

```
DELETE FROM Goods
WHERE gdCode IN(SELECT gdCode
FROM Goodshistory);
```

执行结果如图 4-2-59 所示。

[SQL]DELETE FROM goods
WHERE gdCode IN (SELECT gdCode
           FROM goodshistory);
受影响的行: 2
时间: 0.003s

图 4-2-59　子查询作为 DELETE 删除数据的条件

经验点拨

经验 1:ORDER BY 可以和 LIMIT 混合使用吗?

在使用 ORDER BY 子句时,应保证其位于 FROM 子句之后,如果此时要使用 LIMIT,则必须位于 ORDER BY 之后,如果子句顺序不正确,MySQL 将产生错误信息。

经验 2:什么时候使用引号?

在查询的时候,会看到在 WHERE 子句中应用的条件,有的值加上了单引号,而有的值未加。单引号用来限定字符串,如果将值与字符串进行比较,则需要加引号;而用来与数值进行比较则不需要用引号。

经验 3:在 WHERE 子句中必须使用圆括号吗?

任何时候使用具有 AND 和 OR 操作符的 WHERE 子句,都应该用圆括号明确操作顺序。如果条件较多,即使能确定计算次序,默认的计算次序也可能会使 SQL 语句不易理解,因此使用括号明确操作符的次序,是一个好的习惯。

经验 4:为什么使用的通配符格式正确,却没有查找出符合条件的记录?

在 MySQL 中存储字符串数据时,可能会不小心把两端带有空格的字符串保存到记录中,而在查看表中记录时,MySQL 不能明确地显示空格,数据库操作者不能直观地确定字符串两端是否有空格。例如,使用 LIKE'%e'匹配以字母 e 结尾的水果的名称,如果字母 e 后面多了一个空格,则 LIKE 语句就不能将该记录查找出来。解决的方法是使用 TRIM 函数,将字符串两端的空格删除之后再进行匹配。

项目小结

SQL 即结构化查询语言。它是关系型数据库管理系统的标准语言,它的功能十分强大,可以帮助用户实现数据查询、数据操纵、数据控制、数据定义。不同的功能使用不同的命令关键字发出动作:插入数据使用 insert 命令;更新数据使用 update 命令;删除数据使用 delete 命令；数据查询使用 select 命令。本项目的内容是关系型数据库的基础部分。

■ 思考与练习

1. 选择题

(1) 下列语句中，不是表数据的基本操作语句的是(　　)。
　　A. CREATE 语句　　B. INSERT 语句　　C. DELETE 语句　　D. UPDATE 语句

(2) 关于 SELECT 语句描述错误的是(　　)。
　　A. SELECT 语句用于查询一个表或多个表的数据
　　B. SELECT 语句属于数据操作语言(DML)
　　C. SELECT 语句查询的结果列必须是基于表中的列
　　D. SELECT 语句用于查询数据库中一组特定的数据记录

(3) 在 SELECT 语句中，可以使用下列(　　)子句，将结果集中的数据行根据选择列的值进行逻辑分组，以便能汇总表内容的子集，即实现对每个组的聚合计算。
　　A. LIMIT　　　　B. GROUP BY　　　C. WHERE　　　　D. ORDER BY

(4) 模糊查询的关键字是(　　)。
　　A. NOT　　　　B. AND　　　　C. LIKE　　　　D. OR

(5) 在语句 SELECT * FROM student WHERE s_name LIKE '%晓%'中，WHERE 关键字表示的含义是(　　)。
　　A. 条件　　　　B. 在哪里　　　　C. 模糊查询　　　　D. 逻辑运算

(6) 在图书管理系统中，有如下关系模式：
图书(总编号，分类号，书名，作者，出版单位，单价)。
读者(借书证号，单位，姓名，性别，地址)。
借阅(借书证号，总编号，借书日期)。
在该系统数据库中，要查询借阅了《数据库应用》一书的借书证号的 SQL 语句如下：
SELECT 借书证号 FROM 借阅 WHERE 总编号=_____；
在横线处填写(　　)子查询语句可以实现上述功能。
　　A. (SELECT 借书证号 FROM 图书 WHERE 书名=' 数据库应用')
　　B. (SELECT 总编号 FROM 图书 WHERE 书名=' 数据库应用')
　　C. (SELECT 借书证号 FROM 借阅 WHERE 书名=' 数据库应用')
　　D. (SELECT 总编号 FROM 借阅 WHERE 书名=' 数据库应用')

(7) 有订单表 orders，包含用户信息 userid，产品信息 productid，以下能够返回至少被订购过两次的 productid 的 SQL 语句是(　　)。
　　A. SELECT productid FROM orders
　　　 WHERE COUNT(productid)>1;
　　B. SELECT productid FROM orders
　　　 WHERE MAX(productid)>1;
　　C. SELECT productid FROM orders
　　　 WHERE having COUNT(productid)>1
　　　 GROUP BY productid;

D. SELECT productid FROM orders
　　GROUP BY productid
　　HAVING COUNT(productid)>1;

(8) DELETE FROM student WHERE s_id>5，对该代码含义表述正确的是(　　)。

A. 删除 student 表中的所有 s_id

B. 删除 student 表中所有 s_id 大于 5 的记录

C. 删除 student 表中所有 s_id 大于等于 5 的记录

D. 删除 student 表

(9) UPDATE student SET s_name='王军' WHERE s_id=1;，该代码执行的操作是(　　)。

A. 添加姓名叫王军的记录

B. 删除姓名叫王军的记录

C. 返回姓名叫王军且 s_id 值为 1 的记录

D. 更新 s_id 值为 1 的姓名为王军

(10) 联合查询使用的关键字是(　　)。

A. UNION　　　B. JOIN　　　C. ALL　　　D. FULLALL

2. 简述题

(1) 简述连接查询和子查询的运行机制。

(2) 简述 UNION 语句的作用及应用场景。

▌拓展训练

技能大赛项目管理系统中查找相关数据的信息

一、任务描述

根据要求分别从学生竞赛项目管理系统中查找相关数据的信息。涉及如下查询：

(1) 简单查询；

(2) 链接查询；

(3) 子查询。

二、任务分析

(1) 在技能大赛项目管理系统中，学生需要在数据表中查询自己参加竞赛的信息，教师需要查询指导学生的信息。在 MySQL 中，使用 SELECT 语句不仅能够从数据表中查询所需要的数据，也可以进行数据的统计汇总，将查询的数据以用户规定的格式整理，并返回给用户。

(2) 一个数据库中，通常存在多张数据表，用户一般需要进行多张表组合查询来找出所需要的信息。学生的基本信息存储在学生表(student)中，而项目号存储在学生参赛表(st_project)中，这就涉及两张表的查询了。而这两张表中有一个公共属性，即学生编号(st_id)，可以通过学生编号这个公共属性将这两张表连接起来，以得到符合要求的查询结果。

(3) 根据任务 2 可知，使用连接查询将学生表(student)与学生参赛表(st_project)按照学生编号相等连接，即可得到已经参加竞赛的学生姓名和项目编号，因为凡是在学生参赛表中的学生都是已经参加竞赛的。除使用连接查询之外，还可以使用子查询。

三、任务实施

1. 简单查询

(1) 查询 student 表中所有学生的详细信息。
(2) 查询 teacher 表中所有教师的详细信息。
(3) 查询 student 表中学生的学号和姓名。
(4) 查询 teacher 表中所有教师的姓名和简历。
(5) 查询 student 表中所有学生的学号、姓名和性别，要求字段名为汉字形式。
(6) 查询 teacher 表中所有教师的工号、姓名和性别，要求字段名为汉字形式。
(7) 查询 student 表中班级号为 01 的所有学生信息。
(8) 查询 student 表中 1 班所有男学生的信息。
(9) 在 class 表中查询 1 班和 2 班的班级信息。
(10) 在 st_project 表中查询培训天数在 7 到 14 天的竞赛项目名称。
(11) 查询 student 表中姓陈的学生信息。
(12) 查询 student 表中姓黄的并且名字为两个字的学生的信息。
(13) 查询 student 表中名字带有单字"宏"的学生，姓可以为马、王、白、黄。
(14) 查询 student 表中名字带有单字"瀚"的学生，姓不可以为马、王、白。
(15) 查询 teacher 表中没有简历介绍的教师信息。
(16) 查看院系编号为 1 的教师性别情况。
(17) 查询 student 表中前 5 名同学的信息。
(18) 统计 student 表中男学生的人数。
(19) 统计编号为 5(只有一个)的学生的总培训天数。
(20) 统计 st_project 表中各种项目的平均培训天数。
(21) 在 st_project 表中找出所有竞赛项目中的最大培训天数。
(22) 在 st_project 表中找出所有竞赛项目中的最小培训天数。
(23) 查询 st_project 表中平均培训天数大于 7 天的院系编号和平均培训时间。
(24) 查询 st_project 表中竞赛项目的项目名和培训时间，并按培训天数降序排列。

2. 连接查询

(1) 查询所有教师工号比卢健彬大的教师的姓名、教师工号和性别。
(2) 查询丁文龙同学参加的竞赛项目名、比赛地址和比赛时间。
(3) 用 JOIN ON 查询编号为 11 的学生的班号、专业名和年级。
(4) 查询所有的学生姓名、性别、参赛项目号和对应的指导教师编号，如果该学生没有参赛，也需要显示参赛项目号和对应的指导教师编号。
(5) 查询所有的教师姓名、性别以及指导的项目号，如果该教师没有指导竞赛，也需要显示项目号。

3. 子查询

(1) 查询已有学生参赛的项目和培训天数。

(2) 查询所有参赛学生的学号和姓名。

(3) 查询比信息学院所有竞赛项目的培训天数都多的项目名和培训天数。

(4) 查询培训天数大于平均天数的项目号、项目名和培训天数。

项目 5　数据库索引与视图

学习目标

【知识目标】
- 掌握索引的用法。
- 掌握视图的含义与用法。

【技能目标】
- 能创建索引。
- 能查看索引信息。
- 能维护索引。
- 能创建视图。
- 能维护和管理视图。

【拓展目标】

能够使用命令行操作创建和管理指定数据表的视图和索引，并进行管理。

任务描述

默认情况下，数据的查询是根据搜索条件进行全表扫描，并将符合查询条件的记录添加到结果集。随着网上商城系统中的数据访问量不断增大，若不对表或查询进行优化，数据查询的性能将会越来越差。MySQL 提供的索引、视图对象以及查询优化工具，能有效地提高数据查询的效率。

索引是对数据库表中一列或多列的值进行排序的一种结构,对于拥有复杂结构与大量数据的表而言,索引就是表中数据的目录。视图是由一个或多个数据表导出的虚拟表,它能够简化用户对数据的理解,简化复杂的查询过程,对数据提供安全保护,在视图上建立索引则可以大大地提高数据检索的性能。

本项目主要介绍使用索引和视图优化查询性能以及各种编写高效查询语句的方法。

5.1 知识准备:索引与视图的基本概念及应用方法

5.1.1 索引简介

索引是对数据库表中的一列或多列的值进行排序的一种结构,使用索引可提高数据库中特定数据的查询速度。本节将介绍索引的含义、分类和设计原则。

1. 索引的含义和特点

索引是一个单独的、存储在磁盘上的数据库结构,包含对数据表里所有记录的引用指针。使用索引可以快速找出在某个或多个列中有一特定值的行,MySQL 中的所有列类型都可以被索引,对相关列使用索引是提高查询操作速度的最佳途径。

扫码观看视频学习

例如,某数据库中有 2 万条记录,现在要执行这样一个查询:SELECT * FROM table where num=10000。如果没有索引,必须遍历整个表,直到 num 等于 10000 的行被找到为止;如果在 num 列上创建索引,MySQL 不需要任何扫描,直接在索引里面找 10000,就可以得知这一行的位置。可见,索引的建立可以提高数据库的查询速度。

索引是在存储引擎中实现的,因此,每种存储引擎的索引都不一定完全相同,并且一种存储引擎也不一定支持所有的索引类型。应根据存储引擎定义每个表的最大索引数和最大索引长度。所有存储引擎都支持每个表至少 16 个索引,总索引长度至少为 256 字节。MySQL 中索引的存储类型有两种:BTREE 和 HASH,其和表的存储引擎相关。MyISAM 和 InnoDB 存储引擎只支持 BTREE 索引;MEMORY 和 HEAP 存储引擎可以支持 HASH 和 BTREE 索引。

索引的优点主要有以下几条。

(1) 通过创建唯一索引,可以保证数据库表中每一行数据的唯一性。

(2) 可以大大加快数据的查询速度,这也是创建索引最主要的原因。

(3) 在实现数据的参照完整性方面,可以加速表和表之间的连接。

(4) 在使用分组和排序子句进行数据查询时,也可以显著减少查询中分组和排序的时间。

增加索引也有许多不利的方面,主要表现在如下几个方面。

(1) 创建索引和维护索引需要耗费时间,并且随着数据量的增加所耗费的时间也会增加。

(2) 除了数据表要占数据空间之外,每一个索引还要占一定的物理空间,如果有大量的索引,索引可能会使数据文件更快达到最大文件尺寸。

(3) 当对表中的数据进行增加、删除和修改的时候，索引也要动态地维护，这样就降低了数据的维护速度。

2. 索引的分类

MySQL 中的索引可以分为以下几类。

1) 普通索引和唯一索引

普通索引是 MySQL 中的基本索引类型，允许在定义索引的列中插入重复值和空值。

唯一索引是指索引列的值必须唯一，但允许有空值。如果是组合索引，则列值的组合必须唯一。主键索引是一种特殊的唯一索引，不允许有空值。

2) 单列索引和组合索引

单列索引是指索引只包含单个列，一个表可以有多个单列索引。

组合索引是指在表的多个字段组合上创建的索引，只有在查询条件中使用了这些字段中的左边字段时，索引才会被使用。使用组合索引时遵循最左前缀集合。

3) 全文索引

全文索引的类型为 FULLTEXT，在定义索引的列上支持值的全文查找，允许在这些索引列中插入重复值和空值。全文索引可以在 CHAR、VARCHAR 或者 TEXT 类型的列上创建。在 MySQL 中，只有 MyISAM 存储引擎支持全文索引。

4) 空间索引

空间索引是对空间数据类型的字段建立的索引，MySQL 中的空间数据类型有 4 种，分别是 GEOMETRY、POINT、LINESTRING 和 POLYGON。在 MySQL 中使用 SPATIAL 关键字进行扩展，可以用创建正规索引类似的语法创建空间索引。创建空间索引的列，必须将其声明为 NOT NULL，空间索引只能在存储引擎为 MyISAM 的表中创建。

3. 索引的设计原则

索引设计不合理或者缺少索引都会影响数据库和应用程序的性能。高效的索引对于获得良好的性能非常重要。设计索引时，应该考虑以下准则。

(1) 索引并非越多越好。一个表中如有大量的索引，不仅占用磁盘空间，而且会影响 INSERT、DELETE、UPDATE 等语句的执行性能，因为当更改表中的数据时，对索引也要进行调整和更新。

(2) 避免对经常更新的表进行过多的索引，并且索引中的列应尽可能少。而对经常用于查询的字段应该创建索引，但要避免添加不必要的字段。

(3) 数据量小的表最好不要使用索引。由于数据较少，查询花费的时间可能比遍历索引的时间还要短，索引可能不会产生优化效果。

(4) 在条件表达式中经常会用到的不同值较多的列上建立索引，在不同值少的列上不要建立索引。比如在学生表的"性别"字段上只有"男"与"女"两个不同值，因此就无须建立索引。在不同值少的列上建立索引不但不会提高查询效率，反而会严重降低更新速度。

(5) 当唯一性是某种数据本身的特征时，指定唯一索引。使用唯一索引需能确保定义的列的数据完整性，以提高查询速度。

(6) 在频繁进行排序或分组(即进行 GROUP BY 或 ORDER BY 操作)的列上建立索引,如果待排序的列有多个,可以在这些列上建立组合索引。

5.1.2 索引的创建与相关操作方法

MySQL 支持用多种方法在单个或多个列上创建索引:在创建表的定义语句 CREATE TABLE 中指定索引列,使用 ALTER TABLE 语句在已有的表上创建索引或者使用 CREATE INDEX 语句在已有的表上添加索引。下面将详细介绍这三种方法。

使用 CREATE TABLE 创建表时,除了可以定义列的数据类型外,还可以定义主键约束、外键约束或者唯一性约束,而不论创建哪种约束,在定义约束的同时都相当于在指定列上创建了一个索引。创建表时创建索引的基本语法格式如下:

```
CREATE TABLE table_name [col_name data_type]
[UNIQUE|FULLTEXT|SPATIAL] [INDEX|KEY] [index_name] (col_name [length])
[ASC | DESC]
```

UNIQUE、FULLTEXT 和 SPATIAL 为可选参数,分别表示唯一索引、全文索引和空间索引;INDEX 与 KEY 为同义词,两者作用相同,用来指定创建索引;col_name 为需要创建索引的字段列,该列必须从数据表中定义的多个列中选择;index_name 指定索引的名称,为可选参数,如果不指定,MySQL 默认 col_name 为索引值;length 为可选参数,表示索引的长度,只有字符串类型的字段才能指定索引长度;ASC 或 DESC 指定升序或者降序的索引值存储。

1) 创建普通索引

最基本的索引类型,没有唯一性之类的限制,其作用只是加快对数据的访问速度。

【引例5-1】在 book 表中的 year_publication 字段上建立普通索引,SQL 语句如下:

```
CREATE TABLE book
(
    bookid              INT NOT NULL,
    bookname            VARCHAR(255) NOT NULL,
    authors             VARCHAR(255) NOT NULL,
    info                VARCHAR(255) NULL,
    comment             VARCHAR(255) NULL,
    year_publication    YEAR NOT NULL,
    INDEX(year_publication)
);
```

该语句执行完毕之后,使用 SHOW CREATE TABLE 查看表结构:

```
mysql> SHOW CREATE TABLE book \G
*************************** 1. row ***************************
       Table: book
CREATE Table: CREATE TABLE 'book' (
  'bookid' int(11) NOT NULL,
  'bookname' varchar(255) NOT NULL,
  'authors' varchar(255) NOT NULL,
  'info' varchar(255) DEFAULT NULL,
```

```
'comment' varchar(255) DEFAULT NULL,
'year_publication' year(4) NOT NULL,
KEY 'year_publication' ('year_publication')
) ENGINE=InnoDB DEFAULT CHARSET=utf8
```

由结果可以看到，在 book 表的 year_publication 字段上成功建立索引，其索引名称 year_publication 是 MySQL 自动添加的。使用 EXPLAIN 语句查看索引是否正在使用：

```
mysql> explain select * from book where year_publication=1990 \G
*************************** 1. row ***************************
           id: 1
  select_type: SIMPLE
        table: book
         type: ref
possible_keys: year_publication
          key: year_publication
      key_len: 1
          ref: const
         rows: 1
        Extra:
1 row in set (0.05 sec)
```

EXPLAIN 语句输出结果的各行解释如下。

(1) select_type 行：指定所使用的 SELECT 查询类型，这里值为 SIMPLE，表示简单的 SELECT，不使用 UNION 或子查询。其他可能的取值有 PRIMARY、UNION、SUBQUERY 等。

(2) table 行：指定数据库读取的数据表的名字，它们按被读取的先后顺序排列。

(3) type 行：指定本数据表与其他数据表之间的关联关系，可能的取值有 system、const、eq_ref、ref、range、index 和 all。

(4) possible_keys 行：给出 MySQL 在搜索数据记录时可选用的各个索引。

(5) key 行：MySQL 实际选用的索引。

(6) key_len 行：给出索引按字节计算的长度，key_len 的数值越小，表示查询速度越快。

(7) ref 行：给出关联关系中另一个数据表里的数据列的名字。

(8) rows 行：MySQL 在执行这个查询时预计会从这个数据表里读出的数据行的个数。

(9) Extra 行：提供与关联操作有关的信息。

可以看到，possible_keys 和 key 的值都为 year_publication，查询时使用了索引。

2) 创建唯一索引

创建索引的主要原因是为了减少查询索引列操作的执行时间。唯一索引与前面的普通索引类似，不同的就是：索引列的值必须唯一，但允许有空值。如果是组合索引，则列值的组合必须唯一。

【引例 5-2】创建一个表 t1，在表中的 id 字段上使用 UNIQUE 关键字创建唯一索引。SQL 语句如下：

```
CREATE TABLE t1
(
  id INT NOT NULL,
```

```
    name CHAR(30) NOT NULL,
    UNIQUE INDEX UniqIdx(id)
);
```

上述语句执行完毕之后,使用 SHOW CREATE TABLE 查看表的结构:

```
mysql> SHOW CREATE TABLE t1 \G
*************************** 1. row ***************************
       Table: t1
CREATE Table: CREATE TABLE 't1' (
  'id' int(11) NOT NULL,
  'name' char(30) NOT NULL,
  UNIQUE KEY 'UniqIdx' ('id')
) ENGINE=InnoDB DEFAULT CHARSET=utf8
1 row in set (0.00 sec)
```

由结果可以看到,在 id 字段上已经成功建立了一个名为 UniqIdx 的唯一索引。

3) 创建单列索引

单列索引是在数据表中的一个字段上创建的索引,一个表中可以创建多个单列索引。前面两个例子中创建的索引都为单列索引。

【引例 5-3】创建一个表 t2,在表中的 name 字段上创建单列索引。SQL 语句如下:

```
CREATE TABLE t2
(
    id   INT NOT NULL,
    name CHAR(50) NULL,
    INDEX SingleIdx(name(20))
);
```

上述语句执行完毕之后,使用 SHOW CREATE TABLE 查看表的结构:

```
mysql> SHOW CREATE TABLE t2 \G
*************************** 1. row ***************************
       Table: t2
CREATE Table: CREATE TABLE 't2' (
  'id' int(11) NOT NULL,
  'name' char(50) DEFAULT NULL,
  KEY 'SingleIdx' ('name'(20))
) ENGINE=InnoDB DEFAULT CHARSET=utf8
```

由结果可以看到,在 name 字段上已经成功建立了一个名为 SingleIdx 的单列索引,索引的长度为 20。

4) 创建组合索引

组合索引是在多个字段上创建的索引。

【引例 5-4】创建表 t3,在表中的 id、name 和 age 字段上建立组合索引,SQL 语句如下:

```
CREATE TABLE t3
(
    id   INT NOT NULL,
    name CHAR(30) NOT NULL,
```

```
  age INT NOT NULL,
  info VARCHAR(255),
  INDEX MultiIdx(id, name, age(100))
);
```

上述语句执行完毕之后,使用 SHOW CREATE TABLE 查看表的结构:

```
mysql> SHOW CREATE TABLE t3 \G
*************************** 1. row ***************************
       Table: t3
CREATE Table: CREATE TABLE 't3' (
 'id' int(11) NOT NULL,
 'name' char(30) NOT NULL,
 'age' int(11) NOT NULL,
 'info' varchar(255) DEFAULT NULL,
 KEY 'MultiIdx' ('id','name','age')
) ENGINE=InnoDB DEFAULT CHARSET=utf8
```

由结果可以看到,在 id、name 和 age 字段上已经成功建立了一个名为 MultiIdx 的组合索引。

5.1.3 视图的含义与作用

视图是从一个或者多个表中导出的,视图的行为与表非常相似,但视图是一个虚拟表。在视图中可以使用 SELECT 语句查询数据,以及使用 INSERT、UPDATE 和 DELETE 语句修改记录。从 MySQL 5.0 开始可以使用视图,视图可以使用户操作方便,而且可以保障数据库系统的安全。

扫码观看视频学习

1. 视图的含义

视图是一个虚拟表,是从数据库中的一个或多个表中导出来的表。视图还可以在已有的视图的基础上定义。

视图一经定义便存储在数据库中,与其相对应的数据并没有像表那样在数据库中再存储一份,通过视图看到的数据只是存放在基本表中的数据。对视图的操作与对表的操作一样,可以对其进行查询、修改和删除。当对通过视图看到的数据进行修改时,相应的基本表的数据也要发生变化;同时,若基本表的数据发生变化,则这种变化也可以自动地反映到视图中。

假设有 student 和 stu_info 两个表,student 表中包含学生的 id 号和姓名,stu_info 表中包含学生的 id 号、班级和家庭住址。而现在要公布分班信息,只需要 id 号、姓名和班级,这该如何解决?通过学习后面的内容就可以找到完美的解决方案。

表设计如下:

```
CREATE TABLE student
(
 s_id INT,
 name VARCHAR(40)
);
```

```
CREATE TABLE stu_info
(
 s_id   INT,
 glass  VARCHAR(40),
 addr   VARCHAR(90)
);
```

通过 DESC 语句可以查看表的设计,可以获得字段、字段的定义、是否为主键、是否为空、默认值和扩展信息。

视图提供了一个很好的解决方法,创建一个视图,获取表的部分信息,这样既能满足要求也不会破坏表原来的结构。

2. 视图的作用

与直接从数据表中读取相比,视图具有以下优点。

1) 简单

视图中看到的就是需要的。视图不仅可以简化用户对数据的理解,也可以简化他们的操作。经常使用的查询可以被定义为视图,从而可以免去为以后的操作每次指定全部条件的麻烦。

2) 安全性高

用户通过视图只能查询和修改他们所看到的数据,数据库中的其他数据则既看不见也取不到。数据库授权命令可以将每个用户对数据库的检索限制到特定的数据库对象上,但不能授权到数据库的特定行和特定列上。通过视图,用户可以被限制在数据的不同子集上。

(1) 使用权限可被限制在基表的行的子集上。
(2) 使用权限可被限制在基表的列的子集上。
(3) 使用权限可被限制在基表的行和列的子集上。
(4) 使用权限可被限制在多个基表的连接所限定的行上。
(5) 使用权限可被限制在基表中的数据的统计汇总上。
(6) 使用权限可被限制在另一视图的一个子集上,或是一些视图和基表合并后的子集上。

3) 逻辑数据独立

视图可帮助用户屏蔽真实表的结构变化带来的影响。

5.1.4 视图的创建与相关操作方法

1. 创建视图

视图中包含 SELECT 查询的结果,因此视图的创建基于 SELECT 语句和已存在的数据表。视图可以建立在一张表上,也可以建立在多张表上。

1) 创建视图的语法形式

创建视图使用 CREATE VIEW 语句,基本语法格式如下:

```
CREATE [OR REPLACE] [ALGORITHM = {UNDEFINED | MERGE | TEMPTABLE}]
    VIEW view_name [(column_list)]
```

```
AS SELECT_statement
[WITH [CASCADED | LOCAL] CHECK OPTION]
```

其中，CREATE 表示创建新的视图；REPLACE 表示替换已经创建的视图；ALGORITHM 表示视图选择的算法；view_name 为视图的名称，column_list 为属性列；SELECT_statement 表示 SELECT 语句；WITH [CASCADED | LOCAL] CHECK OPTION 参数表示视图在更新时保证在视图的操作权限范围之内。

ALGORITHM 参数的取值有 3 个，分别是 UNDEFINED、MERGE 和 TEMPTABLE。UNDEFINED 表示 MySQL 将自动选择算法；MERGE 表示将使用的视图语句与视图定义合并，使得视图定义的某一部分取代语句对应的部分；TEMPTABLE 表示将视图的结果存入临时表，然后用临时表来执行语句。

CASCADED 与 LOCAL 为可选参数，CASCADED 为默认值，表示更新视图时要满足所有相关视图和表的条件；LOCAL 表示更新视图时满足该视图本身定义的条件即可。

该语句要求具有针对视图的 CREATE VIEW 权限，以及针对由 SELECT 语句选择的每一列上的某些权限。如果还有 OR REPLACE 子句，必须在视图上具有 DROP 权限。

视图属于数据库。在默认情况下，将在当前数据库中创建新视图。要想在给定数据库中明确创建视图，创建时应将视图名称设置为 db_name.view_name。

2) 在单表上创建视图

在 MySQL 中，可以在单个数据表上创建视图。

【引例 5-5】在 t 表格上创建一个名为 view_t 的视图。

首先创建基本表并插入数据，使用的 SQL 语句如下：

```
CREATE TABLE t(quantity INT, price INT);
INSERT INTO t VALUES(3, 50);
```

语句执行情况如下：

```
mysql> CREATE TABLE t(quantity INT, price INT);
Query OK, 0 rows affected (0.93 sec)

mysql> INSERT INTO t VALUES(3, 50);
Query OK, 3 rows affected (0.14 sec)
Records: 1  Duplicates: 0  Warnings: 0
```

创建视图的语句如下：

```
CREATE VIEW view_t AS SELECT quantity, price, quantity *price FROM t;
```

语句执行情况如下：

```
mysql> CREATE VIEW view_t AS SELECT quantity, price, quantity *price
FROM t;
Query OK, 0 rows affected (0.01 sec)
```

语句执行成功，查看 vies_t 视图中的数据：

```
mysql> SELECT * FROM view_t;
+----------+-------+----------------+
| quantity | price | quantity*price |
```

```
+----------+-------+----------------+
|    3     |  50   |      150       |
+----------+-------+----------------+
1 row in set (0.00 sec)
```

默认情况下，创建的视图和基本表的字段是一样的，也可以通过指定视图字段的名称来创建视图。

【引例5-6】在t表格上创建一个名为view_t2的视图。

代码及执行结果如下：

```
mysql> CREATE VIEW view_t2(qty, price, total) AS SELECT quantity,price,
quantity*price FROM t;
Query OK, 0 rows affected (0.01 sec)
```

语句执行成功，查看view_t2视图中的数据：

```
mysql> SELECT * FROM view_t2;
+------+-------+-------+
| qty  | price | total |
+------+-------+-------+
|   3  |   50  |  150  |
+------+-------+-------+
1 row in set (0.00 sec)
```

可以看到，view_t2 和 view_t 两个视图中的字段名称不同，但数据却是相同的。因此，在使用视图的时候，可能用户根本就不需要了解基本表的结构，更接触不到实际表中的数据，从而保证了数据库的安全。

3) 在多表上创建视图

在 MySQL 中，也可以在两个或者两个以上的表上创建视图，可以使用 CREATE VIEW 语句实现。

【引例5-7】在表student和表stu_info上创建视图stu_glass。

首先向两个表中插入数据，输入语句如下：

```
mysql> INSERT INTO student
VALUES(1,'wanglin1'),(2,'gaoli'),(3,'zhanghai');
Query OK, 3 rows affected (0.00 sec)
Records: 3  Duplicates: 0  Warnings: 0

mysql> INSERT INTO stu_info VALUES(1,
'wuban','henan'),(2,'liuban','hebei'), (3,'qiban','shandong');
Query OK, 3 rows affected (0.02 sec)
Records: 3  Duplicates: 0  Warnings: 0
```

创建视图stu_glass，语句如下：

```
CREATE VIEW stu_glass(id, name, glass) AS SELECT
student.s_id,student.name, stu_info.glass FROM student,stu_info WHERE
student.s_id=stu_info.s_id;
```

代码的执行结果如下：

```
mysql> CREATE VIEW stu_glass (id,name, glass) AS SELECT student.s_id,
student.name ,stu_info.glass FROM student ,stu_info WHERE
student.s_id=stu_info.s_id;
Query OK, 0 rows affected (0.00 sec)
```

语句执行成功，查看 stu_glass 视图中的数据：

```
mysql> SELECT * FROM stu_glass;
+------+----------+--------+
| id   | name     | glass  |
+------+----------+--------+
|    1 | wanglin1 | wuban  |
|    2 | gaoli    | liuban |
|    3 | zhanghai | qiban  |
+------+----------+--------+
3 rows in set (0.00 sec)
```

这个例子就解决了本章 5.1.3 节提出的那个问题，通过这个视图可以很好地保护基本表中的数据。这个视图中的信息很简单，只包含了 id、name 和 glass 三个字段，id 字段对应 student 表中的 s_id 字段，name 字段对应 student 表中的 name 字段，glass 字段对应 stu_info 表中的 glass 字段。

2. 查看视图

查看视图是查看数据库中已有的视图的定义。查看视图必须要有 SHOW VIEW 的权限，MySQL 数据库下的 user 表中保存着这个信息。查看视图的方法有 DESCRIBE、SHOW TABLE STATUS 和 SHOW CREATE VIEW。

1) 用 DESCRIBE 语句查看视图的基本信息

用 DESCRIBE 语句查看视图的具体语法如下：

```
DESCRIBE 视图名;
```

【引例 5-8】通过 DESCRIBE 语句查看视图 view_t 的定义。
代码如下：

```
DESCRIBE view_t;
```

代码执行结果如下：

```
mysql> DESCRIBE view_t;
+----------------+------------+------+-----+---------+-------+
| Field          | Type       | Null | Key | Default | Extra |
+----------------+------------+------+-----+---------+-------+
| quantity       | int(11)    | YES  |     | NULL    |       |
| price          | int(11)    | YES  |     | NULL    |       |
| quantity*price | bigint(21) | YES  |     | NULL    |       |
+----------------+------------+------+-----+---------+-------+
3 rows in set (0.00 sec)
```

执行结果显示出了视图的字段定义、字段的数据类型、是否为空、是否为主/外键、默认值和额外信息。

一般情况下，DESCRIBE 都可简写成 DESC，输入 DESC 的执行结果和输入 DESCRIBE 的执行结果是一样的。

2) 用 SHOW TABLE STATUS 语句查看视图的基本信息

用 SHOW TABLE STATUS 语句查看视图的具体语法如下：

```
SHOW TABLE STATUS LIKE '视图名';
```

【引例5-9】用 SHOW TABLE STATUS 语句查看 view_t 视图信息。

代码如下：

```
SHOW TABLE STATUS LIKE 'view_t' \G
```

执行结果如下：

```
mysql> SHOW TABLE STATUS LIKE 'view_t' \G
*************************** 1. row ***************************
           Name: view_t
         Engine: NULL
        Version: NULL
     Row_format: NULL
           Rows: NULL
 Avg_row_length: NULL
    Data_length: NULL
Max_data_length: NULL
   Index_length: NULL
      Data_free: NULL
 Auto_increment: NULL
    Create_time: NULL
    Update_time: NULL
     Check_time: NULL
      Collation: NULL
       Checksum: NULL
 Create_options: NULL
        Comment: VIEW
1 row in set (0.01 sec)
```

执行结果显示，Comment 的值为 VIEW 说明该表为视图，其他信息为 NULL 说明这是一个虚表。用同样的语句查看数据表 t 的信息，执行结果如下：

```
mysql> SHOW TABLE STATUS LIKE 't' \G
*************************** 1. row ***************************
           Name: t
         Engine: InnoDB
        Version: 10
     Row_format: Compact
           Rows: 1
 Avg_row_length: 16384
    Data_length: 16384
Max_data_length: 0
   Index_length: 0
      Data_free: 9437184
```

```
    Auto_increment: NULL
      Create_time: 2011-09-04 14:04:55
      Update_time: NULL
       Check_time: NULL
        Collation: utf8_general_ci
         Checksum: NULL
   Create_options:
          Comment:
1 row in set (0.00 sec)
```

从查询的结果来看,这里的信息包含存储引擎、创建时间等,Comment 的值为空,这就是视图和表的区别。

3) 用 SHOW CREATE VIEW 语句查看视图的详细信息

用 SHOW CREATE VIEW 语句查看视图的详细定义,语法格式如下:

```
SHOW CREATE VIEW 视图名;
```

【引例 5-10】用 SHOW CREATE VIEW 语句查看视图 view_t 的详细定义。

代码如下:

```
SHOW CREATE VIEW view_t \G
```

执行结果如下:

```
mysql> SHOW CREATE VIEW view_t \G
*************************** 1. row ***************************
           View: view_t
    Create View: CREATE ALGORITHM=UNDEFINED DEFINER='root'@'localhost' SQL
SECURITY DEFINER VIEW 'view_t'
 AS select 't'.'quantity' AS 'quantity','t'.'price' AS 'price',
('t'.'quantity' * 't'.'price') AS 'quantity*price' from 't'
character_set_client: utf8
collation_connection: utf8_general_ci
1 row in set (0.00 sec)
```

执行结果显示了视图的名称、创建视图的语句等信息。

4) 在 views 表中查看视图的详细信息

在 MySQL 中,information_schema 数据库下的 views 表中存储了所有视图的定义。通过对 views 表的查询,可以查看数据库中所有视图的详细信息,查询语句如下:

```
SELECT * FROM information_schema.views;
```

【引例 5-11】在 views 表中查看视图的详细定义。

代码如下:

```
mysql> SELECT * FROM information_schema.views\G
*************************** 1. row ***************************
       TABLE_CATALOG: def
        TABLE_SCHEMA: chapter11db
          TABLE_NAME: stu_glass
```

```
        VIEW_DEFINITION: select 'chapter11db'.'student'.'s_id' AS 'id',
'chapter11db'.'student'.'name' AS 'name','chapter11db'.'stu_info'.'glass'
AS 'glass' from 'chapter11db'.'student' join 'chapter11db'.'stu_info'
where('chapter11db'.'student'.'s_id' = 'chapter11db'.'stu_info'.'s_id')
           CHECK_OPTION: NONE
           IS_UPDATABLE: YES
                DEFINER: root@localhost
          SECURITY_TYPE: DEFINER
CHARACTER_SET_CLIENT: utf8
COLLATION_CONNECTION: utf8_general_ci
*************************** 2. row ***************************
          TABLE_CATALOG: def
           TABLE_SCHEMA: chapter11db
             TABLE_NAME: view_t
        VIEW_DEFINITION: select 'chapter11db'.'t'.'quantity' AS 'quantity',
'chapter11db'.'t'.'price' AS 'price',('chapter11db'.'t'.'quantity' *
'chapter11db'.'t'.'price') AS 'quantity *price' from 'chapter11db'.'t'
           CHECK_OPTION: NONE
           IS_UPDATABLE: YES
                DEFINER: root@localhost
          SECURITY_TYPE: DEFINER
CHARACTER_SET_CLIENT: utf8
COLLATION_CONNECTION: utf8_general_ci
*************************** 3. row ***************************
          TABLE_CATALOG: def
           TABLE_SCHEMA: chapter11db
             TABLE_NAME: view_t2
        VIEW_DEFINITION: select 'chapter11db'.'t'.'quantity' AS 'qty',
'chapter11db'.'t'.'price' AS 'price',('chapter11db'.'t'.'quantity' *
'chapter11db'.'t'.'price') AS 'total' from 'chapter11db'.'t'
           CHECK_OPTION: NONE
           IS_UPDATABLE: YES
                DEFINER: root@localhost
          SECURITY_TYPE: DEFINER
CHARACTER_SET_CLIENT: utf8
COLLATION_CONNECTION: utf8_general_ci
3 rows in set (0.03 sec)
```

查询的结果中显示了当前以及定义的所有视图的详细信息，在这里也可以看到前面定义的名为 stu_glass、view_t 和 view_t2 的三个视图的详细信息。

3. 修改视图

修改视图是指修改数据库中存在的视图，当基本表的某些字段发生变化的时候，可以通过修改视图来保持与基本表的一致性。在 MySQL 中，通过 CREATE OR REPLACE VIEW 语句和 ALTER 语句来修改视图。

1) 用 CREATE OR REPLACE VIEW 语句修改视图

在 MySQL 中如果要修改视图，可以使用 CREATE OR REPLACE VIEW 语句，语法格式如下：

```
CREATE [OR REPLACE] [ALGORITHM = {UNDEFINED | MERGE | TEMPTABLE}]
    VIEW view_name [(column_list)]
    AS SELECT_statement
    [WITH [CASCADED | LOCAL] CHECK OPTION]
```

可以看到,修改视图的语句和创建视图的语句完全一样。当视图存在时,可用修改语句对视图进行修改;当视图不存在时,可以创建视图。下面通过一个实例来说明。

【引例 5-12】 修改视图 view_t。

代码如下:

```
CREATE OR REPLACE VIEW view_t AS SELECT * FROM t;
```

首先通过 DESC 查看更改之前的视图,以便与更改之后的视图进行对比,执行的结果如下:

```
mysql> DESC view_t;
+---------------+------------+------+-----+---------+-------+
| Field         | Type       | Null | Key | Default | Extra |
+---------------+------------+------+-----+---------+-------+
| quantity      | int(11)    | YES  |     | NULL    |       |
| price         | int(11)    | YES  |     | NULL    |       |
| quantity*price| bigint(21) | YES  |     | NULL    |       |
+---------------+------------+------+-----+---------+-------+
3 rows in set (0.00 sec)
```

执行修改视图命令,结果如下:

```
mysql> CREATE OR REPLACE VIEW view_t AS SELECT * FROM t;
Query OK, 0 rows affected (0.05 sec)
```

查看更改之后的视图,结果如下:

```
mysql> DESC view_t;
+----------+---------+------+-----+---------+-------+
| Field    | Type    | Null | Key | Default | Extra |
+----------+---------+------+-----+---------+-------+
| quantity | int(11) | YES  |     | NULL    |       |
| price    | int(11) | YES  |     | NULL    |       |
+----------+---------+------+-----+---------+-------+
2 rows in set (0.00 sec)
```

从执行的结果来看,相比原来的视图 view_t,新的视图 view_t 少了 1 个字段。

2) 用 ALTER VIEW 语句修改视图

用 ALTER VIEW 语句修改视图的语法格式如下:

```
ALTER [ALGORITHM = {UNDEFINED | MERGE | TEMPTABLE}]
    VIEW view_name [(column_list)]
    AS SELECT_statement
    [WITH [CASCADED | LOCAL] CHECK OPTION]
```

这个语法中的关键字和前面介绍的关键字是一样的,这里就不再介绍了。

【引例 5-13】根据引例 5-12，使用 ALTER VIEW 语句修改视图 view_t。

代码如下：

```
ALTER VIEW view_t AS SELECT quantity FROM t;
```

执行结果如下：

```
mysql> DESC view_t;
+----------+---------+------+-----+---------+-------+
| Field    | Type    | Null | Key | Default | Extra |
+----------+---------+------+-----+---------+-------+
| quantity | int(11) | YES  |     | NULL    |       |
| price    | int(11) | YES  |     | NULL    |       |
+----------+---------+------+-----+---------+-------+
2 rows in set (0.06 sec)

mysql> ALTER VIEW view_t AS SELECT quantity FROM t;
Query OK, 0 rows affected (0.05 sec)

mysql> DESC view_t;
+----------+---------+------+-----+---------+-------+
| Field    | Type    | Null | Key | Default | Extra |
+----------+---------+------+-----+---------+-------+
| quantity | int(11) | YES  |     | NULL    |       |
+----------+---------+------+-----+---------+-------+
3 rows in set (0.01 sec)
```

通过 ALTER VIEW 语句同样可以达到修改视图 view_t 的目的，从上面的执行结果来看，视图 view_t 中只剩下 1 个 quantity 字段，修改成功。

4．更新视图

更新视图是指通过视图来插入、更新、删除表中的数据。视图是一个虚拟表，其中没有数据，通过视图更新的时候都是转到基本表上进行更新的，如果对视图增加或者删除记录，实际上是对其基本表增加或者删除记录。下面将介绍更新视图的三种方法：INSERT、UPDATE 和 DELETE。

【引例 5-14】使用 UPDATE 语句更新视图 view_t。

代码如下：

```
UPDATE view_t SET quantity=5;
```

执行视图更新之前，查看基本表和视图的信息，执行结果如下：

```
mysql> SELECT * FROM view_t;
+----------+
| quantity |
+----------+
|        3 |
+----------+
1 row in set (0.00 sec)
```

```
mysql> SELECT * FROM t;
+---------+-------+
| quantity| price |
+---------+-------+
|    3    |  50   |
+---------+-------+
1 row in set (0.00 sec)
```

使用 UPDATE 语句更新视图 view_t，执行过程如下：

```
mysql> UPDATE view_t SET quantity=5;
Query OK, 1 row affected (0.00 sec)
Rows matched: 1  Changed: 1  Warnings: 0
```

视图更新之后，基本表和相关视图的内容如下：

```
mysql> SELECT * FROM t;
+----------+-------+
| quantity | price |
+----------+-------+
|    5     |  50   |
+----------+-------+
1 row in set (0.02 sec)

mysql> SELECT * FROM view_t;
+----------+
| quantity |
+----------+
|    5     |
+----------+
1 row in set (0.00 sec)

mysql> SELECT * FROM view_t2;
+------+-------+-------+
| qty  | price | total |
+------+-------+-------+
|  5   |  50   |  250  |
+------+-------+-------+
1 row in set (0.00 sec)
```

对视图 view_t 更新后，基本表 t 的内容也更新了，同样基于基本表 t 生成的另外一个视图 view_t2 中的内容也会更新。

【引例 5-15】使用 INSERT 语句在基本表 t 中插入一条记录。

代码如下：

```
INSERT INTO t VALUES(3,5);
```

执行结果如下：

```
mysql> INSERT INTO t VALUES(3,5);
Query OK, 1 row affected (0.04 sec)
```

```
mysql> SELECT * FROM t;
+----------+-------+
| quantity | price |
+----------+-------+
|        5 |    50 |
|        3 |     5 |
+----------+-------+
2 rows in set (0.00 sec)

mysql> SELECT * FROM view_t2;
+------+-------+-------+
| qty  | price | total |
+------+-------+-------+
|    5 |    50 |   250 |
|    3 |     5 |    15 |
+------+-------+-------+
2 rows in set (0.00 sec)
```

向表 t 中插入一条记录，通过 SELECT 查看表 t 和视图 view_t2，可以看到其中的内容也跟着更新了。视图更新的不仅仅是数量和单价，总价也会更新。

【引例 5-16】使用 DELETE 语句删除视图 view_t2 中的一条记录。
代码如下：

```
DELETE FROM view_t2 WHERE price=5;
```

执行结果如下：

```
mysql> DELETE FROM view_t2 WHERE price=5;
Query OK, 1 row affected (0.03 sec)

mysql> SELECT * FROM view_t2;
+------+-------+-------+
| qty  | price | total |
+------+-------+-------+
|    5 |    50 |   250 |
+------+-------+-------+
1 row in set (0.00 sec)

mysql> SELECT * FROM t;
+----------+-------+
| quantity | price |
+----------+-------+
|        5 |    50 |
+----------+-------+
1 row in set (0.02 sec)
```

从执行结果中看，在视图 view_t2 中删除了 price=5 的记录。因为视图中的删除操作最终是通过删除基本表中的相关记录实现的，所以查看删除操作之后的表 t 和视图 view_t2，可以看到通过视图删除了其所依赖的基本表中的数据。

当视图中含有如下内容时，视图的更新操作将不能被执行。

(1) 在定义视图的 SELECT 语句后的字段列表中使用了数学表达式。
(2) 在定义视图的 SELECT 语句后的字段列表中使用了聚合函数。
(3) 在定义视图的 SELECT 语句中使用了 DISTINCT、UNION、TOP、GROUP BY 或 HAVING 子句。

5. 删除视图

当不再需要视图时，可以将其删除，删除一个或多个视图可以使用 DROP VIEW 语句，语法格式如下：

```
DROP VIEW [IF EXISTS]
    view_name [, view_name] …
    [RESTRICT | CASCADE]
```

其中，view_name 是要删除的视图名称，可以添加多个需要删除的视图名称，名称之间用逗号隔开。删除视图必须拥有 DROP 权限。

【引例 5-17】使用 DROP VIEW 语句删除 stu_glass 视图。

代码如下：

```
DROP VIEW IF EXISTS stu_glass;
```

执行结果如下：

```
mysql> DROP VIEW IF EXISTS stu_glass;
Query OK, 0 rows affected (0.00 sec)
```

如果名称为 stu_glass 的视图存在，该视图将被删除。使用 SHOW CREATE VIEW 语句查看操作结果：

```
mysql> SHOW CREATE VIEW stu_glass;
ERROR 1146 (42S02): Table 'chapter11db.stu_glass' doesn't exist
```

结果显示 stu_glass 视图已不存在，删除成功。

5.2 实践操作：索引和视图的创建及管理电商购物系统

索引是对数据库表中一列或多列的值进行排序的一种结构，对于拥有复杂结构与大量数据的表而言，索引就是表中数据的目录。视图是由一个或多个数据表导出的虚拟表，它能够简化用户对数据的理解，简化复杂的查询过程，对数据提供安全保护，在视图上建立索引则可以大大地提高数据检索的性能。

操作目标

(1) 创建和管理电商购物系统索引。
(2) 创建和管理电商购物系统视图。

操作指导

1. 创建索引

MySQL 支持在表中的单列或多个列上创建索引。创建索引的方式可以使用图形工具和 SQL 语句实现。

1) 使用 Navicat 图形工具创建索引

使用 Navicat 图形工具创建索引，可以快速、简单地完成操作。

【实例 5-1】在 goodstype(商品类别)表中，使用 Navicat 图形工具为 tName(类别名称)列创建名为 IX_tName 的普通索引。

操作步骤如下。

(1) 启动 Navicat 图形工具，打开 onlinedb 数据库并与该服务器连接，选中表对象，并在对象设计器中选中 goodstype 表，如图 5-2-1 所示。

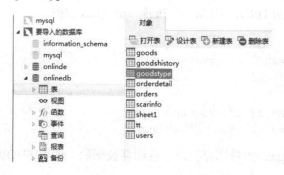

图 5-2-1　在 Navicat 中选中 goodstype 表

(2) 单击对象设计器中的"设计表"选项，在弹出的 goodstype 表的设计选项卡上单击"索引"标签，打开"索引"选项卡，如图 5-2-2 所示。

图 5-2-2　"索引"选项卡

(3) 在"索引"选项卡中的"名"中输入 IX_tName，"字段"中选择 tName 列，"索引类型"选择 Normal，"索引方法"选择 BTREE，如图 5-2-3 所示。

图 5-2-3　设计索引

(4) 单击索引设计工具栏中的"保存"按钮。

> **学习提示**
>
> 索引设计中的"索引类型"可以选择 Normal、Unique、Full Text 三种选项,"索引方法"可以选择 BTREE 或 HASH 选项,由于 MyISAM 和 InnoDB 存储引擎只支持 BTREE 索引,因此本书选择的索引类型为 BTREE 类型。

2) 使用 SQL 语句在创建数据表时创建索引

【实例 5-2】创建 goods 表,并在表中的 gdCode(商品编号)列上创建名为 IX_gdCode 的唯一索引。

```
CREATE TABLE goods
(gdID INT(11) NOT NULL,
tID INT(11),
gdCode VARCHAR(50),
gdName VARCHAR(100),
gdPrice FLOAT,
gd Quantity INT(11),
gd Add Time TIMESTAMP,
UNIQUE INDEX IX_gdCode(gdCode(50))
);
```

【实例 5-3】创建表 tbTest,在空间类型为 GEOMETRY 的字段上创建名为 IX_t1 的空间索引。

由于 MySQL 中只有 MyISAM 存储引擎支持空间索引,因此在创建表 tb Test 时需要指定该表的存储引擎为 MyISAM。

```
CREATE TABLE tbTest
( id INT(11) NOT NULL,
t1 GEOMETRY NOT NULL,
SPATIAL INDEX IX_t1(t1)
)ENGINE=MyISAM;
```

> **学习提示**
>
> 创建空间索引时,索引所在列必须为空间类型,如 GEOMETRY、POINT、LINESTRING 和 POLYGON 等,且不能为空,否则在生成空间索引时会产生错误。

3) 使用 SQL 语句在已存在的表上创建索引

(1) 使用 ALTER TABLE 语句来创建索引。

【实例 5-4】在 Users 表的 uID、uName 和 uEmail 三列上创建名为 IX_comIXUsers 的复合索引。

```
ALTER TABLE users
ADD INDEX IX_comIXUsers(uID,uName(30),uEmail(50));
```

(2) 使用 CREATE INDEX 语句来创建索引。

【实例 5-5】在 orderdetail 表的 dEvalution 列上创建名为 IX_fullIXOrd 的全文索引。

① 由于 MySQL 5.7 中默认的存储引擎是 InnoDB，因此在创建全文索引之前先要修改表的存储引擎为 MyISAM，其语句如下：

```
ALTER TABLE orderdetail ENGINE=MyISAM;
```

② 查看 orderdetail 表的存储引擎，结果显示如图 5-2-4 所示。

```
SHOW TABLE STATUS FROM onlinedb WHERE name='orderdetail';
```

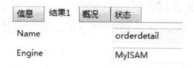

图 5-2-4　查看表的状态信息

(3) 在 orderdetail 表中创建全文索引，语句如下：

```
CREATE FULLTEXT INDEX IX_fullIXOrd
ON orderdetail(dEvalution(8000));
```

> **学习提示**
>
> FULLTEXT 索引可以用来全文搜索。只有 MyISAM 存储引擎支持 FULLTEXT 索引，并且只有 CHAR、VARCHAR 和 TEXT 类型的数据列才可以创建全文索引。

2. 查看索引信息

1) SHOW CREATE TABLE 语句

【实例 5-6】使用 SHOW CREATE TABLE 语句查看表 goodstype 的结构，查看该表中是否存在名为 IX_tName 的索引信息。

```
SHOW CREATE TABLE goodstype;
```

运行结果显示如图 5-2-5 所示。

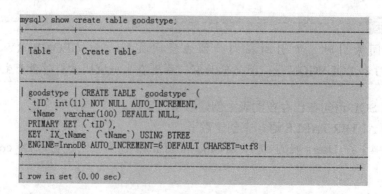

图 5-2-5　查看表的创建信息

从显示结果可以看到，已在 goodstype 表中的 tName 字段上成功建立了索引，其索引名为 IX_tName。

2)　SHOW　INDEX　FROM/SHOW　KEYS FROM 语句

【实例 5-7】使用 SHOW　INDEX　FROM 语句，查看 goodstype 表的索引信息。

```
SHOW INDEX FROM Goodstype;
```

运行结果如图 5-2-6 所示。

信息 | 结果1 | 概况 | 状态

Table	Non_unique	Key_name	Seq_in_index	Column_name	Collation	Cardinality	Sub_part	Packed	Null	Index_type	Comment
goodstype	0	PRIMARY	1	tID	A	5	(Null)	(Null)		BTREE	
goodstype	1	IX_tName	1	tName	A	5	(Null)	(Null)	YES	BTREE	

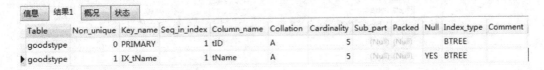

图 5-2-6　查看 goodstype 表的索引信息

3. 维护索引

1)　删除索引

【实例 5-8】删除 goods 表上名为 IX_gdCode 的唯一索引。

查看 goods 表中是否有名称为 IX_gdCode 的索引，输入 SHOW 语句如下：

```
SHOW KEYS FROM Goods
```

运行结果如图 5-2-7 所示。

信息 | 结果1 | 概况 | 状态

Table	Non_unique	Key_name	Seq_in_ir	Column_nar	Collation	Cardinality	Sub_part	Packed	Null	Index_type	(
goods	0	PRIMARY	1	gdID	A	8	(Null)	(Null)		BTREE	
goods	0	IX_gdCode	1	gdCode	A	8	(Null)	(Null)	YES	BTREE	
goods	1	FK_Reference_10	1	tID	A	8	(Null)	(Null)	YES	BTREE	

图 5-2-7　查看 goods 表的索引信息

可以从图 5-2-7 所示的查询结果中看到，goods 表中有名称为 IX_gdCode 的唯一索引，该索引建立在 gdCode 字段上，因此使用 ALTER TABLE 语句删除该索引，删除语句如下所示：

```
ALTER TABLE goods
DROP INDEX IX_gdCode;
```

【实例 5-9】删除 orderdetail 表上的名为 IX_fullIXOrd 的全文索引。

```
DROP INDEX IX_fullIXOrd ON orderdetail
```

执行上述语句，成功删除 orderdetail 表中名为 IX_fullIXOrd 的索引。

2)　修改索引

在 MySQL 中并没有提供修改索引的直接指令，一般情况下，需要先删除原索引，再根据需要创建一个同名的索引，实现修改索引的操作，从而优化数据查询性能。

4. 创建视图

1)　使用 Navicat 图形工具创建视图

【实例 5-10】使用 Navicat 图形工具，创建名为 view_users 的视图。视图用于查询会员的基本信息，包括会员的姓名、密码、性别、出生日期和电话号码。

操作步骤如下。

(1) 启动 Navicat 工具，打开 onlinedb 数据库并与该服务器连接，在对象管理器中选中视图对象，打开视图对象选项卡，如图 5-2-8 所示。

图 5-2-8　视图对象选项卡

(2) 单击对象选项卡中的"新建视图"按钮，打开"视图创建工具"窗口，双击"视图创建工具"选项卡中的 users 表，将 users 表添加到视图设计器中，如图 5-2-9 所示。

图 5-2-9　视图设计器

(3) 在视图设计器中，选择 users 表的 uName、uPwd、uSex、uBirth 和 uPhone 五列，如图 5-2-10 所示。

图 5-2-10　设计视图

(4) 单击"保存"按钮,在弹出的输入视图名窗口中输入 view_users。

(5) 单击对象管理器中视图对象标签,可以看到视图对象窗口中存在名为 view_users 的视图对象,如图 5-2-11 所示。

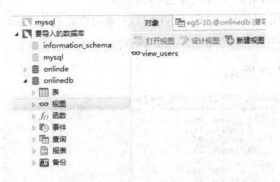

图 5-2-11 创建完成的视图对象

2) 使用 CREATE VIEW 语句创建视图

【实例 5-11】创建名为 view_ugd 的视图,用来显示用户购买的商品信息,包括用户名、商品名称、购买数量以及商品价格。

```
CREATE VIEW view_ugd(用户名,商品名称,购买数量,商品价格)
AS
SELECT a. uName,c.gdName,b.scNum,c.gdPrice
FROM users a JOIN scars b JOIN goods c
ON a.uID=b.uID AND c.gdID=b.gdID;
```

执行上述 SQL 语句,结果显示如下:

```
Query OK,0 rows affected(0.01 sec)
```

用户可以使用 SELECT 语句查看该视图关联的数据结果,语句如下:

```
SELECT * FROM view_ugd;
```

执行结果如图 5-2-12 所示。

用户名	商品名称	购买数量	商品价格
段湘林	LED小台灯	2	29
范丙全	牛肉干	1	94
郭炳颜	咖啡壶	3	50
柴宗文	零食礼包	1	145
蔡准	A字裙	5	128
次旦多吉	运动鞋	2	400
次旦多吉	迷彩帽	3	63
李莎	运动鞋	4	400
柴宗文	零食礼包	2	145

图 5-2-12 查询视图 view_ugd 的结果集

从结果集中可以看到,视图 view_ugd 的显示结果同连接查询的结果相同。

5. 管理和维护视图

1) 查看视图

(1) 使用 SHOW TABLE STATUS 语句查看视图。

【实例 5-12】使用 SHOW TABLE STATUS 语句查看名为 view_users 的视图。

```
SHOW TABLE STATUS LIKE 'view_users' \G ;
```

执行结果如图 5-2-13 所示。

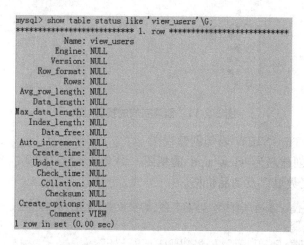

图 5-2-13 查看视图基本信息

(2) 使用 DESCRIBE 或 DESC 语句查看视图。

【实例 5-13】使用 DESCRIBE 语句查看名为 view_users 的视图。

```
DESCRIBE view_users;
```

执行结果如图 5-2-14 所示。

查看结果显示了视图的字段定义、字段的数据类型、是否为空、是否为主/外键、默认值和其他信息。

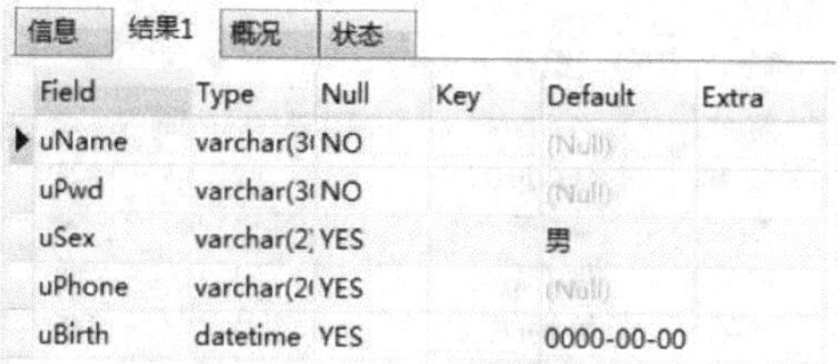

图 5-2-14 查看视图的结构信息

(3) 使用 SHOW CREATE VIEW 语句查看视图的定义文本。

【实例 5-14】使用 SHOW CREATE VIEW 语句查看名为 view_ugd 视图的定义文本。

```
SHOW CREATE VIEW view_ugd;
```

执行结果如图 5-2-15 所示。

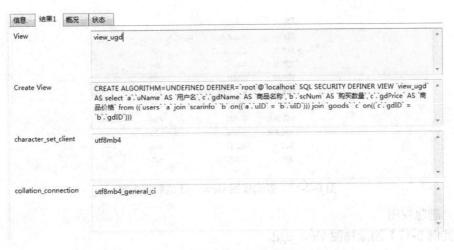

图 5-2-15 查看视图定义文本

2) 修改视图

(1) 使用 CREATE OR REPLACE VIEW 语句修改视图。

【实例 5-15】修改名为 view_users 的视图,用于查询用户的姓名和电话。

```
CREATE OR REPLACE VIEW view_users(姓名,电话)
AS
SELECT uName,uPhone
FROM users
```

使用 DESC 查看该视图的结构信息,代码如下:

```
DESC view_users
```

执行结果如图 5-2-16 所示。

图 5-2-16 查看 view_users 视图的结构

(2) 使用 ALTER VIEW 语句修改视图。

【实例 5-16】修改名为 view_ugd 的视图,显示购买商品的用户名、商品名称和商品价格。

```
ALTER VIEW view_ugd(用户名,商品名称,商品价格)
AS
SELECT a.uName,c.gdName,c.gdPrice
FROM users a JOIN scars b JOIN goods c
ON a.uID=b.uID AND c.gdID=b.gdID;
```

执行上述语句,并查询视图 view_ugd,结果显示如图 5-2-17 所示。

```
SELECT * FROM view_ugd;
```

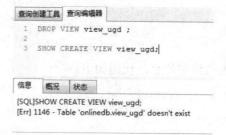

图 5-2-17　查询视图 view_ugd 的数据内容

3) 删除视图

【实例 5-17】删除视图 view_ugd。

```
DROP VIEW view_ugd;
```

执行上述代码，并执行视图定义查看语句如下：

```
SHOW CREATE VIEW view_ugd;
```

执行结果如图 5-2-18 所示。

图 5-2-18　查看视图 view_ugd 的定义文本

执行结果显示不存在名为 view_ugd 的视图，视图删除成功。

4) 更新视图

(1) 通过更新视图更新数据表。

【实例 5-18】使用 UPDATE 语句更新视图 view_users，将会员"蔡准"的电话号码更新为 13574810987。

① 执行更新操作前，先查询会员信息表中用户名为"蔡准"的电话号码，如图 5-2-19 所示。

图 5-2-19　查询会员信息

② 编写可更新视图语句，代码如下：

```
UPDATE view_users
SET uPhone='13574810987'
WHERE uName='蔡准';
```

③ 分别查询视图 view_users 和数据表 users 中蔡准的电话号码，如图 5-2-20 和图 5-2-21 所示。

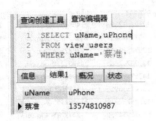

图 5-2-20　查询视图数据

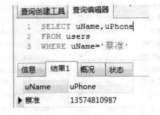

图 5-2-21　查询表数据

从结果可以看到，users 表中会员蔡准的电话由 14786593245 更新为 13574810987，通过视图更新数据成功。

(2) 通过更新视图向数据表插入数据。

【实例 5-19】使用 INSERT 语句更新视图，向数据表 users 中插入一条记录。

```
INSERT INTO view_users
VALUES('周鹏','123','男','1990-11-21',13876431290)
```

执行上述语句，并查询 users 表，结果集如图 5-2-22 所示。

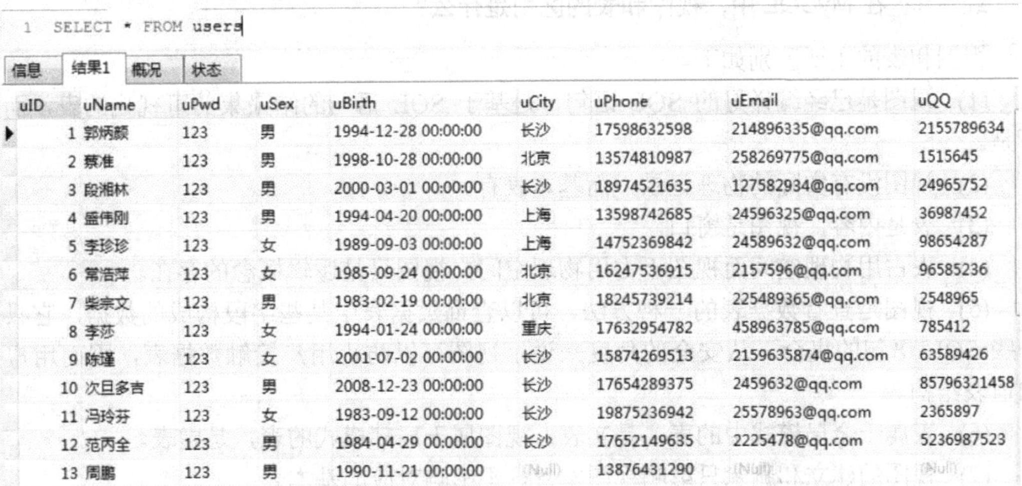

uID	uName	uPwd	uSex	uBirth	uCity	uPhone	uEmail	uQQ
1	郭炳颜	123	男	1994-12-28 00:00:00	长沙	17598632598	214896335@qq.com	2155789634
2	蔡准	123	男	1998-10-28 00:00:00	北京	13574810987	258269775@qq.com	1515645
3	段湘林	123	男	2000-03-01 00:00:00	长沙	18974521635	127582934@qq.com	24965752
4	盛伟刚	123	男	1994-04-20 00:00:00	上海	13598742685	24596325@qq.com	36987452
5	李珍珍	123	女	1989-09-03 00:00:00	上海	14752369842	24589632@qq.com	98654287
6	常浩萍	123	女	1985-09-24 00:00:00	北京	16247536915	2157596@qq.com	96585236
7	柴宗文	123	男	1983-02-19 00:00:00	北京	18245739214	225489365@qq.com	2548965
8	李莎	123	女	1994-01-24 00:00:00	重庆	17632954782	458963785@qq.com	785412
9	陈瑾	123	女	2001-07-02 00:00:00	长沙	15874269513	2159635874@qq.com	63589426
10	次旦多吉	123	男	2008-12-23 00:00:00	长沙	17654289375	2459632@qq.com	85796321458
11	冯玲芬	123	女	1983-09-12 00:00:00	长沙	19875236942	25578963@qq.com	2365897
12	范丙全	123	男	1984-04-29 00:00:00	长沙	17652149635	2225478@qq.com	5236987523
13	周鹏	123	男	1990-11-21 00:00:00	(Null)	13876431290	(Null)	(Null)

图 5-2-22　查询插入操作后的记录集

从结果集可以看到用户名为“周鹏”的记录成功插入到 users 表中。

(3) 通过更新视图删除数据表中的数据。

【实例 5-20】使用 DELETE 语句，通过更新视图删除数据表 users 用户名为“周鹏”的记录。

```
DELETE FROM view_users
WHERE uName='周鹏'
```

执行上述语句，并查询 users 表，结果集如图 5-2-23 所示。

查询创建工具 查询编辑器

```
1 SELECT * FROM users
```

信息 结果1 概况 状态

uID	uName	uPwd	uSex	uBirth	uCity	uPhone	uEmail	uQQ
1	郭炳颜	123	男	1994-12-28 00:00:00	长沙	17598632598	214896335@qq.com	2155789634
2	蔡准	123	男	1998-10-28 00:00:00	北京	13574810987	258269775@qq.com	1515645
3	段湘林	123	男	2000-03-01 00:00:00	长沙	18974521635	127582934@qq.com	24965752
4	盛伟刚	123	男	1994-04-20 00:00:00	上海	13598742685	24596325@qq.com	36987452
5	李珍珍	123	女	1989-09-03 00:00:00	上海	14752369842	24589632@qq.com	98654287
6	常浩萍	123	女	1985-09-24 00:00:00	北京	16247536915	2157596@qq.com	96585236
7	柴宗文	123	男	1983-02-19 00:00:00	北京	18245739214	225489365@qq.com	2548965
8	李莎	123	女	1994-01-24 00:00:00	重庆	17632954782	458963785@qq.com	785412
9	陈蓬	123	女	2001-07-02 00:00:00	长沙	15874269513	2159635874@qq.com	63589426
10	次旦多吉	123	男	2008-12-23 00:00:00	长沙	17654289375	2459632@qq.com	85796321458
11	冯玲芬	123	女	1983-09-12 00:00:00	长沙	19875236942	25578963@qq.com	2365897
12	范丙全	123	男	1984-04-29 00:00:00	长沙	17652149635	2225478@qq.com	5236987523

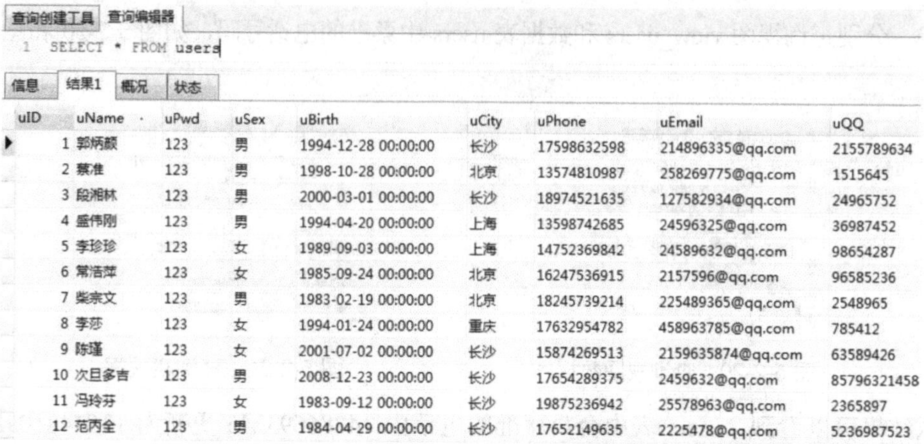

图 5-2-23　查询删除数据后的记录集

从结果集可以看到，表中不存在用户名为“周鹏”的记录。更新视图成功删除相关表的记录。

经验点拨

经验 1：在 MySQL 中，视图和表的区别是什么？

视图和表的主要区别如下。

(1) 视图是已经编译好的 SQL 语句，是基于 SQL 语句的结果集的可视化的表，而表不是。

(2) 视图没有实际的物理记录，而基本表有。

(3) 表是内容，视图是窗口。

(4) 表占用物理空间而视图不占用物理空间，视图只是逻辑概念的存在。

(5) 视图是查看数据表的一种方法，可以查询数据表中某些字段构成的数据，它只是一些 SQL 语句的集合。从安全的角度来说，视图可以防止用户接触数据表，因而用户不知道表结构。

(6) 表属于全局模式中的表，是实表；视图属于局部模式的表，是虚表。

(7) 视图的建立和删除只影响视图本身，不影响对应的基本表。

经验 2：在 MySQL 中，视图和表有什么联系？

视图(view)是在基本表的基础上建立的表，它的结构(即所定义的列)和内容(即所有记录)都来自基本表。一个视图可以对应一个基本表，也可以对应多个基本表。视图是基本表的抽象和在逻辑意义上建立的新关系。

经验 3：在 WHERE 子句中必须使用圆括号吗？

任何时候使用具有 AND 和 OR 操作符的 WHERE 子句，都应该使用圆括号明确操作顺序。如果条件较多，即使能确定计算次序，默认的计算次序也可能会使 SQL 语句不易理解，因此使用圆括号明确操作符的次序，是一个良好的代码习惯。

项目小结

视图是指计算机数据库中的视图，是一个虚拟表，其内容由查询定义。同真实的表一样，视图包含一系列带有名称的列和行数据。但是，视图并不在数据库中以存储的数据值集形式存在。行和列数据来自由定义视图的查询所引用的表，并且在引用视图时动态生成。

视图一经定义，便存储在数据库中，与其相对应的数据并没有像表那样又在数据库中再存储一份，通过视图看到的数据是存放在基本表中的数据。对视图的操作与对表的操作一样，可以对其进行查询、修改(有一定的限制)、删除。

当对通过视图看到的数据进行修改时，相应的基本表的数据也要发生变化，同时，若基本表的数据发生变化，则这种变化也可以自动地反映到视图中。

索引用于快速找出在某个列中有一特定值的行。不使用索引，MySQL 必须从第 1 条记录开始读完整的表，直到找出相关的行。表越大，查询数据所花费的时间越多。如果表中查询的列有一个索引，MySQL 能快速到达一个位置去搜寻数据文件，而不必查看所有数据。本项目中详细介绍了索引相关知识，包括索引的含义和特点、索引的分类、索引的设计原则及如何创建和删除索引。

思考与练习

1. 选择题

(1) 下面关于索引的描述中错误的一项是(　　)。
　　A. 索引可以提高数据查询的速度　　B. 索引可以降低数据的插入速度
　　C. InnoDB 存储引擎支持全文索引　　D. 删除索引的命令是 DROP INDEX

(2) MySQL 中唯一索引的关键字是(　　)。
　　A. FULLTEXT INDEX　　　　　　B. ONLY INDEX
　　C. UNIQUE INDEX　　　　　　　D. INDEX

(3) 下列不能用于创建索引的是(　　)。
　　A. 使用 CREATE INDEX 语句　　B. 使用 CREATE TABLE 语句
　　C. 使用 ALTER TABLE 语句　　　D. 使用 CREATE DATABASE 语句

(4) 索引可以提高(　　)操作的效率。
　　A. INSERT　　　B. UPDATE　　　C. DELETE　　　D. SELECT

(5) 关系数据库中，主键(　　)。
　　A. 创建唯一的索引，允许空值　　B. 只允许以表中第一字段建立
　　C. 允许有多个　　　　　　　　　D. 为标识表中唯一的实体

(6) 下列不适合建立索引的情况是(　　)。

A. 经常被查询的列 B. 包含太多重复值的列
C. 主键或外键列 D. 具有唯一值的列

(7) 在 SQL 中的视图 VIEW 是数据库的( )。
A. 外模式 B. 存储模式 C. 模式 D. 内模式

(8) 以下不可对视图执行的操作有( )。
A. SELECT B. INSERT C. DELETE D. CREATE INDEX

(9) 下列可以查看视图的创建语句是( )。
A. SHOW VIEW B. SELECT VIEW
C. SHOWCREATE VIEW D. DISPLAY VIEW

(10) 在视图上不能完成的操作是( )。
A. 更新视图数据 B. 在视图上定义新基本表
C. 在视图上定义新的视图 D. 查询

(11) 数据表 temp(a int,b int,t date)涉及 3 条 SQL 语句如下:

```
SELECT * FROM temp WHERE a=1 AND b=1;
SELECT * FROM temp WHERE b=1;
SELECT * FROM temp WHERE b=1 ORDER BY t DESC;
```

若只为该表创建一个索引,应使用( )为其创建的性能最优。
A. idx_ab(a,b) B. idx_ba(b,a) C. idx_bt(b,t) D. idx_abt(a,b,t)

(12) 下列( )操作不会影响查询的性能。
A. 返回查询的所有列 B. 反复进行同样的查询
C. 在查询列上未建立索引 D. 查询多余的记录

2. 简述题

(1) 在数据库中的表中创建索引的作用是什么?
(2) 分别简述在 MySQL 中创建、查看和删除索引的 SQL 语句。
(3) 简述视图与表的区别。

拓展训练

技能大赛项目管理系统中索引和视图的创建及应用

一、任务描述

大型数据库中的表要容纳成千上万甚至上百万条的数据,学生技能大赛项目管理系统中,有些表中的记录也非常多。当用户检索大量数据时,如果遍历表中的所有记录,查询时间就会比较长。通过为表创建或添加一些合适的索引,可以提高数据检索速度,改善数据库性能。但创建和维护索引也要耗费时间,并且随着数据量的增加,耗费的时间会变长。此外,索引需要占用物理空间,对表中的数据进行增加、删除、修改时,文件占用的磁盘空间会变大。有经验的工程师在插入大量记录时,往往会先删除索引,接着插入数据,最后再重新创建索引。

(1) 以技能大赛项目管理系统为例,完成创建和删除索引。
(2) 以技能大赛项目管理系统为例,在 MySQL 上对单表或多表创建视图,并对视图进行查看、修改、更新、删除等操作，从而快速掌握视图的相关知识和技能。

二、任务分析

（1）在 MySQL 中，索引是对数据库中单列或者多列的值进行排序后的一种特殊的数据库结构，利用它可以快速指向数据库中数据表的特定记录，索引是提高数据库性能的重要方式。

（2）视图和真实的表一样，包含一系列带有名称的列和行。但是，视图在数据库中并不以存储的数据集的形式存在。它是一个虚拟表，视图的数据来自当前或其他数据库中的一张或多张表，或者来自其他视图。通过视图进行查询没有任何限制，当修改视图中的数据时，基本表中相应的数据也会发生变化；当基本表中的数据发生变化时，视图中的数据也会产生变化。

三、任务实施

1. 索引的创建与删除

（1）在 competition 数据库中，创建一张 student 表，并为其字段 st_id 创建普通索引。

（2）在 competition 数据库中，创建一张 department 表，并为其字段 dp_name 创建唯一索引。

（3）在 competition 数据库中，创建一张 teacher 表，并为其字段 tc_id 创建主键索引。

（4）在 competition 数据库中，创建一张 project 表，并为其字段 pr_name 创建单列索引。

（5）在 competition 数据库中，创建一张 class 表，并为其字段 class_id 和 class_name 设置多列索引。

（6）在 competition 数据库中，创建一张 st_project 表，并为其字段 remark 创建全文索引。

（7）在 competition 数据库中，创建一张 admin 表，并为其字段 ad_name 创建空间索引。

（8）在 competition 数据库中，为已经存在的 student 表的字段 st_id 添加普通索引。

（9）在 competition 数据库中，为已经存在的 class 表的字段 class_id、class_name 添加多列索引。

（10）在 competition 数据库中，将为 admin 表的字段 ad_name 设置的空间索引删除。

（11）在 competition 数据库中，将 class 表的字段 class_id 和 class_name 设置的多列索引删除。

2. 视图的创建与管理

（1）为数据库 competition 中的 student 表创建视图 view_st_man，包含男生的 st_no、st_name、st_sex 字段的信息。

（2）为数据库 competition 中的 departmentbak 表和 classbak 表创建一个视图 dp_class_view，视图内容包括 dp_name、class_name、class_grade 字段。

（3）使用 DESCRIBE 语句查看上文中创建的视图 dp_class_view。

（4）使用 SHOW TABLE STATUS 语句查看刚才创建的视图 dp_class_view。

（5）使用 SHOW CREATE VIEW 语句查看刚才创建的视图 dp_class_view。

（6）使用 CREATE OR REPLACE VIEW 语句修改视图 view_st_man，将原来的 st_no、

st_name、st_sex 等字段更换为 st_no、st_name、st_sex、st_password 4 个字段。

(7) 使用 ALTER VIEW 语句修改已创建的视图 st_man_view，并将视图 st_man_view 中的 st_no 和 st_sex 字段更改为 st_no 和 st_sex 字段的信息。

(8) 使用 UPDATE 语句更新视图 dp_class_view 中 class_name 字段对应的数据值，将原来的数值"软件技术"改为"通信技术"。

(9) 使用 INSERT 语句向 classbak 表中插入一条记录，从而使视图 dp_class_view 对应增加一条记录。

(10) 使用 DELETE 语句删除视图 st_man_view 中的学生名字为"叶桂昌"的一条记录，从而使 student 表中对应的记录也删除。

(11)使用 DROP VIEW 语句删除视图 dp_class_view。

项目 6　数据库的编程

学习目标

【知识目标】
- 掌握常量和变量。
- 掌握流程控制语句。
- 掌握自定义函数方法。
- 了解自定义存储过程。
- 掌握自定义触发器的方法。
- 掌握游标、事件与事务。

【技能目标】
- 能够创建和调用函数。
- 能够创建和调用存储过程。
- 能够创建和调用触发器。
- 能够创建和管理事件。

【拓展目标】
- 能创建带参数和不带参数的存储过程，以及在存储过程中使用变量和流程控制语句实现编程功能。
- 能以指定系统数据库为例，创建、调用、修改、使用和删除存储函数，包括创建基本的存储函数、创建带变量的存储函数，以及在存储函数中调用其他存储过程或存储函数。
- 能在指定系统数据库中使用触发器，包括创建触发器、查看触发器和删除触发器。
- 能在指定系统数据库中,创建存储过程并在存储过程中使用游标,逐条读取记录。
- 能在指定系统数据库中,根据事务使用的一般过程,学习初始化事务、创建事务、提交事务、撤销事务,通过使用事务实现命令执行的同步性。

▌任务描述

计算机应用有科学计算、数据处理与过程控制三大主要领域。随着信息时代对数据处理的要求不断增多,数据处理在计算机应用领域中占有越来越大的比重,包括现在最流行的客户端/服务器模式(C/S)、Web 模式(B/S)应用等。

MySQL 提供了函数、存储过程、触发器、事件等数据对象来实现复杂的数据处理逻辑。本项目在数据库编程基础上,详细介绍了 MySQL 中函数、存储过程、触发器、事件在数据库应用系统开发中的作用,并通过实例阐明它们的使用方法。

6.1 知识准备:数据库编程基础知识

6.1.1 常量和变量

1. 常量

MySQL 中的常量主要分为数值型常量、字符串常量、日期时间常量、布尔型常量。

1) 数值型常量

MySQL 支持整型和浮点型的数值型常量。

整型常量即不带小数点的十进制常量,如 10,+35,100,-220 等。

浮点型常量由一个阿拉伯数字序列、一个小数点和另一个阿拉伯数字序列组成,两个阿拉伯数字序列可以分别为空,但不能同时为空,如 3.14,.14,0.,0.5E2。

MySQL 支持十六进制数值,以十六进制形式表示的整数由 0x 后跟一个或多个十六进制数字(由 0~9 及 a~f)组成。例如,0x0a 为十进制的 10,而 0xffff 为十进制的 65535。十六进制数据不区分大小写,即 0x0a 和 0x0A 都是合法数据,而 0X0a 和 0XA 为不合法数据。

【引例 6-1】执行如下语句,分别输出整型常量 3254、浮点型常量 3.1415926 及十六进制常量 0xffff。

```
mysql>select 3254,3.1415926,0xffff+0;
+------+-----------+----------+
|3254 |3.1415926 |0xffff+0|
+------+-----------+----------+
|3254 |3.1415926 |65535    |
+------+-----------+----------+
1 row in set(0.00 sec)
```

注意，对于十六进制数据，在数字上下文，表现为类似一个 64 位精度的整数；在字符串上下文，表现为一个二进制字符串，每一对十六进制数字被变换为一个字符。

2) 字符串常量

字符串是指用单引号或双引号括起来的字符序列，如'hello world'、"你好世界"，每个汉字字符使用 2 字节存储，而每个 ASCII 码字符用 1 字节存储。

在字符串中不仅可以使用普通的字符，也可以使用特殊字符，如换行、单引号、反斜线等。但如果要使用特殊字符，需要使用转义字符，每个特殊字符以一个反斜杠(\)开始，指出后面的字符使用转义字符来解释，而不是普通字符，示例如下。

【引例 6-2】输出带引号的字符串。

```
mysql>select \"welcome to \" \"changxin \";
+------------------------+
| "welcome to" "changxin" |
+------------------------+
| "welcome to" "changxin" |
+------------------------+
1 row in set(0.00 sec)
```

3) 日期时间常量

日期时间常量由单引号将表示日期时间的字符串括起来构成。日期型常量包括年、月、日，数据类型为 date，表示为 1900-05-20 这样的值。时间型常量包括小时数、分钟数、秒数及微秒数，数据类型为 time，表示为 13:20:42.00012 这样的值。MySQL 还支持日期/时间的组合，数据类型为 datetime 或 timestamp，如 1999-06-18 13:20。datetime 和 timestamp 的区别在于：datetime 的年份在 1000～9999 之间，而 timestamp 的年份在 1970～2037 之间，而且在插入微秒的日期时间时将微秒忽略。timestamp 还支持时区，即在不同时区转换为相应的时间。

需要特别注意的是，MySQL 是按"年-月-日"的顺序表示日期的，中间的间隔符"-"也可以使用如"\"或"%"等特殊符号。

4) 布尔型常量

布尔值只包含两个值：false 和 true。false 的数字值为 0，true 的数字值为 1。

【引例 6-3】获取布尔常量 true 和 false 的值。

```
mysql>select true,false;
+------+-------+
| TRUE | FALSE |
+------+-------+
| 1 | 0 |
+------+-------+
1 row in set(0.00 sec)
```

2. 变量

变量用于临时存放数据，变量中的数据随着程序的运行而变化。变量有变量名及数据类型两个属性，变量名用于标识该变量，变量的数据类型确定了该变量存储值的格式及允许的运算。MySQL 中根据变量的定义方式，可分为用户变量、局部变量和系统变量。

1) 用户变量

用户可以在表达式中使用自己定义的变量，这样的变量叫作用户变量。用户可以先在用户变量中保存值，然后在程序中引用它，这样可以将值从一个语句传递到另一个语句。在使用用户变量前必须定义及初始化，如果变量没有被初始化，其值为 null。

用户变量与连接有关，一个客户端定义的变量不能被其他客户端看到或使用，当客户端退出时，该客户端连接的所有变量将自动释放。

定义和初始化一个变量可以使用 set 语句。语法格式为：

```
set@用户变量=表达式；
```

语法说明：

(1) @符号放在用户变量名前，用于与字段名称相区别。

(2) 用户变量为用户自定义的变量名，变量名由字符、数字、"."、"_"和"$"组成。当变量名中需要包含特殊符号时，可以使用双引号或单引号括起来。可以同时定义多个用户变量，它们之间使用逗号进行分隔，最后以分号结束。

(3) 表达式用于给用户变量赋值，可以是常量、变量或表达式。

(4) 用户变量的数据类型是根据其后的赋值表达式的值自动分配的。

【引例6-4】创建用户变量 t1，赋值为 100，t2 赋值为 "test"，t3 赋值为 "中国"。

```
mysql>set@t1=100,@t2="test",@t3="中国";
Query OK,0 rows affected(0.04 sec)
```

【引例6-5】创建用户变量 v1，赋值为 10，用户变量 v2 的值为 v1 的值加 5。

```
mysql>set@v1=10,@v2=@v1+5;
Query OK,0 rows affected(0.03 sec)
```

【引例6-6】创建用户变量 sid，赋值为 1523105，根据 sid 的值查询显示该学生对应的学号及成绩信息。

```
mysql>set@sid='1523105';select stuid,score from score where stuid=@sid;
Query OK,0 rows affected(0.00 sec)
+---------+-------+
| stuid   | score |
+---------+-------+
| 1523105 | 53    |
+---------+-------+
1 row in set(0.00 sec)
```

提示：① 在 select 语句中，表达式发送到客户端后才进行计算。在 having、group by 及 order by 子句中，不能使用包含在 select 列表中所设的变量表达式。

② 也可以使用 SQL 语句代替 set 语句来给用户变量赋值，但此时不能使用 "="，而应该使用 ":="，因为在非 set 语句中，"=" 为比较运算符。

【引例6-7】使用 SQL 语句为变量赋值。

```
mysql>select @a:=(@a:=3.14)+2;
+------------------+
| @a:=(@a:=3.14)+2 |
+------------------+
|             5.14 |
+------------------+
1 row in set(0.01 sec)
```

在上面的 SQL 语句中，先执行@a:=3.14 给变量@a 赋值，然后再加 2，最后将结果赋值给@a。

2) 局部变量

MySQL 中的局部变量只可以在存储程序(函数、触发器、存储过程及事件)中使用，一般定义在存储程序的 begin…end 语句块之间。

局部变量定义语法格式为：

```
declare 变量名  数据类型 default 默认值;
```

> 提示： ① declare 是用于定义局部变量所使用的关键字。
> ② 变量名要符合标识符的命名规则。
> ③ 数据类型为 MySQL 中的数据类型，如 int、char、varchar 等。
> ④ 在定义变量的同时可以通过 default 关键字指定默认值。
> ⑤ 可以同时定义多个变量，多个变量之间使用逗号进行分隔。
> ⑥ 如果没有指定默认值，变量的初始值为 null。

定义局部变量 v1、数据类型为 int，并指定初始值为 100，SQL 代码如下：

```
mysql>declare v1 int default 100;
```

定义变量之后，为变量赋值可以改变变量的默认值，在 MySQL 中使用 set 语句可以为变量赋值，其语法格式为：

```
set 变量名=表达式或值;
```

定义局变量 v1，v2，v3 类型均为 int 类型，并通过 set 关键字为其赋值，SQL 代码如下：

```
mysql>declare v1,v2,v3 int;set v1=10,v2=20;set v3=v1+v2;
```

除了可以使用 set 语句为变量赋值外，在 MySQL 中还可以通过 select…into 为一个或多个变量赋值，该语句可以把选定的字段直接存储到对应位置的变量中，具体语法如下：

```
select 字段名称 into 变量名 from 表名;
```

> 提示： ① 字段名称为查询数据表中的列名称，多个字段名称之间使用逗号进行分隔。
> ② 变量名为局部变量名称，多个变量之间使用逗号进行分隔。

声明变量 empname，查询员工表，将员工表 1001 号的员工姓名存储到变量 empname 中。SQL 代码如下：

```
mysql>declare name varchar(10);
select ename into empname from employees where eno=1001;
```

3) 系统变量

系统变量是 MySQL 的一些特殊设置。当 MySQL 数据库服务启动时，这些设置被引入并初始化为默认值，这些设置即为系统变量。

【引例6-8】获得 MySQL 的版本号。

```
mysql>select @@version;
+-----------+
|@@ version |
+-----------+
|5.7.22     |
+-----------+
1 row in set(0.00 sec)
```

大多数系统变量在使用时，必须在名称前加两个"@@"符号才能正确返回该变量的值。而为了与其他 SQL 产品保持一致，在某些特定的系统变量是要省略两个"@@"符号，如 current_date(系统日期)、current_time(系统时间)、current_timestamp(系统日期和时间)和 current_user(SQL 用户名称)。

【引例6-9】获取当前用户名称及系统当前时间。

```
mysql>select current_user,current_time;
+----------------+--------------+
| current_user   | current_time |
+----------------+--------------+
| root@localhost | 21: 50: 44   |
+----------------+--------------+
1 row in set(0.02 sec)
```

MySQL 中系统变量有很多，使用 show variables 语句可以得到系统变量的清单。

【引例6-10】查看 MySQL 系统变量。

```
mysql>show variables;
```

6.1.2 流程控制语句

MySQL 提供了简单的流程控制语句，其中包括条件控制语句及循环语句。这些流程控制语句通常放在 begin…end 语句块中使用。

1. 条件控制语句

条件控制语句分为两种：一种是 if 语句，另一种是 case 语句。

1) if 语句

if 语句用来进行条件判断，根据不同的条件执行不同的操作。

语法格式为：

```
If 条件表达式1 then 语句块1;
elseif 条件表达式2 then 语句块2;
```

```
...
else 语句块 n;
end if;
```

在执行该语句时，首先判断 if 后的条件是否为真，如果为真，则执行 then 后的语句块，结束 if 语句的执行；如果为假，则继续判断 elseif 后的条件是否为真，如果为真，则执行 then 后的语句块，结束 if 语句的执行……当条件都为假时，则执行 else 语句后的内容，如图 6-1-1 所示。

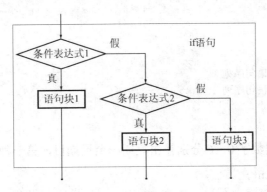

图 6-1-1　if 语句的程序流程

说明：

需要注意的是，if 语句都使用 end if 来结束，最后以分号结束。

【引例 6-11】定义用户变量 score 并赋初值，根据 score 的值判断该成绩的等级，90～100 分为优秀，80～89 分为良好，70～79 分为中等，60～69 分为及格，59 分以下为不及格。

```
int main()
{
    float score;
    printf("请输入学生成绩(百分制)：");
    scanf("%f", &score);
    if(score>=90 && score<=100)
        printf("优秀\n");
    else if(score>=80 && score<90)
        printf("良好\n");
    else if(score>=70 && score<80)
        printf("中等\n");
    else if(score>=60 && score<70)
        printf("及格\n");
    else if(score<60)
        printf("不及格\n");
    else
        printf("无效的成绩\n");    //0 到 100 以外的无效数值
end if;
}
```

2) case 语句

case 语句是另一个进行多条件判断的语句,用于实现选择结构程序的设计,它的使用方法比 if 语句简单、直观。其语法格式如下:

```
case 表达式
    when 值1 then 语句序列1
    when 值2 then 语句序列2…
    else 语句序列 n
end case;
```

或者

```
case
when 条件1 then 语句序列1
when 条件2 then 语句序列2…
else 语句序列 n
end case;
```

【引例 6-12】根据数字 0~6 分别输出星期一至星期日,第一种形式。

```
declare weekno int;
declare week varchar(20);
case weekno
    when 0 then set week='星期一';
    when 1 then set week='星期二';
    when 2 then set week='星期三';
    when 3 then set week='星期四';
    when 4 then set week='星期五';
    when 5 then set week='星期六';
    when 6 then set week='星期日';
end case;
```

【引例 6-13】根据数字 0~6 分别输出星期一至星期日,第二种形式。

```
declare weekno int;
declare week varchar(20);
case
    when weekno=0 then set week='星期一';
    when weekno=1 then set week='星期二';
    when weekno=2 then set week='星期三';
    when weekno=3 then set week='星期四';
    when weekno=4 then set week='星期五';
    when weekno=5 then set week='星期六';
    when weekno=6 then set week='星期日';
end case;
```

2. 循环语句

MySQL 提供了三种循环语句,分别是 while、repeat 及 loop。除此以外,MySQL 还提供了 iterate 语句及 leave 语句用于循环的内部控制。

1) while 语句

while 语句的语法格式如下:

```
[循环标签] while 条件表达式 do
    循环体;
end while [循环标签];
```

说明:

(1) while 循环,当条件表达式为 true 时,反复执行循环体,直到条件表达式的值为 false 时结束循环,执行过程如图 6-1-2 所示。

(2) end while 后必须以分号结束。

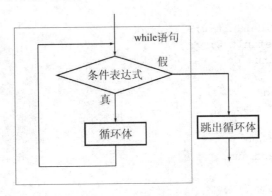

图 6-1-2　while 语句的程序流程

【引例 6-14】利用程序控制语句,实现求 1+2+…+100 之和。

```
declare sum int default 0;
declare i int default 1;
while i<=100 do
    set sum=sum+I;
    set i=i+1;
end while;
```

2) leave 语句

leave 语句用于跳出当前循环,语法格式如下:

```
leave 循环标签;
```

说明:

leave 循环标签后,必须以";"结束。

【引例 6-15】利用程序控制语句,实现求 1+2+…+100 之和,其中,add_sum 为循环标签。

```
declare sum int default 0;
declare i int default 1;
add_sum: while true do
    set sum=sum+I;
    set i=i+1;
    if(i=101)then
        leave add_sum;
    end if;
end while add_sum;
```

3) iterate 语句

iterate 语句用于跳出本次循环，继而进行下次循环。iterate 语句的语法格式如下：

```
iterate 循环标签;
```

说明：

iterate 循环标签后必须以分号结束。

【引例 6-16】利用程序控制语句，实现求 1+2+…+100 的偶数之和，其中，add_sum 为循环标签。

```
declare sum int default 0;
declare i int default 0;
add_sum: while true do
   set i=i+1;
   if(i=101)then
      leave add_sum;
   end if;
   if(i%2! =0 )then
      iterate add_sum;
   end if;
end while add_sum;
```

4) repeat 语句

在循环语句中，当条件表达式的值为 false 时，反复执行循环，直到条件表达式的值为 true。repeat 语句的语法格式如下：

```
[循环标签：] repeat
    循环体;
until 条件表达式
end repeat[循环标签];
```

【引例 6-17】利用程序控制语句，实现求 1+2+…+100 之和。

```
declare sum int default 0;
declare i int default 1;
repeat
   set sum=sum+I;
   set i=i+1;
until i>100
end repeat;
```

5) loop 语句

loop 语句的语法格式如下：

```
[循环标签:] loop
    循环体;
if 条件表达式 then
    leave[循环标签];
end if;
end loop;
```

说明：

(1) 由于 loop 循环语句本身没有停止循环的语句，因此 loop 通常使用 leave 语句跳出 loop 循环。

(2) end loop 后必须以分号结束。

【引例 6-18】利用程序控制语句，实现求 1+2+…+100 之和，其中，add_sum 为循环标签。

```
declare sum int default 0;
declare i int default 1;
add_sum: loop
    set sum=sum+i;
    set i=i+1;
    if(i>100)then
        leave add_sum;
    end if;
end loop;
```

6.1.3 重置命令结束标记

在 MySQL 中，服务器处理语句时是以分号为结束标志的，但是在创建存储过程时，存储过程体中可能包含多个 SQL 语句，每个 SQL 语句都是以分号结尾的，这个时候服务器处理程序遇到第 1 个分号会认为程序结束，导致程序不能正常执行，此时可以使用 delimiter 命令将 MySQL 语句结束符标志修改为其他符号。语法格式为：

```
delimiter//;
```

语法说明：//是用户定义的结束符，通常该符号可以是一些特殊符号，如 2 个 "#" 或两个 "$"，如果想要恢复使用分号 ";" 作为结束符，运行以下命令即可：

```
Delimiter;
```

6.1.4 自定义函数

计算机函数是一个固定的程序段，或称其为一个子程序，它在可以实现固定运算功能的同时，还带有一个入口和一个出口。所谓入口，就是函数所带的参数，可以通过这个入口把函数的参数值代入子程序，供计算机处理；所谓出口，就是指函数的返回值，在计算机求得之后，由此出口带回给调用它的程序。

MySQL 自身提供了大量的内置函数，这些函数的存在给日常开发和数据操作带来了极大的便利，比如前面提到过的聚合函数 sum()、avg()及日期时间函数等，但是数据管理中总会出现系统函数无法完成的其他需求。因此需要通过自定义函数的功能自己来解决这种需求。

函数的特点：

(1) 函数没有输出参数，因为存储函数本身就是输出参数。

(2) 函数在 SQL 语句中直接调用。

(3) 函数中必须包含一条 return 语句。

1. 自定义函数的创建

在 MySQL 中创建自定义函数的语法如下：

```
create function 函数名(参数列表)
    returns 返回值类型
    函数体
```

语法说明：

函数名：合法的标识符，并且不能与已有的关键字或数据库对象冲突。一个函数应该属于某数据库，可以使用 db_name.function_name 的形式执行指定数据库中的函数，否则默认为当前数据库。

参数列表：可以有零个或者多个函数参数。对于每个参数，由参数名和参数类型组成。

返回值类型：指明返回值类型。

函数体：自定义函数的函数体由多条可用的 MySQL 语句、流程控制、变量声明等语句构成。函数体中一定要含有 return 返回语句。

【引例 6-19】创建一个自定义函数 f_hello()，无参数，函数返回"hello，I am Jenny"。

```
use empmis;
delimiter//
create function f_hello() returns varchar(20)
begin
    return 'hello, I am Jenny';
end//
delimiter;
```

2. 自定义函数的应用

自定义函数的应用与系统函数一样，通过函数名传递参数即可调用。引例 6-19 中 f_hello()函数的调用如下：

```
mysql>select f_hello();
+-------------------+
| f_hello()         |
+-------------------+
| hello, I am Jenny |
+-------------------+
1 row in set(0.00 sec)
```

【引例 6-20】在 stuMIS 数据库中创建一个函数 f_Isjg()，包含一个数值类型参数，在函数体内判断输入成绩值是否及格，并查询学号为 1511102 的学生成绩是否及格。

```
use stuMIS;
delimiter//
create function f_Isjg(s float) returns varchar(10)
```

项目 6 数据库的编程

```
begin
    declare r varchar(10);
    if(s>=60)then
        set r="及格";
    else
        set r="不及格";
    end if;
    return(r);
end//
delimiter;
```

测试结果如下：

```
mysql>select stuid, cid, f_Isjg(score) as score from score where
stuid=1511102;
+---------+-------+-------+
| stuid   | cid   | score |
+---------+-------+-------+
| 1511102 | 30106 | 及格  |
| 1511102 | 30214 | 及格  |
+---------+-------+-------+
2 rows in set(0.00 sec)
```

【引例 6-21】基于数据库 stuMIS 中的学生表(student)中年龄列定义一个函数 f_Iscn()，函数有一个整型参数，根据给定的年龄值，返回该学生是否成年。

```
use stuMIS;
delimiter//
create function f_Iscn(age int) returns varchar(10)
begin
    declare s varchar(10);
    if(age>=18)then
        set s="成年";
    else
        set s="未成年";
    end if;
    return(s);
end//
delimiter;
```

【引例 6-22】基于数据库 stuMIS 中的学生成绩表(score)的成绩列，定义一个函数 f_Dengji()，函数有一个数值类型的参数，返回成绩对应的等级(A、B、C、D、E)。

```
use stuMIS;
delimiter//
create function f_Dengji(n float) returns varchar(4)
begin
    if(n>100||n<0 )then
        return 'F';
    elseif(n>=90 )then
        return 'A';
    elseif(n>=80 )then
```

```
        return 'B';
    elseif(n>=70 )then
        return 'C';
    elseif(n>=60 )then
        return 'D';
    else
        return 'E';
    end if;
end//
delimiter;
```

【引例 6-23】 基于数据库 stuMIS 中的学生表(student)的班级编号列,定义一个函数 f_getCount(),函数有一个字符类型的参数,根据给定的班级编号返回学生人数。

```
use stuMIS;
delimiter//
create function f_getCount(cid varchar(10)) returns int
begin
    declare n int;
    select count(stuid) into n from student where classid=cid;
    return n;
end//
delimiter;
```

6.1.5 自定义存储过程

存储过程是数据库开发者在数据转换或查询时经常使用的一种方式,是在数据库服务器端执行的 SQL 语句的集合。简单 SQL 语句在执行的时候需要先编译,然后执行。而存储过程是一组为了完成特定功能的 SQL 语句集,经编译后存储在数据库中。用户通过指定存储过程的名字并给定参数来调用执行它。它能够向用户返回数据、向数据库表中写入和修改数据,还可以执行系统函数和管理操作。存储过程能够提高应用程序的处理能力,降低编写数据库应用程序的难度,同时还可以提高应用程序的效率。存储过程的处理非常灵活,允许用户使用声明的变量,还可以有输入/输出参数,返回单个或多个结果集。当希望在不同的应用程序或平台上执行相同的函数或者封装特定功能时,存储过程是非常有用的。存储过程通常有以下优点。

(1) 存储过程增强了 SQL 语言的功能和灵活性。存储过程可以用流程控制语句编写,有很强的灵活性,可以完成复杂的判断和较复杂的运算。

(2) 存储过程允许标准组件式编程。存储过程被创建后,可以在程序中被多次调用,而不必重新编写该存储过程的 SQL 语句。而且数据库专业人员可以随时对存储过程进行修改,对应用程序源代码毫无影响(应用程序源代码只包含存储过程的调用语句),从而极大地提高了程序的可移植性。

(3) 存储过程能实现较快的执行速度。如果某一操作包含大量的 Transaction-SQL 代码或分别被多次执行,那么存储过程要比批处理的执行速度快很多。因为存储过程是预编译的,在首次运行一个存储过程时,查询优化器对其进行分析优化,并且最终被存储在系统表的执行计划中。而批处理的 Transaction-SQL 语句在每次运行时都要进行编译和优化,速度相对要慢一些。

(4) 存储过程能够减少网络流量。针对同一个数据库对象的操作,如查询、修改,如果这一操作所涉及的 Transaction-SQL 语句被定义为存储过程,那么当在客户计算机上调用该存储过程时,网络中传送的只是该调用语句,从而大大降低了网络流量和网络负载。

(5) 存储过程可被作为一种安全机制来充分利用。系统管理员通过对某一存储过程的执行权限进行限制,能够实现对相应数据访问权限的限制,避免了非授权用户对数据的访问,保证了数据的安全。

1. 存储过程的创建

MySQL 创建存储过程使用 create procedure 语句实现,具体格式是:

```
create procedure 存储过程名([存储过程参数[,…]])
    [存储过程选项]
    过程体
```

语法说明:

(1) 存储过程名:存储过程名必须符合标识符命名规则,默认在当前数据库中创建,若要将其创建到其他数据库中,则需在存储过程名前添加数据库名。存储过程名在其所在的数据库中必须唯一。

(2) 存储过程参数:一般由三部分组成。第一部分是输入输出类型;第二部分为参数名;第三部分为参数的类型,该类型为 MySQL 数据库中所有可用的字段类型,如果有多个参数,参数之间可以用逗号进行分隔。

存储过程的参数类型共有三种。

① in 类型参数:输入类型参数,表示向存储过程中传入参数,参数的值在调用存储过程时由调用程序给定。在存储过程中修改该参数的值不能被返回。默认为传入参数,即 in 可以省略。

② out 参数:输出类型参数,表示该参数可在存储过程内部被改变,可把存储过程计算后的结果带给调用程序。

③ inout 参数:输入/输出类型参数,表示该参数既可将调用程序的值传递给存储过程,又可被改变和返回。

注意,参数名字不可使用数据列字段名。

(3) 存储过程选项:设置存储过程的某些特征设定,可省略。

① comment string:用于对存储过程进行描述,其中,string 为描述内容,comment 为关键字。

② language SQL:指明编写这个存储过程的语言为 SQL,这个选项可以不指定。

③ deterministic:表示存储过程对同样的输入参数产生相同的结果;not deterministic,则表示会产生不确定的结果(默认)。

④ contains sql | no sql | reads sql data | modifies sql data:表示存储过程包含读或写数据的语句(默认)。

- no sql:表示不包含 SQL 语句。
- reads sql data:表示存储过程只包含读数据的语句。
- modifies sql data:表示存储过程只包含写数据的语句。

(4) 过程体：存储过程的主体部分，包含了在过程调用时必须执行的 SQL 语句，以 begin 开始，以 end 结束。如果存储过程体中只有一条 SQL 语句，可以省略 begin-end 标志。

【引例 6-24】输入类型参数的应用，定义一个存储过程 proc_in，具有一个整型的输入类型参数，接收调用者传递的数值，将其数值扩大 2 倍，并查看输入参数的值。

```
delimiter//
create procedure proc_in(in n int)
begin
    set n=n*2;
    select n;
end//
delimiter;
```

【引例 6-25】输出类型参数的应用，定义一个存储过程 proc_out，具有一个整型的输入类型参数和一个整型的输出类型参数，将输入参数的值扩大 3 倍后存入输出类型参数中。

```
delimiter//
create procedure proc_out(in m int,out n int)
begin
    select n;
    set n=m*3;
end//
delimiter;
```

【引例 6-26】输入/输出类型参数应用，定义一个存储过程 proc_inout。具有一个整型的输入/输出类型参数，接收用户输入的整型数 n，并通过该参数将从 1 到 n 的和带回。

```
delimiter//
create procedure proc_inout(inout n int)
begin
    declare sum,i int;
    set i=1;
    set sum=0;
    while i<=n do
        set sum=sum+I;
        set i=i+1;
    end while;
    set n=sum;
end//
delimiter;
```

2. 存储过程的调用

在使用数据库时，往往需要进行多次查询或多次插入等操作，在进行这些重复行为的操作时，每次都通过代码实现显然是很浪费资源的，为了解决这个问题，数据库规定了存储过程对此类问题进行解决。存储过程是一组可编程的函数，它的目的是完成特定功能的 SQL 语句集。存

扫码观看视频学习

储过程经编译创建并保存在数据库中，用户可通过制定存储过程的名字并给定参数(需要时)来调用执行操作。

存储过程创建后，在应用程序或其他存储过程中可以被多次调用。调用时使用的是 call 语句。具体语法格式为：

```
call 存储过程名([参数列表]);
```

语法说明：

存储过程名：存储过程名必须是一个已经存在的存储过程。可以通过在存储过程名前添加数据库限定名，调用其他数据库中的存储过程，从而访问其他数据库中的数据。

参数：调用存储过程语句时的参数与定义存储过程时的参数个数和类型应一致。

【引例6-27】调用引例6-24定义的存储过程 proc_in。

问题分析：

in 类型参数只能将值带入存储过程，无法带出存储过程中计算后得到的值，定义局部变量 p 在存储过程外赋值为 5，通过调用存储过程将 p 值传递给存储过程参数 n，在存储过程内部 n 的值被改变，而 p 的值不发生变化。

```
mysql>set@p=5;  --设置p的初始值为5
Query OK,0 rows affected(0.00 sec)
mysql>call proc_in(@p);  --调用存储过程，将局部变量的值传递给参数n
+------+     --存储过程内参数n的值被修改
|n |
+------+
|10|
+------+
1 row in set(0.00 sec)
Query OK,0 rows affected(0.01 sec)
mysql>select@p;--存储过程外局部变量p的值不变
+------+
|@p|
+------+
|5 |
+------+
1 row in set(0.00 sec)
```

【引例6-28】调用引例6-25定义的存储过程 proc_out。

问题分析：

输入类型参数只能将数据从存储过程外带入存储过程，而输出类型参数，只能将存储过程内处理获得的数据带给调用者。外部局部变量 p 的值传给 in 类型变量 m，无论 m 值如何变化，外部变量 p 的值都不发生变化。变量 q 的初始值 10 传给存储过程输出参数 n，在存储过程内部，n 的初始值是 null，执行语句，n 的值被改变，则局部变量 q 的值随之发生变化。

执行结果如下：

```
mysql>set@p=100,@q=10;
    Query OK,0 rows affected(0.00 sec)
```

```
mysql>select @p,@q;
+------+------+
| @p | @q |
+------+------+
| 100|10|
+------+------+
1 row in set(0.00 sec)

mysql>call proc_out(@p,@q);
+------+
| n |
+------+
| NULL |
+------+
1 row in set(0.00 sec)
Query OK,0 rows affected(0.00 sec)

mysql>select @p,@q;
+------+------+
| @p | @q |
+------+------+
| 100|300|
+------+------+
1 row in set(0.00 sec)
```

【引例 6-29】调用引例 6-26 定义的存储过程 proc_inout。

问题分析：

inout 类型参数既能从外部程序带入参数值，也能将存储过程的计算结果返回给调用者。

外部局部变量 p 的值传给存储过程参数 n，在存储过程内部执行语句，n 的值被改变，外部变量 p 的值也随之发生变化。

执行结果如下：

```
mysql>set@p=5;
Query OK,0 rows affected(0.00 sec)

mysql>call proc_inout(@p);
Query OK,0 rows affected(0.00 sec)

mysql>select@p;
+------+
| @p |
+------+
| 15 |
+------+
1 row in set(0.00 sec)
```

【引例 6-30】定义存储过程，实现删除指定部门名称的部门信息，并调用。

```
create procedure proc_deldepart(pdname varchar(30))
    delete from departments where dname=pdname;
```

```
mysql>call proc_deldepart('技术部');
Query OK,1 row affected(0.05 sec)
```

```
mysql>select * from departments;
+-----+--------+---------+
| dno | dname  | dloc    |
+-----+--------+---------+
| 1   | 销售部 | 长春    |
| 2   | 财务部 | 沈阳    |
| 3   | 开发部 | 哈尔滨  |
| 4   | 人事部 | 北京    |
| 5   | 董事会 | 北京    |
| 6   | 后勤部 | 长春    |
| 8   | 策划部 | 长春    |
+-----+--------+---------+
7 rows in set(0.00 sec)
```

说明：

该存储过程有一个输入类型参数，关键字 in 省略。过程体只包括一个查询语句，省略 begin…end。

【引例 6-31】定义存储过程，显示所有员工的部门名称、员工编号、员工姓名和员工职位，并调用。

```
create procedure proc_emp()
select dname,eno,ename,ejob from departments,employees
where departments.dno=employees.deptno;
mysql>call proc_emp();
```

说明：

该存储过程无参数，调用时一对圆括号可省略。

【引例 6-32】定义存储过程，返回所有员工数量，并调用。

方法一：使用输出参数带回所需的值。

```
create procedure proc_count(out n int)
    select count(*) into n from employees;
--调用
mysql>set@n=0;
Query OK,0 rows affected(0.02 sec)
mysql>call proc_count(@n);
Query OK,0 rows affected(0.06 sec)

mysql>select@n;
+------+
| @n   |
+------+
| 18   |
+------+
1 row in set(0.00 sec)
```

说明:
参数类型为 out,存储过程将查询结果通过参数 n 返回给调用程序。
方法二:调用存储过程返回结果集。

```
create procedure proc_count()
   select count(*) from employees;

--调用
mysql>call proc_count();
+----------+
|count(*) |
+----------+
|18|
+----------+
1 row in set(0.00 sec)
Query OK,0 rows affected(0.00 sec)
```

说明:
方法二执行存储过程直接返回一个结果集,集合中只有一行一列。

【引例 6-33】根据给定的部门名称显示该部门员工数量。

```
create procedure proc_depcount(pdname varchar(30))
   select count(employees.eno),dname from departments,employees
   where departments.dno=employees.deptno
   group by dname having dname=pdname;
--调用
mysql>call proc_depcount('销售部');
+----------------------+--------+
|count(employees.eno) |dname |
+----------------------+--------+
|                    5 |销售部 |
+----------------------+--------+
1 row in set(0.00 sec)
```

【引例 6-34】根据部门名称显示所有该部门员工信息,并返回该部门人数。

```
delimiter//
create procedure proc_empbyDepart(in pname varchar(30),out n int)
begin
select employees.*, dname from departments,employees
where departments.dno=employees.deptno and dname=pname;
select count(*)into n from departments,employees
where departments.dno=employees.deptno and dname=pname;
end//
delimiter;
```

说明:
第一个参数类型 in 可省略,由调用程序给定查找的部门名称,第二个参数为 out 类型参数,存储过程将查询结果返回给调用程序。

3. 存储过程的维护

1) 查看现有自定义存储过程

MySQL 中采用 show tables 对数据表进行查看，而查看存储过程除了使用 show 命令，还可以使用 select 语句实现。方法如下：

- show procedure status where db=数据库名；
- select name from mysql.proc where db=数据库名；
- select routine_name from information_schema.routines where routine_schema=数据库名。

【引例6-35】查看 empmis 数据库中所有的存储过程。

方法一：

```
show procedure status where db='empmis';
```

方法二：

```
mysql>select name from mysql.proc where db='empmis';
```

方法三：

```
mysql>select routine_name from information_schem a.routines where
routine_schema='empmis';
--查询结果
    +------------------+
    | name             |
    +------------------+
    | f_hello          |
    | f_Isjg           |
    | proc_count       |
    | proc_deldepart   |
    | proc_depcount    |
    | proc_emp         |
    | proc_empbyDepart |
    | proc_empbyjob    |
    | proc_in          |
    | proc_inout       |
    | proc_out         |
    | proc_saveDepart  |
    +------------------+
12 rows in set(0.00 sec)
```

2) 查看存储过程的详细信息

若想了解存储过程的详细信息，可使用 show 命令实现。语法格式如下：

```
show create procedure 数据库.存储过程名;
```

例如：

```
show create procedure empmis.proc_in;
```

3) 修改存储过程

可以修改存储过程或函数的特性，一般我们只修改特性，如果想修改过程体，只能删除存储过程再重新创建。

```
alter {procedure | function} sp_name {characteristic…}
```

修改存储过程使用 alter procedure 语句，修改存储函数使用 alter function 语句，但是，这两个语句的结构是一样的，语句中的所有参数也是一样的。而且，它们与创建存储过程或存储函数的语句中的参数也是基本一样的。

4) 删除存储过程

删除一个存储过程比较简单，和删除表一样。使用 drop procedure 命令即可从 MySQL 数据库中删除一个或多个存储过程。例如：

```
drop procedure if exists proc_in;    --删除现有存储过程 proc_in
```

6.1.6 自定义触发器

扫码观看视频学习

触发器是一种与表操作有关的数据库对象，它是一种特殊的存储过程，不能被显式调用，对表中数据更新时自动调用。触发器在插入、删除或修改特定表中的数据时触发执行，它比数据库本身的标准功能有更精细和更复杂的数据控制能力。当触发器所在表上出现指定事件时，将调用该对象，即表的操作事件触发表上的触发器执行。

触发器由三个部分组成，分别是事件、条件和动作。

(1) 事件：对数据库对象的一些操作，如对数据表数据的修改、删除和添加等操作。

(2) 条件：触发器被触发前必须先对条件进行检查，只有满足触发条件，触发器才能执行。

(3) 动作：触发器执行时将要完成功能的代码段。

触发器主要用于监视特定数据表中数据的插入、修改和删除操作，从而触发相应类型的触发器，实现数据的自动维护，以保护数据库数据的完整性。其主要有以下两个特点。

(1) 触发器自动执行可通过数据库中的相关表实现级联更改，不过，通过级联引用完整性约束可以更有效地执行这些更改。

(2) 触发器也可以评估数据修改前后的表状态，并根据其差异采取对策。一个表中的多个同类触发器(insert、update 或 delete)允许采取多个不同的对策以响应同一个修改语句。

触发器的作用：

(1) 安全性，可以基于数据库的值，使用户具有操作数据库的某种权利。

(2) 审计，可以跟踪用户对数据库的操作。

(3) 实现复杂的数据完整性规则。

(4) 实现复杂的非标准的数据库相关完整性规则。触发器可以对数据库中相关的表进行连环更新。

(5) 同步实时地复制表中的数据。

(6) 自动计算数据值，如果数据的值达到了一定的要求，则进行特定的处理。例如，如果公司账号上的资金少于 5 万元，则立即给财务人员发送警告数据。

1．触发器的创建

触发器必须创建在指定的数据表上，在 MySQL 中，创建触发器的语法如下：

```
create trigger 触发器名    触发时间    触发事件
on 表名 for each row
begin
    trigger_stmt
end;
```

参数说明如下。

(1) 触发器名：标识触发器名称，用户自行指定。

(2) 触发时间：标识触发时机，取值为 before 或 after，指明触发程序是在激活它的语句之前或之后触发。

(3) 触发事件：取值为 insert、update 或 delete。

① insert 型触发器：插入某一行时激活触发器，可以通过 insert、load data、replace 语句触发。

② update 型触发器：更改某一行时激活触发器，可以通过 update 语句触发。

③ delete 型触发器：删除某一行时激活触发器，可以通过 delete、replace 语句触发。

由此可见，MySQL 中可建立 6 种触发器，即 before insert、before update、before delete、after insert、after update、after delete。但是不能同时在一个表上建立两个相同类型的触发器，因此在一个表上最多可以建立 6 个触发器。

(4) 数据表名：标识建立触发器的表名，即在哪张表上建立触发器。

(5) 触发器程序体：可以是一条 SQL 语句，或者用 begin 和 end 包含的多条语句。

(6) for each row：该子句通知触发器每更新一条数据执行一次动作，而不是对整个表执行一次。

(7) trigger_stmt：触发器程序体，可以是一条 SQL 语句，或者用 begin 和 end 包含的多条语句，每条语句结束要分号结尾。

2．触发器的应用

使用 SQL 语句创建超市管理系统数据库 MIS，并创建数据表商品类别表、商品表、销售表，同时插入测试数据。

(1) 创建数据库——MIS。

```
create database MIS default charset utf8;
```

(2) 创建数据表——商品类别表、商品表、销售表。

```
use mis;
drop table if exists t_type;
create table t_type
(
typeid int primary key,
```

```sql
typename varchar(30)
);
--创建商品表
drop table if exists t_goods;
create table t_goods
(
gid varchar(10) not null primary key,
gname varchar(10) not null,
gnum int default 0,
typeid int
);
--创建销售表
drop table if exists t_sale;
create table t_sale
(
id int auto_increment primary key,
gid varchar(10)not null,
innum int,
sdate date,
sperson varchar(10)
);
--向商品类别表中插入3条测试数据
insert into t_type(typeid, typename) values
(1,'办公用品'),
(2,'食品'),
(3,'日用品');
--向商品表中插入3条测试数据
insert into t_goods(gid,gname,gnum,typeid) values
('101','笔记本',100,1),
('102','钢笔',100,1),
('103','面包',100,2);
```

商品类别表数据如下：

```
mysql>select * from t_type;
+--------+----------+
|typeid|typename|
+--------+----------+
|1|办公用品|
|2|食品|
|3|日用品|
+--------+----------+
3 rows in set(0.00 sec)
```

商品表数据如下：

```
mysql>select * from t_goods;
+-----+--------+------+-------+
|gid|gname|gnum|typeid|
+-----+--------+------+-------+
|101|笔记本|100|1|
```

```
|102|钢笔|100|1|
|103|面包|100|2|
+-----+--------+------+--------+
3 rows in set(0.00 sec)
```

【引例 6-36】创建 insert 类型触发器 trig_goodsinsert,当向商品表中插入一条商品信息时,自动控制库存数量在 0~100 之间。当输入库存数量小于 0 时,则按 0 输入;库存量大于 100 时,则按 100 输入。

```
delimiter//
create trigger trig_goodsinsert before insert on t_goods
for each row
begin
if new.gnum<0 then
    set new.gnum=0;
elseif new.gnum>100 then
    set new.gnum=100;
end if;
end//
delimiter;
```

根据题目要求,触发器必须在数据插入表之前完成库存数量的控制,所以使用 before insert 类型触发器。当向商品表中插入数据时,触发器自动触发,完成库存数量的控制。执行以下语句将触发该触发器。

```
insert into t_goods values('104','手机',123,2 );
```

通过查询语句发现存入数据库的库存数量是 100,而不是 123。

```
mysql>select * from t_goods;
+-----+--------+------+--------+
|gid|gname|gnum|typeid|
+-----+--------+------+--------+
|101|笔记本|100|   1|
|102|钢笔  |100|   1|
|103|面包  |100|   2|
|104|手机  |100|   2|
+-----+--------+------+--------+
4 rows in set(0.00 sec)
```

【引例 6-37】创建 insert 类型触发器 trig_saleinsert,当向销售表中插入一条销售信息时,自动减少商品表中商品的库存数量。

```
delimiter//
create trigger trig_saleinsert after insert on t_sale
for each row
begin
    update t_goods set gnum=gnum-new.innum where gid=new.gid;
end//
delimiter;
```

如向商品销售表中插入两条数据,则商品表中的商品减少了相同数量。

【引例 6-38】创建 delete 类型触发器 trig_saledelete，当销售表中删除一条销售信息(退货)时，自动更新商品表中商品的库存数量。

```
delimiter//
create trigger trig_saledelete before delete on t_sale for each row
begin
    update t_goods set gnum=gnum+old.innum where gid=old.gid;
end//
delimiter;
```

当发生退货现象时，将删除退货的销售记录信息，触发销售表上的 delete 类型触发器，从而修改相应商品对应的库存。

【引例 6-39】创建 update 类型触发器 trig_saleupdate，当修改销售表中的一条销售信息(增加或减少销售数量)时，自动更新商品表中商品的库存数量。

```
delimiter//
create trigger trig_saleupdate before update on t_sale
for each row
begin
  update t_goods set gnum=gnum+old.innum-new.innum where gid=new.gid;
end//
delimiter;
```

当发生购买时，商品数量发生变化，将修改销售记录的购买数量，触发销售表上的 update 类型触发器，从而修改相应商品对应的库存。等同于发生了一次退货和一次购买动作。

【引例 6-40】删除触发器 trig_saleupdate。

```
drop trigger if exists trig_saleupdate;
```

6.1.7 游标

SELECT 语句实现对数据集的查询操作，若需要对单行记录进行处理，就需要使用游标(Cursor)对象进行逐条处理。在 MySQL 中，游标是一种数据访问机制，允许用户访问数据集中的某一行，类似 C 语言中指针的功能。游标的使用包括声明游标、打开游标、使用游标和关闭游标。游标必须声明在变量和条件之后，且声明在处理程序之前。

1. 声明游标

MySQL 中使用 DECLARE 关键字来声明游标。其语法格式如下：

```
DECLARE cursor_name CURSOR FOR sql_statement;
```

其中，cursor_name 表示新定义的游标名称；sql_statement 则用于定义游标所要操作结果集的 SELECT 语句。

【引例 6-41】声明一个 cur_users 的游标。

```
DECLARE cur_users CURSOR
FOR SELECT uName FROM users;
```

该示例中，定义的游标名称为 cur_users，使用 SELECT 语句查询 users 表中 uName 的值。

> **学习提示**
>
> 游标使用前必须声明。

2. 打开游标

MySQL 中使用 OPEN 关键字来打开游标。其语法格式如下：

```
OPEN cursor_name;
```

【引例 6-42】打开引例 6-41 中声明的游标。

```
OPEN cur_users;
```

3. 使用游标

游标打开后，使用 FETCH 关键字来获取游标当前指针的记录，并将记录值传给指定的变量列表。其语法格式如下：

```
FETCH cursor_name INTO var_name[,var_name…];
```

其中，cursor_name 表示游标的名称；var_name 用于存储游标中 SELECT 语句查询的结果信息。var_name 中的变量必须事先定义，且变量的个数必须和游标返回字段的数量相同，否则游标提取数据失败。

【引例 6-43】将引例 6-42 中查询出来的数据存入 uname 变量中。

```
FETCH cur_users INTO uname;
```

该示例中，将游标 cur_users 中 SELECT 语句查询出来的信息存入 uname 变量中。uname 变量必须在前面已经定义过。

> **学习提示**
>
> MySQL 中游标是仅向前的且是只读的，也就是说，游标只能顺序地从前往后一条条读取结果集。

4. 关闭游标

MySQL 中使用 CLOSE 关键字来关闭游标。其语法格式如下：

```
CLOSE cursor_name;
```

【引例 6-44】将引例 6-42 中打开的游标关闭。

```
CLOSE cur_users;
```

该示例中关闭了名称为 cur_users 的游标，关闭之后要使用游标必须重新打开。

6.1.8 事件与事务

1. 事件

事件(event)是 MySQL 5.1.x 版本后引入的新特性。事件是在特定时刻调用的数据库对象。一个事件可调用一次，也可周期性地被调用，它由一个特定的线程来管理，也就是“事件调度器”。

事件和触发器类似，都是在某些事情发生的时候启动。当数据库上启动一条语句的时候，触发器就启动了，而事件是根据调度事件来启动的。由于它们具有相似性，所以事件也称为临时性触发器。事件取代了原先只能由操作系统的计划任务来执行的工作，而且 MySQL 的事件调度器可以精确到每秒钟执行一个任务，而操作系统的计划任务(如 Linux 下的 CRON 或 Windows 下的任务计划)只能精确到每分钟执行一次。事件在实时性要求较高的应用(如股票、期货等)中广泛使用。

事件调度器是 MySQL 数据库服务器的一部分，负责事件的调度，它不断监视某个事件是否需要被调用。在创建事件前，必须先打开事件调度器。MySQL 中的全局变量 @@GLOBAL.EVENT_SCHEDULER 用于监控事件调度器是否开启。

【引例 6-45】查看 MySQL 服务器事件调度器的状态。

```
SHOW VARIABLES LIKE 'EVENT_SCHEDULER';
```

执行上述语句的结果如图 6-1-3 所示。

```
mysql> show variables like 'event_scheduler';
+-----------------+-------+
| Variable_name   | Value |
+-----------------+-------+
| event_scheduler | OFF   |
+-----------------+-------+
1 row in set (0.00 sec)
```

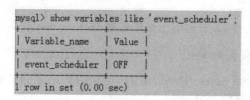

图 6-1-3 查看服务器事件调度器的开启状态

从执行结果可以看出，事件调度器当前处于关闭状态。

【引例 6-46】打开 MySQL 服务器事件调度器。

```
SET @@GLOBAL.EVENT_SCHEDULER=ON;
```

执行上述语句的结果如图 6-1-4 所示。

```
mysql> set @@global.event_scheduler = on;
Query OK, 0 rows affected (0.25 sec)

mysql> show variables like 'event_scheduler';
+-----------------+-------+
| Variable_name   | Value |
+-----------------+-------+
| event_scheduler | ON    |
+-----------------+-------+
1 row in set (0.00 sec)
```

图 6-1-4 开启事件调度器

也可以使用如下语句设置事件调度器的状态。

```
SET GLOBAL EVENT_SCHEDULER=1;
```

其中，值"1"表示开启，"0"表示关闭。

当服务器重启时，事件调度器的状态会恢复到默认值。若要想永久改变事件调度器的状态，可以修改 my.ini 文件，并在[mysqld]部分添加如下内容，然后重启 MySQL。

```
EVENT_SCHEDULER=1
```

2. 创建事件

在 MySQL 中，要完成自动化作业就需要创建事件。每个事件由事件调度(event schedule)和事件动作(event action)两个主要部分组成。其中，事件调度表示事件何时启动以及按什么频率启动，事件动作表示事件启动时执行的代码。

创建事件由 CREATE EVENT 语句完成，其语法格式如下：

```
CREATE EVENT
[IF NOT EXISTS]
event_name
ON SCHEDULE schedule
[ON COMPLETION[NOT]PRESERVE]
[ENABLE | DISABLE | DISABLE ON SLAVE]
[COMMENT 'comment']
DO event_body;
```

参数说明如下。

(1) IF NOT EXISTS：只有在同名 event 不存在时才创建，否则忽略。建议不使用以保证 event 创建成功。

(2) event_name：表示事件的名称。

(3) ON SCHEDULE：定义执行的时间和时间间隔。

schedule 的取值如下。

```
schedule:
AT timestamp[+INTERVAL interval]| EVERY interval
[STARTS timestamp[+INTERVAL interval]...]
[ENDS timestamp[+INTERVAL interval]...]
```

其中，AT timestamp 一般用于只执行一次，使用时可以使用当前时间加上延后的一段时间，例如：AT CURRENT_TIMESTAMP+INTERVAL 1 HOUR。也可以定义一个时间常量，例如：AT '2017-02-10 23:59:00'。EVERY interval 一般用于周期性执行，STARTS 表示可以设定的开始时间，ENDS 表示可以设定的结束时间。

interval 的取值如下。

```
interval:
quantity {YEAR | QUARTER | MONTH | DAY | HOUR | MINUTE |WEEK | SECOND |
YEAR_MONTH| DAY_HOUR | DAY_MINUTE |DAY_SECOND | HOUR_MINUTE | HOUR_SECOND
| MINUTE_SECOND}
```

(4) ON COMPLETION [NOT] PRESERVE：默认是执行完之后会自动删除。如果想保留该事件使用 ON COMPLETION PRESERVE；如果不想保留也可以设置 ON COMPLETION [NOT] PRESERVE。

(5) ENABLE | DISABLE | DISABLE ON SLAVE：用于设置启用或者禁止该事件，其中 ENABLE 表示系统执行这个事件，DISABLE 表示系统不执行该事件。在主从环境下的 event 操作中，若自动同步主服务器上创建事件的语句，则会自动加上 DISABLE ON SLAVE。

(6) COMMENT：表示增加注释。

(7) DO event body：用于指定事件执行的动作。可以是一条 SQL 语句，也可以是一个简单的 INSERT 或者 UPDATE 语句，还可以是一个存储过程或者 BEGIN…END 的语句块。

3. 事务

事务主要用于处理操作量大、复杂度高的数据。比如，在人员管理系统中，若删除一个人员，既需要删除人员的基本资料，也要删除和该人员相关的信息，如信箱、文章等，这样，这些数据库操作语句就构成一个事务。

事务(transaction)有以下 4 个属性，通常称为 ACID。

(1) 原子性：一个事务中的所有操作，要么全部完成，要么全部不完成，不会结束在中间某个环节。事务在执行过程中若发生错误，会回滚(rollback)到事务开始前的状态，就像这个事务从来没有被执行过一样。

(2) 一致性：在事务开始之前和事务结束以后，数据库的完整性没有被破坏。这表示写入的数据必须完全符合所有的预设规则，包含数据的精确度、串联性。后续数据库可以自发地完成预设的工作。

(3) 隔离性：数据库允许多个并发事务同时对其数据进行读写和修改，隔离性可以防止多个事务并发执行时由于交叉执行而导致的数据不一致问题。事务隔离分为不同级别，包括读未提交(read uncommitted)、读提交(read committed)、可重复读(repeatable read)和串行化(serializable)。

(4) 持久性：事务处理结束后，对数据的修改就是永久的，即使系统故障也不会丢失。

通过 InnoDB 和 BDB 类型表，MySQL 事务能够完全满足事务安全的 ACID 测试，但是，并不是所有类型的表都支持事务，如 MyISAM 表就不支持事务，只能通过伪事务对该表实现事务处理。

4. 事务的使用

使用事务的一般过程是：初始化事务→创建事务→提交事务→撤销事务。如果用户操作不当，执行事务提交，则系统会默认执行回滚操作。如果用户在提交事务前选择撤销事务，则用户在撤销前的所有事务将被取消，数据库系统会回到初始状态。

1) 初始化事务

初始化 MySQL 事务，首先声明初始化 MySQL 事务后所有的 SQL 语句为一个单元。在 MySQL 中，应用 START TRANSACTION 语句来标记一个事务的开始。初始化事务的

语法格式如下:

```
START TRANSACTION;
```

或

```
BEGIN;
```

2) 创建事务

创建事务的一般过程是:初始化事务→创建事务→应用 SELECT 语句查询数据是否被录入和提交事务。如果用户不在操作数据库完成后执行事务提交,则系统会默认执行回滚操作。

默认情况下,在 MySQL 中创建的数据表类型都是 MyISAM,但是该类型的数据表并不能支持事务。所以,如果用户想让数据表支持事务处理能力,必须将当前操作数据表的类型设置为 InnoDB 或 BDB。

在创建事务的过程中,用户需要创建一个 InnoDB 或 BDB 类型的数据表,其基本命令结构如下:

```
CREATE TABLE table_name(field_defintions) TYPE=INNODB/BDB;
```

其中,table_name 为表名,而 field_defintions 为表内定义的字段等属性,TYPE 为数据表的类型,既可以是 InnoDB 类型,也可以是 BDB 类型。

当用户希望已经存在的表支持事务处理,则可以应用 ALTER TABLE 命令指定数据表的类型实现对表的类型更改操作,使原本不支持事务的数据表更改为支持事务处理的类型。其命令如下:

```
ALTER TABLE table_name TYPE=INNODB/BDB;
```

当用户更改完表的类型后,即可使数据表支持事务处理。

3) 提交事务

在用户没有提交事务之前,当其他用户连接 MySQL 服务器时,应用 SELECT 语句查询结果,则不会显示当前用户没有提交的事务,其他用户无法查看当前用户的事务结果。当且仅当用户成功提交事务后,其他用户才可能通过 SELECT 语句查询事务结果。

由事务的特性可知,事务具有隔离性,当事务在处理过程中时,其实 MySQL 并未将结果写入磁盘,这样一来,这些正在处理的事务相对其他用户是不可见的。一旦数据被正确插入,用户就可以使用 COMMIT 命令提交事务。提交事务的语句如下:

```
COMMIT;
```

以上语句执行之后,可以通过 SELECT 语句查询事务执行的结果。

4) 撤销事务(事务回滚)

撤销事务,又称事务回滚。即事务被用户开启、用户输入的 SQL 语句被执行后,如果创建事务时的 SQL 语句与业务逻辑不符,或者数据库操作错误,可使用 ROLLBACK 语句撤销数据库的所有变化。撤销事务的语句如下:

```
ROLLBACK;
```

输入回滚操作后,如何判断是否执行回滚操作了呢?可以通过 SELECT 语句查看。

如果执行一个回滚操作，则在输入 START TRANSACTIONA 命令后的所有 SQL 语句都将执行回滚操作。故在执行事务回滚前，用户需要慎重选择执行回滚操作。如果用户开启事务后，没有提交事务，则事务默认为自动回滚状态，即不保存用户之前的任何操作。

6.2 实践操作：使用程序逻辑操作电商购物系统数据

在电商购物系统中，为了有效地提高数据访问效率和数据安全性，电商购物系统的开发过程更加专注于业务逻辑的处理，数据库负担为系统提供数据支持的任务，把复杂逻辑的数据处理放在数据库中，即数据库编程。

操作目标

(1) 在电商购物系统中创建和调用函数。
(2) 在电商购物系统中创建和调用存储过程。
(3) 在电商购物系统中创建和调用触发器。
(4) 在电商购物系统中创建和管理事件。

操作指导

SQL 像其他程序设计语言一样有顺序结构、分支结构和循环结构等流程控制语句。通过流程控制语句来控制 SQL 语句、语句块、函数和存储过程的执行过程，实现数据库中较为复杂的程序逻辑。

1. SQL 语句的使用

1) 条件语句

【实例 6-1】在 onlinedb 数据库中，查询 users 表的前 5 条记录，输出 uName 字段和 uEmail 字段的值。当 uEmail 字段的值为 NULL 时，输出字符串 Nothing，否则显示当前字段的值。

```
SELECT uName,IF(uEmail is NULL,'Nothing',uEmail) as uEmail
FROM users
LIMIT 5;
```

执行结果如图 6-2-1 所示。

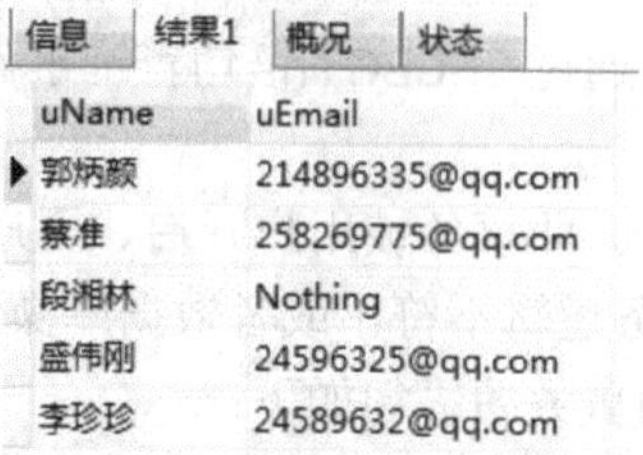

uName	uEmail
郭炳颜	214896335@qq.com
蔡准	258269775@qq.com
段湘林	Nothing
盛伟刚	24596325@qq.com
李珍珍	24589632@qq.com

图 6-2-1　IF 语句示例

从结果看出，第 3 行记录的 uEmail 的值显示为 Nothing。

其中，若结果 1 的值不为空，返回结果 1，否则返回结果 2。

【实例 6-2】查询 goods 表的前 5 条记录，输出 gdName 字段和 remark 字段的值。当 remark 字段不为空时，输出 remark 字段值，否则输出 no remark。

```
SELECT gdName,IFNULL(remark,'no remark') as remark
FROM Goods
LIMIT 5;
```

执行结果如图 6-2-2 所示。

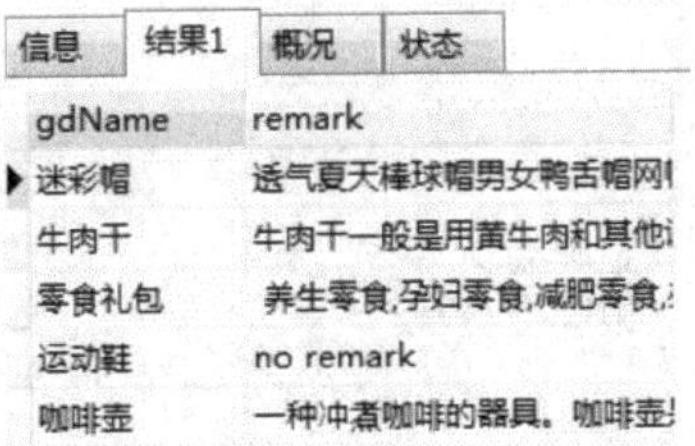

信息　结果1　概况　状态

gdName	remark
迷彩帽	透气夏天棒球帽男女鸭舌帽网
牛肉干	牛肉干一般是用黄牛肉和其他
零食礼包	养生零食,孕妇零食,减肥零食,
运动鞋	no remark
咖啡壶	一种冲煮咖啡的器具。咖啡壶

图 6-2-2　IFNULL 语句示例

从结果看出，第 4 行记录的 remark 值为 no remark。

【实例 6-3】创建存储过程，查询 onlinedb 数据库中 uID 为 3 的用户是否有订单。

```
CREATE PROCEDURE myorders()
BEGIN
DECLARE num int;
SELECT count(*) INTO num FROM orders WHERE uID=3;
IF num > 0 THEN
SELECT '有订单';
ELSE
SELECT '无订单';
END IF;
END;
```

【实例 6-4】查询 users 表，输出前 5 个用户的 uName、uSex 和 SexValue，其中，SexValue 的取值若 uSex 为“男”则为 1，否则为 0。

```
SELECT uName,uSex,
CASE uSex
WHEN '男' THEN 1
ELSE 0
END AS SexValue
FROM users
LIMIT 5;
```

执行结果如图 6-2-3 所示。

从结果看出，性别为男时对应的 SexValue 值为 1，性别为女时对应的 SexValue 值为 0。

uName	uSex	SexValue
郭炳颜	男	1
蔡准	男	1
段湘林	男	1
盛伟刚	男	1
李珍珍	女	0

图 6-2-3　简单 CASE 语句示例

【实例 6-5】查询 users 表，输出前 5 个用户的 uName、ucredit 和 grade。其中，grade 的取值若 ucredit 大于等于 200，则为“金牌会员”，若大于等于 100 则为“银牌会员”，其余为“铜牌会员”。

```
SELECT uName,ucredit,
CASE
WHEN ucredit>=200 THEN '金牌会员'
WHEN ucredit>=100 THEN '银牌会员'
ELSE '铜牌会员'
END AS grade
FROM users
LIMIT 5;
```

执行结果如图 6-2-4 所示。

uName	ucredit	grade
郭炳颜	213	金牌会员
蔡准	79	铜牌会员
段湘林	85	铜牌会员
盛伟刚	163	银牌会员
李珍珍	986	金牌会员

图 6-2-4　CASE 搜索结构示例

从结果看出，在 grade 列中根据规则正确显示了用户的等级。

除了条件语句之外，在 MySQL 中还经常会用循环语句，循环语句可以在函数、存储过程或者触发器等内容中使用。每一种循环都是重复执行的一个语句块，该语句块可包括一条或多条语句。循环语句有多种形式，MySQL 中只有 WHILE、REPEAT 和 LOOP 三种。WHILE 循环语句以 WHILE 关键字开始，以 END WHILE 语句结束。

2)　循环语句

【实例 6-6】创建存储过程，使用 WHILE 语句循环输出 1～100 的和。

```
CREATE PROCEDURE do While()
BEGIN
SET @count=1;
SET @sum=0;
WHILE @count <=100 DO
SET @sum=@sum+@count;
SET @count=@count+1;
END WHILE;
SELECT @sum;
END;
```

【实例 6-7】 LOOP 语句示例。

```
add_num: LOOP
SET @count=@count+1;
END LOOP add_num;
```

本例中循环语句的开始标签为 add_num，循环体执行变量@count 加 1 的操作。由于循环里没有跳出循环的语句，这个循环是死循环。

【实例 6-8】 修改实例 6-7，使用 LEAVE 语句跳出循环。

```
add_num: LOOP
SET @count=@count+1;
IF @count=100 THEN
LEAVE add_num;
END LOOP add_num;
```

本例中循环体仍执行@count 加 1 的操作。与实例 6-7 不同的是，当 count 的值等于 100 时，跳出标识为 add_num 的循环。

【实例 6-9】 修改实例 6-8，使用 ITERATE 语句跳出本次循环示例。

```
SET @count=0;
SET @sum=0;
add_num:LOOP
   SET @count=@count+1;
   IF @count=100 THEN
      LEAVE add_num;
      ELSE IF MOD(@count,3)=0 THEN ITERATE add_num;
      END IF;
   END IF;
   SET @sum=@sum+@count
END LOOP add_num;
```

本例中循环体仍执行@count 加 1 的操作，并实现@count 值的累加。当 count 的值等于 100 时，跳出标识为 add_num 的循环；当@count 值被 3 整除时，不进行累加。

【实例 6-10】 使用 REPEAT 语句循环输出 1～100 的和。

```
SET @count=1;
SET @sum=0;
REPEAT
SET @sum=@sum+@count;
SET @count=@count+1;
UNTIL @count > 100
END REPEAT;
```

> **学习提示**
>
> REPEAT 语句是在执行循环体里的语句块后再执行"条件表达式"的比较，不管条件是否满足，循环体至少执行一次；而 WHILE 语句则是先执行"条件表达式"的比较，当结果为 TRUE 时再执行循环体中的语句块。

2. 游标的使用

【**实例6-11**】创建存储过程，删除指定用户的全部订单时，同时删除每个订单的订单明细。

```
CREATE PROCEDURE spDel All Orders(id INT)
begin
DECLARE ordersid INT;
DECLARE done INT;
--声明游标
DECLARE cur_orders CURSOR FOR
SELECT oID FROM orders WHERE uID=id;
--如果SQLSTATE等于02000,也就是没有读到数据时,把done设置为1
DECLARE CONTINUE HANDLER FOR
SQLSTATE '02000' SET done=1;
--打开游标
OPEN cur_orders;
REPEAT
    --读取指定用户的订单ID
    FETCH cur_orders INTO ordersid;
    DELETE FROM orderdetail WHERE oID=ordersid;
    UNTIL done
END REPEAT;
--关闭游标
CLOSE cur_orders;
DELETE FROM orders WHERE uID=id;
End
```

> **学习提示**
>
> 如果在函数或存储过程中使用 SELECT 语句，并且 SELECT 语句会查询出多条记录，这种情况最好使用游标来逐条读取记录。游标必须在处理程序之前且在变量和条件之后声明，而且游标使用完后一定要关闭。

3. 创建用户自定义函数

【**实例6-12**】创建函数 fnCount，返回商品类别的数量。

```
CREATE FUNCTION fnCount()
RETURNS INTEGER
BEGIN
RETURN(SELECT COUNT(*)FROM Goodstype);
END
```

【**实例6-13**】创建函数 fnGetgdName，根据指定的商品 ID，查询商品名称。

```
CREATE FUNCTION fnGetgdName(id INT)
RETURNS VARCHAR(100)
BEGIN
RETURN(SELECT gdName FROM Goods WHERE gdid=id);
END;
```

【实例6-14】创建函数 fnReturnStr，返回指定长度的字母数字随机串。

```
CREATE FUNCTION fnReturnStr(n INT)
RETURNS VARCHAR(255)
BEGIN
--定义字符库,由字母和数据组成
DECLARE chars_str VARCHAR(100) DEFAULT
'abcdefghijklmnopqrstuvwxyz ABCDEFGHIJKLMNOPQRSTUVWXYZ0123456789';
DECLARE return_str VARCHAR(255) DEFAULT '';
DECLARE i INT DEFAULT 0;
WHILE i < n DO
--使用系统函数每次随机生成一个字符,并使用CONCAT函数将其连接成串
SET return_str=CONCAT(return_str,SUBSTRING(chars_str,
CEILING(RAND()*LENGTH(chars_str)),1));
SET i=i+1;
END WHILE;
RETURN return_str;
END
```

4. 管理用户自定义函数

【实例6-15】查看函数 fnCount 的定义。

```
SHOW CREATE FUNCTION fnCount;
```

执行结果如下：

```
mysql> show create function fnCount \G;
*************************** 1.row ***************************
Function: fnCount
sql_mode: STRICT_TRANS_TABLES,NO_AUTO_CREATE_USER,
NO_ENGINE_SUBSTITUTION
Create Function: CREATE DEFINER='root'@'localhost' FUNCTION
'fnCount'() RETURNS int(11)
BEGIN
RETURN(SELECT COUNT(*)FROM Goodstype);
END
character_set_client: utf8mb4
collation_connection: utf8mb4_general_ci
Database Collation: utf8_general_ci
1 row in set(0.00 sec)
```

【实例6-16】修改函数 fnCount 的定义。将读写权限改为 MODIFIES SQL DATA，并指明调用者可以执行。

```
ALTER FUNCTION fnCount
MODIFIES SQL DATA
SQL SECURITY INVOKER;
```

【实例6-17】删除函数 fuCount。

```
DROP FUNCTION fuCount;
```

5. 使用存储过程实现数据访问

存储过程也是数据库的重要对象，它可以封装具有一定功能的语句块，并将其预编译后保存在数据库中，供用户重复使用。本任务从存储过程的优点着手，详细介绍创建、执行、修改和删除存储过程的方法和技巧，有效实现数据库中程序模块化设计。

1) 创建存储过程

【实例 6-18】创建存储过程，查询 goods 表中前 5 条商品的 gdName 和 gdPrice。

```
DELIMITER//
CREATE PROCEDURE spGetgdNames()
READS SQL DATA
BEGIN
SELECT gdName,gdPrice
FROM Goods
LIMIT 5;
END//
```

默认情况下，";"用于向 MySQL 提交查询语句，当编写的存储过程或程序块中包含多条语句时，需要用 delimiter 来更改 MySQL 的语句提交符号。本例中使用"//"符号作为结束提交符号。

2) 调用存储过程

【实例 6-19】执行名为 spGetgdNames 的存储过程，输出所有商品的名称。

```
CALL spGetgdNames();
```

执行结果如图 6-2-5 所示。

gdName	gdPrice
迷彩帽	63
牛肉干	94
零食礼包	145
运动鞋	400
咖啡壶	50

图 6-2-5　存储过程使用示例

3) 参数化存储过程

【实例 6-20】创建存储过程 spGetgoodsbygdID，根据商品 ID 查询指定的商品信息，显示 gdCode、gdName、gdPrice 和 gdCity。

```
DELIMITER//
CREATE PROCEDURE spGetgoodsbygdID(id int)
READS SQL DATA
BEGIN
SELECT gdCode,gdName,gdPrice,gdCity
FROM Goods
WHERE gdID=id;
END//
```

【实例 6-21】执行存储过程 spGetgoodsbygdID，查询 gdID 值为 1 的商品信息。

```
CALL sp GetgoodsbygdID(1);
```

执行结果如图 6-2-6 所示。

gdCode	gdName	gdPrice	gdCity
▶ 001	迷彩帽	63	长沙

图 6-2-6　带输入参数的存储过程示例

【实例 6-22】创建存储过程 spGetuIDbyuName，根据用户名返回用户 ID。

```
DELIMITER//
CREATE PROCEDURE spGetuIDbyuName
(IN name VARCHAR(30),OUT id int)
BEGIN
SELECT uID INTO id
FROM users
WHERE uName=name;
END//
```

【实例 6-23】执行存储过程 spGetuIDbyuName，返回用户名为郭炳颜的用户 ID。

```
CALL sp GetuIDbyuName('郭炳颜',@id);
SELECT @id;
```

执行结果如图 6-2-7 所示。

图 6-2-7　带输入输出参数的存储过程示例

4) 管理存储过程

【实例 6-24】查看存储过程 spGetuIDbyuName 的定义。

```
SHOW CREATE PROCEDURE spGetuIDbyuName;
```

【实例 6-25】修改存储过程 spGetuIDbyuName 的定义，将读写权限改为 READS SQL DATA，并加上注释信息 FIND uID。

```
ALTER PROCEDURE spGetuIDbyuName
READS SQL DATA
COMMENT 'FIND uID';
```

【实例 6-26】删除名为 spGetuIDbyuName 的存储过程。

```
DROP PROCEDURE spGetuIDbyuName;
```

6. 使用触发器实现自动任务

1) 创建触发器

【实例 6-27】创建触发器 trigInsertodetail，当向 orderdetail 表插入一条记录时，orders 表对应的 oTotal 的值增加，增加的值为订单详情中对应商品的数量。

```
DELIMITER//
CREATE TRIGGER trigInsertodetail
AFTER INSERT
ON orderdetail FOR EACH ROW
BEGIN
DECLARE price DOUBLE;
--获取添加的商品单价
SET price=(SELECT gdprice
FROM Goods
WHERE gdid=NEW.gdid);
UPDATE orders
SET oTotal=oTotal+price *NEW.odNum
WHERE orders.oID=NEW.oID;
END//
```

【实例 6-28】创建触发器 trigInsertusers，当向 users 表插入记录时，设置当前记录的 uRegTime 的值为系统日期时间。

```
DELIMITER//
CREATE TIGGER trigInsertusers
BEFORE INSERT
ON users FOR EACH ROW
BEGIN
set new.uRegTime=NOW();
END//
```

触发器创建成功后，执行以下 SQL 语句。

```
INSERT INTO users(uname,upwd) VALUES('lily','123')
SELECT uid,uname,upwd,uRegTime
FROM users
WHERE uName='lily'
```

执行结果如图 6-2-8 所示。

uid	uname	upwd	uRegTime
13	lily	123	2017-05-18 23:32:58

图 6-2-8 触发器执行结果示例

从结果可以看出，新插入的记录行的 uRegTime 值被填充为当前系统时间。

> **学习提示**
>
> 当触发器对表本身执行 INSERT 和 UPDATE 操作时，触发器的动作时间只能用 BEFORE 而不能用 AFTER。当触发程序的语句类型是 INSERT 或者 UPDATE 时，在触发器里不能再用 UPDATE SET，而应直接使用 SET，避免出现 UPDATE SET 的重复错误。

2) 管理触发器

【实例 6-29】删除名称为 trigInsertusers 的触发器。

```
DROP TIGGER trigInsertusers;
```

7. 使用事件实现自动任务

1)　创建事件

【实例 6-30】 创建名为 event_goodsbak 的即时事件，将商品信息表 goods 中的所有商品插入商品历史表 goodshistory 中。

创建的 SQL 语句如下：

```
CREATE EVENT event_goodsbak
ON SCHEDULE
AT NOW()
DO
INSERT INTO goodshistory
SELECT * FROM Goods;
```

其中，AT　NOW()表示该事件为创建时立即执行。

执行上述语句，事件立即执行。使用 SELECT 语句，查看 goodshistory 表的内容，结果如图 6-2-9 所示。

```
SELECT * FROM Goodshistory;
```

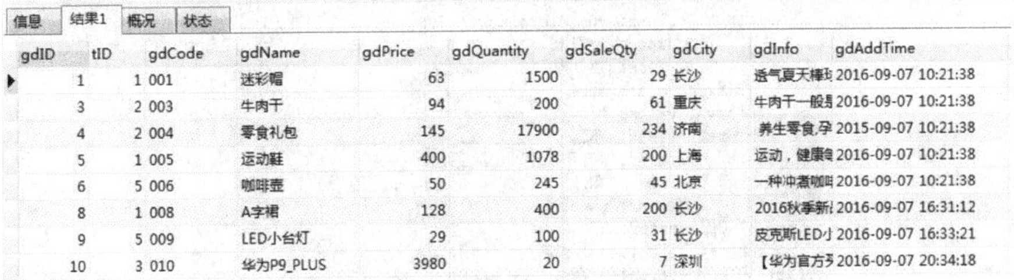

gdID	tID	gdCode	gdName	gdPrice	gdQuantity	gdSaleQty	gdCity	gdInfo	gdAddTime
1	1	001	迷彩帽	63	1500	29	长沙	透气夏天棒	2016-09-07 10:21:38
3	2	003	牛肉干	94	200	61	重庆	牛肉干一般	2016-09-07 10:21:38
4	2	004	零食礼包	145	17900	234	济南	养生零食,孕	2015-09-07 10:21:38
5	1	005	运动鞋	400	1078	200	上海	运动，健康	2016-09-07 10:21:38
6	5	006	咖啡壶	50	245	45	北京	一种冲煮咖	2016-09-07 10:21:38
8	1	008	A字裙	128	400	200	长沙	2016秋季新	2016-09-07 16:31:12
9	5	009	LED小台灯	29	100	31	长沙	皮克斯LED小	2016-09-07 16:33:21
10	3	010	华为P9_PLUS	3980	20	7	深圳	【华为官方	2016-09-07 20:34:18

图 6-2-9　事件执行后的结果

从执行结果可以看出，goods 表中的所有信息都插入到了 goodshistory 表中。

> **学习提示**
>
> 事件执行完后会释放，如立即执行事件，执行完后，事件便自动删除，多次调用事件或等待执行事件可以在当前库中查看到。

【实例 6-31】 创建名为 event_reindex_orderdetails 的事件，每周一次调用存储过程 pro_reIndex_orderdetails，该存储过程的作用为重建表 ordersdetails 上的索引 ix_evaluation。

首先，要重建表上的索引常用的方式就是先删除建立在该表上的索引，并重新创建该索引，创建存储过程 pro_reIndex_orderdetails 的语句如下：

```
CREATE PROCEDURE pro_reIndex_orderdetails()
BEGIN
IF EXISTS(SELECT * FROM information_schem a.statistics
WHERE table_schema='onlinedb'
AND table_name='orderdetail'
AND index_name='ix_evaluation')THEN
DROP INDEX ix_evaluation ON orderdetails;
```

```
END IF;
CREATE INDEX ix_evaluation ON orderdetails(dEvaluation);
END;
```

调用存储过程 pro_reIndex_orderdetails 的事件代码如下：

```
CREATE EVENT event_reindex_orderdetails
ON SCHEDULE
EVERY 1 WEEK
DO
CALL pro_reIndex_orderdetails();
```

其中，EVERY 1 WEEK 表示每周执行一次。

2) 管理事件

【实例6-32】查看当前数据库中的事件，并格式化显示。

```
SHOW EVENTS \G;
```

执行结果如图6-2-10所示。

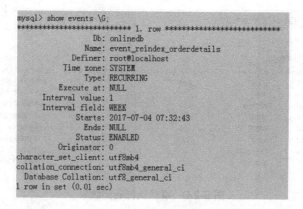

图 6-2-10　查看事件

从图 6-2-10 可以看出该事件的详细信息，包括名称、创建者、类型、开始时间、结束时间、启用状态及编码方式等。

【实例6-33】禁用名为 event_reindex_orderdetails 的事件。

```
ALTER EVENT event_reindex_orderdetails DISABLE;
```

【实例6-34】启用名为 event_reindex_orderdetails 的事件。

```
ALTER EVENT event_reindex_orderdetails ENABLE;
```

【实例 6-35】修改事件 event_reindex_orderdetails 的执行频率，改为每 15 天执行一次，开始时间为 2017 年 7 月 10 日凌晨 3 点，结束时间为 2018 年 7 月 10 日中午 12 点。

修改事件的语句如下：

```
ALTER EVENT event_reindex_orderdetails
ON SCHEDULE EVERY 15 DAY
STARTS '2017-7-10 3:00:00'
ENDS '2018-7-10 12:00:00' ;
```

使用 SHOW　EVENTS 查看该事件，结果如图 6-2-11 所示。

```
mysql> show events \G;
*************************** 1. row ***************************
                  Db: onlinedb
                Name: event_reindex_orderdetails
             Definer: root@localhost
           Time zone: SYSTEM
                Type: RECURRING
          Execute at: NULL
      Interval value: 15
      Interval field: DAY
              Starts: 2017-07-10 03:00:00
                Ends: 2018-07-10 12:00:00
              Status: ENABLED
          Originator: 0
character_set_client: utf8mb4
collation_connection: utf8mb4_general_ci
  Database Collation: utf8_general_ci
1 row in set (0.01 sec)
```

图 6-2-11　修改事件

如图 6-2-11 所示，事件 event_reindex_orderdetails 的执行时间间隔、开始时间和结束时间都发生了变更。

【实例 6-36】删除名为 event_reindex_orderdetails 的事件。

```
DROP EVENT event_reindex_orderdetails;
```

经验点拨

经验 1：MySQL 中的存储过程和函数有什么区别？

在本质上它们都是存储程序。函数只能通过 return 语句返回单个值或者表对象；而存储过程不允许执行 return 语句，但是可以通过 out 参数返回多个值。函数的限制比较多，不能用临时表，只能用表变量等；而存储过程的限制相对就比较少。函数可以嵌入在 SQL 语句中使用，可以在 SELECT 语句中作为查询语句的一个部分调用；而存储过程一般是作为一个独立的部分来执行。

经验 2：存储过程中可以调用其他存储过程吗？

存储过程包含用户定义的 SQL 语句集合，可以使用 CALL 语句调用存储过程，当然在存储过程中也可以使用 CALL 语句调用其他存储过程，但是不能使用 DROP 语句删除其他存储过程。

经验 3：存储过程的参数可以使用中文吗？

一般情况下，可能会出现存储过程中传入中文参数的情况，例如某个存储过程根据用户的名字查找该用户的信息，传入的参数值可能是中文。这时需要在定义存储过程的时候，在后面加上 character set gbk，不然调用存储过程时使用中文参数会出错，比如定义 userInfo 存储过程，代码如下：

```
CREATE PROCEDURE userInfo(IN u_name VARCHAR(50) character set gbk, OUT u_age INT)
```

经验 4：创建触发器时的注意事项。

在使用触发器时需要注意，对于相同的表、相同的事件只能创建一个触发器，比如对表 account 创建了一个 BEFORE INSERT 触发器，那么如果对表 account 再创建一个 BEFORE INSERT 触发器，MySQL 将会报错。此时，只可以在表 account 上创建 AFTER INSERT 或者 BEFORE UPDATE 类型的触发器。

经验 5：及时删除不再需要的触发器。

触发器定义之后，每次执行触发事件，都会激活触发器并执行触发器中的语句。如果需求发生变化，而触发器没有进行相应的改变或者删除，则触发器仍然会执行旧的语句，从而会影响新数据的完整性。因此，要将不再使用的触发器及时删除。

项目小结

1. 存储过程与函数的区别

函数是特殊的存储过程，函数只能通过 return 语句返回一个值，而存储过程可以通过输出类型参数，一次带回多个值，同时，在过程体中通过查询语句还可以带回结果集。函数一般嵌入 SQL 中使用，可以作为语句的一部分，而存储过程一般都作为独立部分执行。

扫码观看视频学习

2. 存储过程的过程体不可修改

存储过程的过程体内容不允许修改，若必须修改，须先删除，而后重新创建。

3. 触发器的执行机制

触发器是与表有关的数据库对象，当对表执行 INSERT、UPDATE、DELETE 语句时，将触发触发器。可使用 BEFORE 或 AFTER 将触发器设置为在执行语句之前或之后触发。如果 BEFORE 触发器执行失败，SQL 将无法正确执行。SQL 执行失败时，AFTER 型触发器不会触发。AFTER 类型的触发器执行失败，则 SQL 语句回滚。

思考与练习

1. 选择题

(1) MySQL 支持的变量类型有用户变量、系统变量、服务器变量、结构化变量和（　　）。

  A. 成员变量 B. 局部变量 C. 全局变量 D. 时间变量

(2) 表达式 SELECT (9+6*5+3%2)/5-3 的运算结果是（　　）。

  A. 1 B. 3 C. 5 D. 7

(3) 返回 0～1 的随机数的数学函数是（　　）。

  A. RAND() B. SIGN(x) C. ABS(x) D. PI()

(4) 计算字段的累加和函数是（　　）。

  A. SUM() B. ABS() C. COUNT() D. PI()

(5) 返回当前日期的函数是（　　）。

  A. curtime() B. adddate() C. curnow() D. curdate()

(6) 创建用户自定义函数的关键语句是(　　)。
    A. CREATE FUNCTION   B. ALTER FUNCTION
    C. CREATE PROCEDURE   D. ALTER PROCEDURE
(7) 存储程序中的选择语句有(　　)。
    A. IF   B. WHILE   C. SELECT   D. SWITCH
(8) MySQL 中使用(　　)来调用存储过程。
    A. EXEC   B. CALL   C. EXECUTE   D. CREATE
(9) 下面(　　)语句用来声明游标。
    A. CREATE CURSOR   B. ALTER CURSOR
    C. SET CURSOR   D. DECLARE CURSOR
(10) 一般激活触发器的事件包括 INSERT、UPDATE 和(　　)事件。
    A. CREATE   B. ALTER   C. DROP   D. DELETE
(11) 下列说法中错误的是(　　)。
    A. 常用触发器有 INSERT、UPDATE、DELETE 三种
    B. 对于同一张数据表，可以同时有两个 BEFORE UPDATE 触发器
    C. NEW 表在 INSERT 触发器中用来访问被插入的行
    D. OLD 表中的值只读不能被更新

2. 简述题

(1) 简述使用存储过程的益处。
(2) 简述事件和触发器的区别。
(3) 简述游标的应用场景及使用方法。

拓展训练

技能大赛项目管理系统中存储过程及相关函数的应用

一、任务描述

(1) 结合技能大赛项目管理系统，创建带参数和不带参数的存储过程，以及在存储过程中使用变量和流程控制语句实现编程功能。

(2) 以技能大赛项目管理系统为例，创建、调用、修改、使用和删除存储函数，包括创建基本的存储函数，创建带变量的存储函数，以及在存储函数中调用其他存储过程或存储函数。

(3) 在技能大赛项目管理系统数据库中使用触发器，包括创建触发器、查看触发器和删除触发器。

(4) 在技能大赛项目管理系统数据库中，创建存储过程并在存储过程中使用游标，逐条读取记录。

(5) 结合技能大赛项目管理系统，根据事务使用的一般过程，学习初始化事务、创建事务、提交事务、撤销事务，通过使用事务实现命令执行的同步性。

二、任务分析

(1) 利用存储过程编程知识完成第一个任务。

(2) 利用函数编程知识完成第二任务。
(3) 利用触发器编程知识完成第三个任务。
(4) 利用游标编程知识完成第四个任务。
(5) 利用事务编程知识完成第五个任务。

三、任务实施

1. 存储过程的使用

(1) 创建一个不带参数的存储过程，实现查看 student 表信息的功能。
(2) 创建一个带 IN 参数的存储过程，实现根据学生学号查看学生信息的功能。
(3) 创建一个带 OUT 参数的存储过程，实现查看学生姓名的功能。
(4) 创建一个存储过程，输入学生的学号，如果学生的性别为"男"，输出"你是一个男生"，如果学生的性别为"女"，输出"你是一个女生"。
(5) 创建一个存储过程，输入学生的学号，如果学生的性别为"男"，就将学生的性别改为"女"，并且输出"性别修改成功"，如果学生的性别为"女"，则输出"性别为女，不需要修改"。

2. 存储函数的使用

(1) 创建一个存储函数，返回 student 表中男生的人数。
(2) 创建一个存储函数，根据指定的学生学号，返回该学生所在的院系名。
(3) 调用存储函数 nan_num()，实现查看男生的人数，然后调用存储函数 student_pname()，查看学号为 2014060207 的学生所在的院系名。
(4) 创建一个存储函数，通过调用存储函数 student_pname()获得学生所在的院系名，然后返回该学生所在院系的总人数。
(5) 利用 DROP FUNCTION 语句删除存储函数 st_num()。SQL 语句执行成功之后，查看是否删除成功。

3. 触发器的使用

(1) 创建一张统计班级人数的表 class_num，然后创建一个触发器，使得当 student 表中增加学生时，class_num 表自动更新。
(2) 创建一个触发器，使得当 student 表中删除学生时，class_num 表自动更新。
(3) 创建一个触发器，使得当 class 表修改时，统计班级人数的 class_num 表自动更新。
(4) 查看学生竞赛项目管理系统数据库 competition 中的所有触发器。
(5) 删除学生竞赛项目管理系统数据库 competition 中的 tri_class_num 触发器。

4. 游标的使用

(1) 创建一个存储过程，并在存储过程中使用游标，逐条读取记录。
(2) 以上语句执行后，调用存储过程，测试效果。

5. 事务

(1) 初始化事务成功后，向表 student 中插入两条记录。
(2) 向 student 表中插入 3 条记录时，利用 SAVEPOINT 设置 3 个回滚的位置点。

项目 7 数据库安全

学习目标

【知识目标】

掌握数据安全机制。

【技能目标】

- 能在数据库中创建、删除用户。
- 能对数据库中的权限进行授予、查看和收回操作。
- 会使用事务控制程序的执行。

【拓展目标】

能够在指定数据库系统中建立安全机制。

任务描述

随着信息化、网络化水平的不断提升,重要数据信息的安全受到越来越大的威胁,而大量的重要数据往往都存放在数据库系统中。如何保护数据库,有效防范信息泄露和篡改成为重要的安全保障目标。

7.1 知识准备：数据库安全机制

7.1.1 用户与权限

数据库的安全性是指只允许合法用户进行其权限范围内的数据库相关操作，保护数据库，以防止任何不合法的使用所造成的数据泄露、更改或破坏。数据库安全性措施主要涉及用户认证和访问权限两个方面的问题。

扫码观看视频学习

MySQL 用户主要包括 root 用户和普通用户。root 用户是超级管理员，拥有操作 MySQL 数据库的所有权限。如 root 用户的权限包括创建用户、删除用户和修改普通用户的密码等管理权限，而普通用户仅拥有创建该用户时赋予它的权限。

在安装 MySQL 时，会自动安装名为 mysql 的数据库，该数据库中包含了 6 个用于管理 MySQL 权限的表，分别是 user、db、host、table_priv、columns_priv 和 procs_priv 表。其中 user 表是顶层的，是全局的权限，db、host 是数据库层级的权限，table_priv 是表层级权限，columns_priv 是列层级权限，procs_priv 则是定义在存储过程上的权限。当 MySQL 服务启动时，会读取 mysql 数据库中的权限表，并将表中的数据加载到内存，当用户进行数据库访问操作时，MySQL 会根据权限表中的内容对用户做相应的权限控制。

mysql 数据库中的 user 表是权限表中最为重要的表，它记录了允许连接到服务器的账号信息和一些全局级的权限信息。为了使读者对用户和权限有更好的了解，接下来列举 user 表中的常用属性，如表 7-1-1 所示。

表 7-1-1 user 表的常用属性

属性名	数据类型	是否主键	默认值	说明
host	char(60)	是		登录服务器的主机名
user	char(16)	是		登录服务器的用户名
password	char(41)			登录服务器的密码
select_priv	enum('N','Y')		N	查询记录权限
insert_priv	enum('N','Y')		N	插入记录权限
update_priv	enum('N','Y')		N	更新记录权限
delete_priv	enum('N','Y')		N	删除记录权限
create_priv	enum('N','Y')		N	创建数据库中对象的权限
drop_priv	enum('N','Y')		N	删除数据库中对象的权限
reload_priv	enum('N','Y')		N	重载 MySQL 服务器的权限
shutdown_priv	enum('N','Y')		N	终止 MySQL 服务器的权限
grant_priv	enum('N', 'Y')		N	授予 MySQL 服务器的权限

续表

属性名	数据类型	是否主键	默认值	说明
ssl_type	enum('','ANY','X509','SPECIFIED')		11	用于加密
ssl_cipher	blob			用于加密
x509_issuer	blob			标识用户
x509_subject	blob			标识用户
max_questions	int(11)unsigned		0	每小时允许用户执行查询操作的次数
max_updates	int(11) unsigned		0	每小时允许用户执行更新操作的次数
max_connections	int(11) unsigned		0	每小时允许用户建立连接的次数
max_user_connections	int(11)unsigned		0	允许单个用户同时建立连接的次数

7.1.2 用户账户管理

1. 登录与退出 MySQL 服务器

以合法用户登录 MySQL 数据库服务器。

2. 新建普通用户

(1) 用 create user 语句新建普通用户 test1@localhost，密码为 test1。

```
mysql>create user 'test1' @ 'localhost' identified by 'test1';
Query OK,0 rows affected(0.01 sec)
```

(2) 用 insert 语句新建普通用户 test2@localhost，密码为 test2。

```
mysql>insert into mysql.user(host,user,password)values
('localhost','test2',password('test2'));
Query OK,1 row affected,3 warnings(0.00 sec)

mysql>flush privileges;
Query OK,0 rows affected(0.00 sec)
```

(3) 用 grant 语句新建普通用户 test3@localhost，密码为 test3。

```
mysql>grant select on *.* to 'test3' @ 'localhost'
    ->identified by 'test3';
Query OK,0 rows affected(0.00 sec)
```

3. 删除普通用户

(1) 用 drop user 语句删除普通用户 test2@localhost。

```
mysql>drop user 'test2' @ 'localhost';
Query OK,0 rows affected(0.00 sec)
```

(2) 用 delete 语句删除普通用户 test3@localhost。

```
mysql>delete from mysql.user where host='localhost' and user='test3';
Query OK,1 row affected(0.00 sec)
```

4. root 用户修改自己的密码

root 用户拥有最高的权限,因此必须保证 root 用户的密码的安全。可以通过以下方式对 root 用户的密码进行修改。

(1) 修改 MySQL 数据库下的 user 表,将密码修改为 myroot。

```
mysql>update mysql.user set password=password('myroot');
Query OK,1 row affected(0.00 sec)
Rows matched: 1 Changed: 1 Warnings: 0

mysql>flush privileges;
Query OK,0 rows affected(0.00 sec)
```

(2) 使用 set 语句修改 root 用户的密码为 root。

```
mysql>set password=password('root');
Query OK,0 rows affected(0.00 sec)

mysql>flush privileges;
Query OK,0 rows affected(0.00 sec)
```

5. root 用户修改普通用户的密码

root 用户具有最高的权限,所以它可以修改普通用户的密码。

(1) 使用 set 语句修改普通用户的密码,将 test1@localhost 的密码修改为 test。

```
mysql>set password for 'test1' @ 'localhost'=password('test');
Query OK,0 rows affected(0.00 sec)
```

(2) 修改 MySQL 数据库下的 user 表,将 test1@localhost 的密码修改为 1234。

```
mysql>update mysql.user set password=password('1234')
    ->where user='test1' and host='localhost';
Query OK,1 row affected(0.00 sec)
Rows matched: 1 Changed: 1 Warnings: 0

mysql>flush privileges;
Query OK,0 rows affected(0.00 sec)
```

(3) 用 grant 语句修改普通用户 test@localhost 的密码为 test。

```
mysql>grant select on *.* to 'test' @ 'localhost'
    ->identified by 'test';
Query OK,0 rows affected(0.00 sec)
```

6. 普通用户修改密码

普通用户一样可以修改自己的密码,将自己的密码修改为 test。普通用户登录后,操

作代码如下:

```
mysql>set password=password('test');
Query OK,0 rows affected(0.00 sec)
```

7.1.3 权限管理

1. 授权

MySQL 使用 grant 关键字为用户授权。以下代码授予 test@localhost 用户对所有表的查询和更新权限。

```
mysql>grant select,update on *.* to 'test' @ 'localhost'
    ->identified by 'test' with grant option;
```

2. 收回权限

收回权限是取消某个用户的某些权限。MySQL 中使用 revoke 关键字来为用户收回权限。下列代码为收回 test@localhost 用户对所有表的查询权限。

```
mysql>revoke select on *.* from 'test' @ 'localhost';
Query OK,0 rows affected(0.00 sec)
```

3. 查看权限

MySQL 中可以使用 select 语句查询 user 表中用户的权限,也可以使用 show grant 语句来查看。例如,查看 root 用户权限的代码如下:

```
mysql>select host,user,password,select_priv,update_priv,grant
_priv
    ->from mysql.user where user='root';
```

或者

```
mysql>show grants for 'root' @ 'localhost';
```

7.1.4 用户的锁定与解锁

在创建用户时或用户创建后可以将用户锁定,用户被锁定后,此用户无法完成登录。锁定与解锁的命令如下。

在创建用户时锁定用户:

```
Create user 'username'@'host' identified by 'password' account lock;
```

管理员用户创建受锁定用户:

```
Alter user 'username'@'host' account lock
```

解锁用户:

```
alter user 'username'@'host' account unlock;
```

7.1.5 图形管理工具管理用户与权限

除了命令行方式，也可以通过图形界面方式来操作用户与权限。下面以图形管理工具 Navicat for MySQL 为例来说明管理用户与权限的具体步骤。

1. 添加和删除用户

打开 Navicat Premium 数据库管理工具，以 root 用户建立连接，连接后打开管理工具主窗口。单击工具栏中的"管理"按钮，打开图 7-1-1 所示的窗口。

图 7-1-1 用户窗口

单击图 7-1-1 中的新建用户，可以看到相关权限的配置。

此时单击"新建"按钮，在图 7-1-2 所示的对话框中填写相关的信息，完成新用户的创建操作。如果想要进行用户的删除操作，则选中指定用户后，单击"删除"按钮就可以完成用户的删除操作。

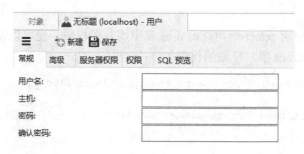

图 7-1-2 新用户的创建

(1) 用户名：设置连接服务器的用户名。

(2) 主机：设置允许连接服务器的主机 IP 地址。%，代表此用户可以在所有主机上连接服务器；192.168.21.*，代表此用户只能在 IP 地址属于 21 段的主机上连接服务器；192.168.21.88，代表此用户只能在 IP 地址为 192.168.21.88 的主机上连接服务器。

(3) 密码：设置连接服务器的密码。

(4) 确认密码：与密码设置保持一致。

2. 服务器权限

此选项卡包含一系列适用于整个服务器连接的权限。若要分配权限，只需对照列出的服务器权限勾选该选项。例如，以下配置给新用户 bob_s@localhost 分配整个服务器的 Select、Update、Insert 和 Delete 权限，如图 7-1-3 和图 7-1-4 所示。

项目 7　数据库安全

图 7-1-3　新建用户

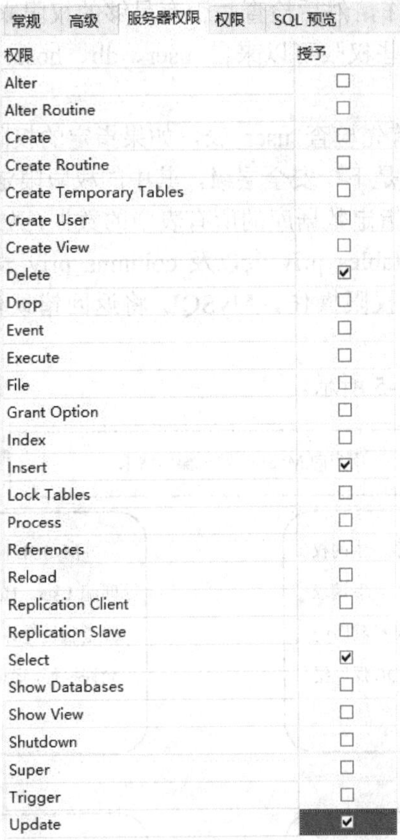

图 7-1-4　服务器权限

7.1.6　访问控制

正常情况下，并不希望每个用户都可以执行所有的数据库操作。当 MySQL 允许一个用户执行各种操作时，它将首先核实该用户向 MySQL 服务器发送的连接请求，然后确认用户的操作请求是否被允许。本节将介绍 MySQL 中的访问控制过程。MySQL 的访问控制分为两个阶段：连接核实阶段和请求核实阶段。

1. 连接核实阶段

当连接 MySQL 服务器时，服务器将基于用户的身份以及用户是否能通过正确的密码身份验证，来接受或拒绝连接。即客户端用户连接请求中会提供用户名称、主机地址名和密码，MySQL 使用 user 表中的三个字段(Host、User 和 Password)执行身份检查，服务器只有在 user 表记录的 Host 和 User 字段匹配客户端主机名和用户名，并且用户能提供正确的密码时才接受连接。如果连接核实没有通过，服务器会拒绝访问；否则，服务器接受连接，然后进入下一阶段等待用户请求。

2. 请求核实阶段

建立了连接之后，服务器进入访问控制的核实阶段。对在此连接上进来的每个请求，服务器检查用户要执行的操作，然后检查是否有足够的权限来执行它。这正是授权表中的权限列发挥作用的地方。这些权限可以来自 user、db、host、tables_priv 或 columns_priv 表。

确认权限时，MySQL 首先检查 user 表，如果指定的权限没有在 user 表中被授权，MySQL 将检查 db 表。db 表是下一安全层级，其中的权限限定于数据库层级，在该层级的 SELECT 权限允许用户查看指定数据库的所有表中的数据，如果在该层级没有找到限定的权限，则 MySQL 继续检查 tables_priv 表以及 columns_priv 表。如果所有权限表都检查完毕，但还是没有找到允许的权限操作，MySQL 将返回错误信息，用户请求的操作不能执行，操作失败。

请求核实的过程如图 7-1-5 所示。

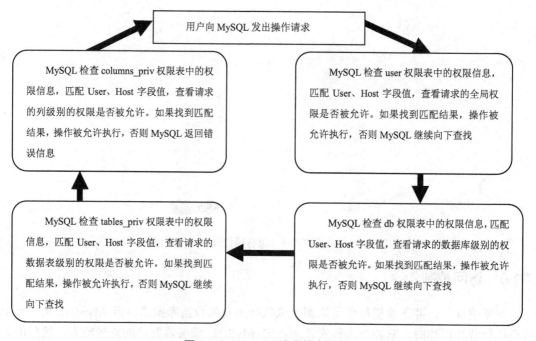

图 7-1-5　MySQL 请求核实过程

提示： MySQL 通过从上至下的顺序检查权限表(从 user 表到 columns_priv 表)，但并不是所有的权限都要执行该过程。例如，一个用户登录 MySQL 服务器之后若只执行对 MySQL 的管理操作，则只涉及管理权限，因此 MySQL 只检查 user 表。另外，如果请求的权限操作不被允许，MySQL 也不会继续检查下一层级的表。

7.2 实践操作：综合管理电商购物系统安全

MySQL 提供了用户认证、授权、事务和锁等机制实现和维护数据的安全，以避免用户恶意攻击或者越权访问数据库中的数据对象，并能根据不同用户分配相应的访问数据库对象及数据的权限。

操作目标

(1) 在数据库中创建、删除用户。
(2) 对数据库中的权限进行授予、查看和收回操作。
(3) 了解事务的基本原理，会使用事务控制程序的执行方法。
(4) 了解事务的 4 种隔离级别。

操作指导

1. 数据库用户权限管理

MySQL 是一个多用户数据库管理系统，具有功能强大的访问控制体系。本任务详细介绍了 MySQL 数据库用户权限管理的实现，以防止不合法的使用所造成的数据泄露、更改和破坏。

1) 创建用户

【实例 7-1】创建名为 user1 的用户，密码为 user111，其主机名为 localhost。

创建用户 user1 的 SQL 语句如下：

```
CREATE USER 'user1'@'localhost' IDENTIFIED BY 'user111';
```

执行语句，成功创建用户 user1。

【实例 7-2】创建名为 user2 和 user3 的用户，密码分别为 user222 和 user333，其中 user2 可以从本地主机登录，user3 可以从任意主机登录。

同时创建多个用户的 SQL 语句如下：

```
CREATE USER 'user2'@'localhost' IDENTIFIED BY 'user222',
'user3'@'%' IDENTIFIED BY 'user333';
```

> **学习提示**
>
> MySQL 允许相关的用户不使用密码登录，也就是说在创建新用户时可以不指定密码，但从数据库安全的角度来看，不推荐使用空密码。

【实例 7-3】创建名为 user4 的用户，主机名为 localhost，密码为 user444，并设置该用户对服务器中所有数据库的所有表都有 SELECT 权限。

其 SQL 语句如下：

```
GRANT SELECT ON *.* TO 'user4'@'localhost' IDENTIFIED BY 'user444';
```

其中，*.*表示所有数据库下的所有表。

【实例7-4】创建名为user5的用户，主机的IP地址为10.1.25.173，密码为user555。其SQL语句如下：

```
INSERT INTO
 mysql.user(host,user,password,ssl_cipher,x509_issuer,x509_subject)
 values('10.1.25.173','user5',PASSWORD('user555'),'','','');
```

执行上述语句，可使用SELECT语句查看mysql.user表。

2) 修改用户名称

【实例7-5】修改用户user1和user2的名称分别为lily和Jack，且lily可以从任意主机登录。

修改用户名称的SQL语句如下：

```
RENAME USER 'user1'@'localhost' to 'lily'@'%',
'user2'@'localhost' to 'Jack'@'localhost';
```

执行上述代码，可以使用SELECT语句查询mysql.user表。从查询结果可以看出，用户名修改成功，且用户lily对所有主机都开放权限。

3) 修改用户密码

【实例7-6】修改用户root的密码为admin123。

其命令语句如下：

```
mysqladmin -u root -p password admin123
```

在命令行窗口中输入以上语句，并输入root用户的旧密码，即可将root用户的密码修改为admin123。

【实例7-7】修改用户lily的密码为queen。

```
SET PASSWORD FOR 'lily'@'%'=PASSWORD('queen');
```

> 学习提示
>
> 只有root用户才可以设置或修改当前用户或其他特定用户的密码。

【实例7-8】修改用户Jack的密码为king。

```
UPDATE mysql.user
SET password=PASSWORD('king')
WHERE user='Jack' and host='localhost';
```

> 学习提示
>
> 由于UPDATE语句不能刷新权限表，因此一定要使用FLUSH PRIVILEGES语句重新加载用户权限，修改后的密码才会生效。

4) 删除用户

【实例7-9】删除用户user4、user5和user6。

其 SQL 语句如下:

```
DROP USER user4@localhost,user5@10.1.25.173,user6@localhost;
```

执行上述语句,可以删除 user4、user5 和 user6 三个用户。

【实例 7-10】删除用户 user3。

```
DELETE FROM mysql.user
WHERE host='%' and user='user3';
```

执行上述语句,并可使用 SELECT 语句查看服务器中的用户情况。

2. 权限管理

1) 分配权限

【实例 7-11】授予用户 lily@%对数据库 onlinedb 所有表有 SELECT、INSERT、UPDATE 和 DELETE 的权限。

```
GRANT SELECT,INSERT,UPDATE,DELETE ON onlinedb.* TO 'lily'@'%';
```

【实例 7-12】查看用户 lily@%的权限。

SQL 语句如下:

```
SHOW GRANTS FOR 'lily'@'%';
```

【实例 7-13】授予用户 Jack@localhost 对数据库 onlinedb 在 goods 表中 gdPrice、gdQuantity、gdCity、gd Info 四列数据有 UPDATE 的权限。

```
GRANT UPDATE(gdPrice,gdQuantity,gdCity,gdInfo)
ON onlinedb.goods TO 'Jack'@'localhost';
```

【实例 7-14】授予用户 Jack@localhost 对数据库 onlinedb 中名为"spGetgdNames"存储过程的执行权限。

```
GRANT EXECUTE ON PROCEDURE onlinedb.spGetgdNames TO 'Jack'@'localhost';
```

2) 收回权限

【实例 7-15】收回用户 Jack@localhost 对数据库 onlinedb 中名为"spGetgdNames"存储过程的执行权限。

SQL 语句如下:

```
REVOKE EXECUTE ON PROCEDURE onlinedb.spGetgdNames
FROM 'Jack'@'localhost';
```

执行上述代码,并可使用 SHOW GRANTS 语句查看该用户权限。

【实例 7-16】收回用户 Jack@localhost 的所有权限。

SQL 语句如下:

```
REVOKE ALL PRIVILEGES,GRANT OPTION FROM user 'Jack'@'lo calhost';
```

3. MySQL 中的事务应用

事务的开始与结束可以由用户显式控制。如果用户没有显式地定义事务,则由 DBMS

按缺省规定自动划分事务。在 MySQL 服务器中，显示操作事务的语句主要包括 START TRANSACTION、COMMIT 和 ROLLBACK 等。

【实例 7-17】查看各种隔离级别。

SQL 语句如下：

```
SELECT @@global.tx_isolation,@@session.tx_isolation,@@tx_isolation;
```

执行上述查询，结果如图 7-2-1 所示。

```
mysql> select @@global.tx_isolation ,@@session.tx_isolation,@@tx_isolation;
+-----------------------+------------------------+-----------------+
| @@global.tx_isolation | @@session.tx_isolation | @@tx_isolation  |
+-----------------------+------------------------+-----------------+
| REPEATABLE-READ       | REPEATABLE-READ        | REPEATABLE-READ |
+-----------------------+------------------------+-----------------+
1 row in set (0.00 sec)
```

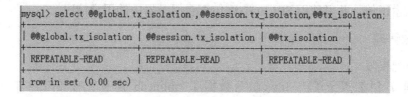

图 7-2-1　查看数据库中事务的隔离级别

【实例 7-18】修改当前会话的隔离级别 READ UNCOMMITTED。

SQL 语句如下：

```
SET SESSION TRANSACTION ISOLATION LEVEL READ UNCOMMITTED;
```

或

```
SET @@session.tx_isolation]='READ-UNCOMMITTED'
```

执行上述查询，并查看当前会话的事务隔离级别，结果如图 7-2-2 所示。

```
mysql> set session transaction isolation level read uncommitted;
Query OK, 0 rows affected (0.00 sec)

mysql> select @@global.tx_isolation ,@@session.tx_isolation,@@tx_isolation;
+-----------------------+------------------------+------------------+
| @@global.tx_isolation | @@session.tx_isolation | @@tx_isolation   |
+-----------------------+------------------------+------------------+
| REPEATABLE-READ       | READ-UNCOMMITTED       | READ-UNCOMMITTED |
+-----------------------+------------------------+------------------+
1 row in set (0.00 sec)
```

图 7-2-2　修改后的隔离级别

从查询结果可以看出，当前会话及下一个未开始的事务的隔离级别都改成了未提交读(READ UNCOMMITED)。

【实例 7-19】创建存储过程，实现用户确认下单之后，需要删除该用户在购物车中的商品信息，并将其添加到订单表中，使用事务完成。

```
CREATE PROCEDURE up Add Orders(id INT)
BEGIN
DECLARE odtotal INT;
DECLARE odid INT;
--指定事务的起始位置
loop_label:LOOP
--启动事务
```

```
START TRANSACTION;
--获取当前用户购物车中商品的数量
SELECT SUM(scNum*(SELECT gdPrice FROM Goods WHERE gdID=a.gdID))
INTO odtotal
FROM scar a WHERE uID=id;
--创建订单
INSERT INTO orders(uID,oTime,oTotal) VALUES(id,NOW(),odtotal);
--如果创建失败,回滚
IF ROW_COUNT()< 1 THEN
ROLLBACK;
LEAVE loop_label;
END IF;
--获取订单 ID
SET odid=LAST_INSERT_ID();
--将购物车中的商品添加到订单详细表中
INSERT INTO orderdetail(oID,gdID,odNum)
SELECT odid,gdID,scNum
FROM scar
WHERE uID=id;
--如果添加失败,回滚
IF ROW_COUNT()<1 THEN
ROLLBACK;
END IF;
LEAVE loop_label;
--删除购物车中的商品
DELETE FROM scar WHERE uID=id;
--如果删除失败回滚,否则提交
IF ROW_COUNT()< 1 THEN
ROLLBACK;
ELSE
COMMIT;
END IF;
LEAVE loop_label;
END LOOP;
END
```

这里需要注意的是,处理多个 SQL 语句的回滚情况不能直接使用 ROLLBACK,这样不能实现回滚,或者可能出现意外的错误。通常使用 LOOP 定位事务的范围,解决上述问题。

【实例 7-20】指定事务隔离级别下,多事务对数据的读写操作。

(1) 为了模拟事务隔离下数据读写可能出现的问题,除使用默认用户'root'@'%'外,另创建用户'amani2001'@'localhost',且授予该用户对 onlinedb 数据库中 goods 表(商品表)的 SELECT、INSERT、UPDATE 权限,SQL 语句如下:

```
CREATE USER 'amani2001'@'localhost' IDENTIFIED BY '111'
GRANT SELECT,UPDATE,DELETE,INSERT ON ONLINEDB.GOODS TO 'amani2001'@'localhost';
```

(2) 打开两个 MySQL 的客户端,其中事务 A 的登录用户为 root,事务 B 的登录用户为 amani2001。

(3) 设置事务 A 会话中事务的隔离级别为"未提交读(READ UNCOMMITTED)",

并查看会话状态事务隔离级别，如图 7-2-3 所示。

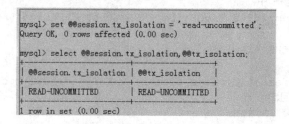

图 7-2-3　设置事务 A 会话隔离级别为"未提交读"

（4）在事务 A 中开启事务，并查看类别 ID 为 1 的商品编号、商品名称和商品价格信息，如图 7-2-4 所示。

图 7-2-4　在事务 A 中查看商品信息

（5）在客户端以"amani2001"用户登录到 MySQL，并修改商品编号为"001"的商品价格为 55，并在事务 B 中查询类别 ID 为 1 的商品编号、商品名称和商品价格信息，如图 7-2-5 所示。

图 7-2-5　在事务 B 中修改商品信息并查看

从图 7-2-5 可以看出，事务 B 中商品"迷彩帽"的价格修改成了 55。

（6）事务 A 中再次查看类别为 1 的商品信息，如图 7-2-6 所示。

从图 7-2-6 可以看出，事务 A 可以查询出未提交记录，这就造成脏读现象。未提交读是最低的隔离级别。

读者可以根据本例方法分别在事务 A 中设置不同的隔离级别，并在事务 B 中进行修改操作，查看不同事务隔离级别下，事务 A 中读数据的情况并加以分析。

4. 事务日志

MySQL 中，InnoDB 存储引擎引入了与事务相关的 REDO 日志和 UNDO 日志。

```
mysql> start transaction;
Query OK, 0 rows affected (0.00 sec)

mysql> select gdcode,gdname,gdprice from goods where tid = 1;
+--------+--------+---------+
| gdcode | gdname | gdprice |
+--------+--------+---------+
| 001    | 迷彩帽 |      63 |
| 005    | 运动鞋 |     400 |
| 008    | A字裙  |     128 |
+--------+--------+---------+
3 rows in set (0.01 sec)

mysql> select gdcode,gdname,gdprice from goods where tid = 1;
+--------+--------+---------+
| gdcode | gdname | gdprice |
+--------+--------+---------+
| 001    | 迷彩帽 |      55 |
| 005    | 运动鞋 |     400 |
| 008    | A字裙  |     128 |
+--------+--------+---------+
3 rows in set (0.00 sec)
```

图 7-2-6　在事务 A 中再次查看商品信息

1)　REDO 日志

事务执行时需要将执行的事务日志写入到日志文件里，对应的文件为 REDO 日志。当每条 SQL 进行数据库更新操作时，首先将 REDO 日志写入到日志缓冲区。当客户端执行 COMMIT 命令提交时，日志缓冲区的内容将被刷新到磁盘，日志缓冲区的刷新方式和时间间隔可以通过参数 innodb_flush_log_at_trx_commit 控制。

REDO 日志对应磁盘上的 ib_logfile N 文件，该文件默认为 5MB，建议设置为 512MB，以便容纳较大的事务。在 MySQL 崩溃恢复时会重新执行 REDO 日志中的记录。

2)　UNDO 日志

与 REDO 日志相反，UNDO 日志主要用于事务异常时的数据回滚，具体内容就是复制事务前的数据库内容到 UNDO 缓冲区，然后在合适的时间将内容刷新到磁盘。

与 REDO 日志不同的是，磁盘不存在单独的 UNDO 日志文件，所有的 UNDO 日志均存放在表空间对应的.ibd 数据文件中。

经验点拨

经验 1：已经将一个账户的信息从数据库中完全删除，为什么该用户还能登录数据库？

出现这种情况的原因可能有多种，最有可能的是在 user 数据表中存在匿名账户。在 user 表中，匿名账户的 User 字段值为空字符串，这会允许任何人连接数据库。检测是否存在匿名登录用户的方法是，输入以下语句：

```
SELECT * FROM user WHERE User='';
```

如果有记录返回，则说明存在匿名用户，需要删除该记录，以保证数据库的访问安全。删除语句如下：

```
DELETE FROM user WHERE user='';
```

这样一来，该账户肯定不能登录 MySQL 服务器了。

经验 2：应该使用哪种方法创建用户？

本章介绍了创建用户的几种方法：GRANT 语句、CREATE USER 语句和直接操作 user 表。一般情况，最好使用 GRANT 或者 CREATE USER 语句，而不要直接将用户信息插入 user 表，因为 user 表中存储了全局级别的权限以及其他账户信息，如果意外破坏了 user 表中的记录，则可能会对 MySQL 服务器造成很大影响。

▌项目小结

数据库中的数据需要在有效的安全机制下被合理地访问和修改，用户如果想要登录到 MySQL 数据库服务器上，必须要拥有合法的登录名和密码。在 MySQL 中使用 CREATE USER 来创建新用户，并设置相应的密码。登录到服务器后，才能够在权限允许范围内使用数据库资源。

MySQL 的权限分为列权限、表权限、数据库权限和用户权限 4 个级别。给对象授予权限使用 GRANT 语句，回收权限使用 REVOKE 语句。

▌思考与练习

1. 选择题

(1) 以下( )语句用于撤销权限。
    A. DELETE   B. DROP   C. REVOKE   D. UPDATE

(2) MySQL 中存储用户全局权限的表是( )。
    A. table_priv   B. procs_priv   C. columns_priv   D. user

(3) 创建用户的语句是( )。
    A. CREATE USER   B. INSERT USER
    C. CREATE root   D. MySQL user

(4) 用于将事务处理提交到数据库的语句是( )。
    A. insert   B. rollback   C. commit   D. savepoint

(5) 如果要回滚一个事务，则要使用( )语句。
    A. commit transaction   B. begin transaction
    C. revoke   D. rollback transaction

(6) 在 MySQL 中，预设的、拥有最高权限超级用户的用户名为( )。
    A. test   B. Administrator   C. DA   D. root

(7) 在 MySQL 中，使用( )语句来为指定的数据库添加用户。
    A. CREATE USER   B. GRANT   C. INSERT   D. UPDATE

(8) 在事务的 ACID 特性中，( )是指事务将数据库从一种状态变成另一种一致的状态。
    A. Atomicity   B. Durability   C. Consistency   D. Isolation

(9) 在下列的 MySQL 存储引擎中，( )存储引擎支持事务。

A. MyISAM　　　　　　　　　　B. MEMORY
　　　C. InnoDB　　　　　　　　　　D. PERFORMANCE_SCHEMA

2. 简述题

(1) 数据库中创建的新用户可以给其他用户授权吗？
(2) 简述 MySQL 中用户和权限的作用。
(3) 为什么事务非正常结束时会影响数据库数据的正确性？
(4) 简述事务的隔离级别。

拓展训练

技能大赛项目管理系统中创建用户的操作训练

一、任务描述

　　MySQL 数据库系统中有两类用户，分别是 root 用户和普通用户。root 用户是管理员用户，具有最高的权限，可以对整个数据库系统进行管理操作，如创建用户、删除用户、管理用户的权限等。而普通用户只能够根据被赋予的某些权限进行管理操作。为了更好、更安全地管理数据库，本任务以不同的方式进行创建用户、修改用户密码，以及删除用户等操作。

　　数据库的安全关系到整个应用系统的安全，其很大程度上依赖于用户权限的管理，数据库的管理员应该为每个数据库的普通用户设置相应的权限。本任务主要涉及学生竞赛项目管理系统数据库用户的权限管理，包括权限的授予、权限的查看、权限的回收。

二、任务分析

　　安装 MySQL 数据库时，数据库系统默认安装一个名为 mysql 的数据库，该数据库不能删除，否则系统将无法正常运行。mysql 数据库中包含大量的表，如 user 表、coumns 表、host 表、proc 表、event 表、servers 表等，其中，user 表就是用户管理表。

　　MySQL 服务器通过 MySQL 权限表控制用户对数据库的访问。MySQL 权限表存放在 mysql 数据库中，这些 MySQL 权限表包括 user、db、table_priv、columns_priv、host 等。

三、任务实施

1. 创建用户

(1) 使用 GRANT 语句新建一个用户，用户名为 st_user，密码为 123456，并授予该用户对学生竞赛项目管理系统中的学生表(competition.student)进行查询的权限。

(2) 使用 CREATE USER 语句为数据库创建一个用户，用户名为 tc_user，密码为 abc123。

(3) 使用 INSERT 语句为数据库创建一个用户，用户名为 ad_user，密码为 admin123。

2. 删除用户

(1) 使用 DROP USER 语句删除学生竞赛项目管理系统数据库中的 tc_user 用户。

(2) 使用 DELETE 语句删除学生竞赛项目管理系统数据库中的 st_user 用户。

3. 修改用户密码

(1) 通过使用 UPDATE 语句修改学生竞赛项目管理系统数据库中 root 用户的密码，新密码为 root123。

(2) 在 MySQL 命令行窗口中，通过 mysqladmin 命令修改学生竞赛项目管理系统数据库中 root 用户的密码，新密码为 123456。

(3) 在 MySQL 命令行窗口中，通过 SET 语句修改学生竞赛项目管理系统数据库中 root 用户的密码，新密码为 654321。

(4) 在 MySQL 命令行窗口中，通过 GRANT USAGE 语句修改数据库中 ad_user 用户的密码，新密码为 admin888。

(5) 在 MySQL 命令行窗口中，通过 UPDATE 语句修改数据库中 ad_user 用户的密码，新密码为 ad_123456。

(6) 在 MySQL 命令行窗口中，使用 SET 语句修改数据库系统 ad_user 用户的密码，新密码为 ad_888888。

(7) 普通用户 ad_user 通过原密码 ad_888888 登录到 MySQL 之后，将密码改为 ad_666666。

4. MySQL 权限的授予与收回

(1) 使用 GRANT 语句为学生竞赛项目管理系统数据库创建一个新用户，用户名为 mytest，密码为 123456。新用户对 competition 数据库中的 class 表具有查询和插入操作的权限，使用 GRANT OPTION 子句实现。

(2) 使用 SHOW GRANTS 语句查看创建的 mytest 用户的权限。

(3) 使用 REVOKE 语句回收用户 mytest 的所有权限。

项目 8　数据库性能优化

学习目标

【知识目标】
- 了解优化查询方法。
- 了解数据库结构优化。
- 了解优化服务器的方法。
- 了解高可用性。

【技能目标】
- 能够尝试对 MySQL 查询语句优化。
- 能够尝试对数据结构优化。
- 能够尝试对 MySQL 服务器优化。
- 能使用 Navicat 图形工具备份和恢复数据。

【拓展目标】
能对指定数据库运用优化方法。

▍任务描述

　　优化 MySQL 数据库是一项非常重要的技术，是数据库管理员的必备技能之一。优化 MySQL，一方面是找出系统的瓶颈，提高 MySQL 数据库整体的性能；另一方面是合理设计结构和调整参数，以提高用户操作响应的速度。同时还要尽可能节省系统资源，以便系统可以提供更大负荷的服务。

8.1 知识准备：高性能、高可用性数据库基础

8.1.1 优化查询

查询是数据库中最频繁的操作，提高查询速度可以有效地提高 MySQL 数据库的性能。本节将介绍优化查询的方法。

扫码观看视频学习

1. 索引对查询速度的影响

在 MySQL 中提高性能的一个最有效的方式就是给数据表设计合理的索引。索引提供了高效访问数据的方法，并且可以加快查询的速度，因此，索引对查询的速度有着至关重要的影响。使用索引可以快速地定位表中的某条记录，从而提高数据库查询的速度，提高数据库的性能。下面将介绍索引对查询速度的影响。

如果查询时没有使用索引，查询语句将扫描表中的所有记录。在数据量大的情况下，这样查询的速度会很慢。如果使用索引进行查询，查询语句可以根据索引快速定位到待查询的记录，从而减少查询的记录数，达到提高查询速度的目的。

【引例 8-1】查询语句中不使用索引和使用索引的对比。

首先，分析未使用索引时的查询情况，EXPLAIN 语句执行如下：

```
mysql> EXPLAIN SELECT * FROM fruits WHERE f_name='apple';
+----+-------------+--------+------+---------------+------+---------+------+------+
| id | select_type | table  | type | possible_keys | key  | key_len | ref  | rows | Extra       |
+----+-------------+--------+------+---------------+------+---------+------+------+
|  1 | SIMPLE      | fruits | ALL  | NULL          | NULL | NULL    | NULL |   15 | Using where |
+----+-------------+--------+------+---------------+------+---------+------+------+
1 row in set (0.00 sec)
```

可以看到，rows 列的值是 15，说明"SELECT * FROM fruits WHERE f_name='apple';"这个查询语句扫描了表中的 15 条记录。

在 fruits 表的 f_name 字段上加上索引。执行添加索引的语句及结果如下：

```
mysql> CREATE INDEX index_name ON fruits(f_name);
Query OK, 0 rows affected (0.04 sec)
Records: 0  Duplicates: 0  Warnings: 0
```

再分析上面的查询语句。执行 EXPLAIN 语句的结果如下：

```
mysql> EXPLAIN SELECT * FROM fruits WHERE f_name='apple';
+----+-------------+-------+------+---------------+---------+---------+------+
| id | select_type | table | type |
```

```
| possible_keys | key     |
| key_len  | ref  | rows  |
| Extra         |
+---+------------+------+-----+---------------+--------+-------+-----+
| 1 | SIMPLE
| fruits | ref | index_name
| index_name  | 255
| const | 1 | Using where    |
+---+------------+------+-----+---------------+--------+-------+-----+
1 row in set (0.00 sec)
```

结果显示，rows 列的值为 1。这表示这个查询语句只扫描了表中的一条记录，其查询速度自然比扫描 15 条记录快。而且 possible_keys 和 key 的值都是 index_name，这说明查询时使用了 index_name 索引。

2. 使用索引查询

索引可以提高查询的速度，但并不是使用带有索引的字段查询时，索引都会起作用。下面将介绍索引的使用。

在某些情况下，使用带有索引的字段查询时，索引并没有起作用，下面重点介绍这几种特殊情况。

1) 使用 LIKE 关键字的查询语句

在使用 LIKE 关键字进行查询的语句中，如果匹配字符串的第一个字符为%，索引不会起作用。%不在第一个位置时，索引才会起作用，下面举例说明。

【引例 8-2】查询语句中使用 LIKE 关键字，并且匹配的字符串中含有%字符。

EXPLAIN 语句执行如下：

```
mysql> EXPLAIN SELECT * FROM fruits WHERE f_name like '%x';
+----+-------------+--------+------+---------------+------+---------+------+
| id | select_type | table
| type | possible_keys | key
| key_len | ref  | rows | Extra  |
+----+-------------+--------+------+---------------+------+---------+------+
| 1 | SIMPLE
| fruits | ALL   | NULL
| NULL    | NULL
| NULL | 16 | Using where |
+----+-------------+--------+------+---------------+------+---------+------+
1 row in set (0.00 sec)

mysql> EXPLAIN SELECT * FROM fruits WHERE f_name like 'x%';
+----+-------------+--------+------+---------------+------+---------+------+
| id | select_type | table
| type | possible_keys | key
| key_len | ref
| rows | Extra     |
+----+-------------+--------+------+---------------+------+---------+------+
| 1 | SIMPLE
```

```
| fruits | range | index_name
| index_name | 150
| NULL   | 4   | Using where  |
+----+-------------+--------+------+----------------+--------+---------+------+
1 row in set (0.00 sec)
```

已知 f_name 字段上有索引 index_name。第 1 个查询语句执行后，rows 列的值为 16，表示这次查询扫描了表中所有的 16 条记录；第 2 个查询语句执行后，rows 列的值为 4，表示这次查询扫描了 4 条记录。使用第 1 个查询语句时索引没起作用，因为第 1 个查询语句的 LIKE 关键字后的字符串以%开头，而第 2 个查询语句使用了索引 index_name。

2) 使用多列索引的查询语句

MySQL 可以为多个字段创建索引。一个索引可以包括 16 个字段。对于多列索引，只有在查询条件中使用了这些字段中第 1 个字段时，索引才会被使用。

【引例 8-3】在表 fruits 中的 f_id、f_price 字段创建多列索引，验证多列索引的使用情况。

语句执行结果如下：

```
mysql> CREATE INDEX index_id_price ON fruits(f_id, f_price);
Query OK, 0 rows affected (0.39 sec)
Records: 0  Duplicates: 0  Warnings: 0
mysql> EXPLAIN SELECT * FROM fruits WHERE f_id='l2';
+----+-------------+--------+------+------------------------+---------+---------+
| id | select_type | table  | type | possible_keys          |
| key       | key_len | ref  | rows | Extra |
+----+-------------+--------+------+------------------------+---------+---------+
| 1  | SIMPLE
| fruits | const | PRIMARY,index_id_price | PRIMARY | 20
| const | 1     |             |
+----+-------------+--------+------+------------------------+---------+---------+
1 row in set (0.00 sec)

mysql> EXPLAIN SELECT * FROM fruits WHERE f_price=5.2;
+----+-------------+-------+------+---------------+------+---------+------+------+
| id | select_type | table | type | possible_keys | key  | key_len | ref
| rows | Extra    |
+----+-------------+-------+------+---------------+------+---------+------+------+
| 1  | SIMPLE
| fruits | ALL  | NULL
| NULL  | NULL
| NULL  | 16
| Using where |
+----+-------------+-------+------+---------------+------+---------+------+------+
1 row in set (0.00 sec)
```

从第 1 条语句的查询结果可以看出，f_id='l2'的记录有 1 条。第 1 条语句共扫描了 1 条记录，并且使用了索引 index_id_price。从第 2 条语句的查询结果可以看出，rows 列的值是 16，说明查询语句共扫描了 16 条记录，并且 key 列值为 NULL，说明 SELECT * FROM fruits WHERE f_price=5.2;语句并没有使用索引。因为 f_price 字段是多列索引的第 2 个字段，只有查询条件中使用了 f_id 字段才会使 index_id_price 索引起作用。

3) 使用 OR 关键字的查询语句

查询语句的查询条件中只有 OR 关键字，并且 OR 前后的两个条件中的列都是索引时，查询中才使用索引。否则，查询将不使用索引。

【引例 8-4】查询语句使用 OR 关键字的情况。

```
mysql> EXPLAIN SELECT * FROM fruits WHERE f_name='apple' or s_id=101 \G
*************************** 1. row ***************************
           id: 1
  select_type: SIMPLE
        table: fruits
         type: ALL
possible_keys: index_name
          key: NULL
      key_len: NULL
          ref: NULL
         rows: 16
        Extra: Using where
1 row in set (0.00 sec)

mysql> EXPLAIN SELECT * FROM fruits WHERE f_name='apple' or f_id='l2' \G
*************************** 1. row ***************************
           id: 1
  select_type: SIMPLE
        table: fruits
         type: index_merge
possible_keys: PRIMARY,index_name,index_id_price
          key: index_name,PRIMARY
      key_len: 510,20
          ref: NULL
         rows: 2
        Extra: Using union(index_name,PRIMARY); Using where
1 row in set (0.00 sec)
```

因为 s_id 字段上没有索引，第 1 条查询语句没有使用索引，总共查询了 16 条记录；第 2 条查询语句使用了 f_name 和 f_id 这两个索引，因为 name 字段和 price 字段上都有索引，查询的记录数为 2 条。

4) 优化子查询

MySQL 从 4.1 版体开始支持子查询，使用子查询可以进行 SELECT 语句的嵌套查询，即一个 SELECT 查询的结果作为另一个 SELECT 语句的条件。子查询可以一次性完成很多逻辑上需要多个步骤才能完成的 SQL 操作。子查询虽然可以使查询语句很灵活，但执行效率不高。执行子查询时，MySQL 需要为内层查询语句的查询结果建立一个临时表，然后外层查询语句从临时表中查询记录。查询完毕后，再撤销这些临时表。因此，子查询的速度会受到一定的影响。如果查询的数据量比较大，这种影响就会随之增大。

在 MySQL 中，可以使用连接(JOIN)查询替代子查询。连接查询不需要建立临时表，其速度比子查询要快，如果查询中使用索引，性能会更好。连接之所以更有效率，是因为

MySQL 不需要在内存中创建临时表来完成查询工作。

8.1.2 优化数据库结构

一个好的数据库设计方案对于数据库的性能起着关键性的作用，合理的数据库结构不仅可以使数据库占用更小的磁盘空间，而且能够使查询速度更快。数据库结构的设计，需要考虑数据冗余、查询和更新的速度、字段的数据类型是否合理等多方面的内容。下面将介绍优化数据库结构的方法。

1. 将字段较多的表分解成多个表

对于字段较多的表，如果有些字段的使用频率很低，可以将这些字段分离出来形成新表。因为当一个表的数据量很大时，会由于存在使用频率低的字段而使查询速度变慢。下面将介绍这种优化表的方法。

【引例 8-5】假设会员表存储会员登录认证信息，该表中有很多字段，如 id、姓名、密码、地址、电话、个人描述字段。其中地址、电话、个人描述等字段并不常用。可以将这些不常用字段分解出来形成另外一个表。将这个表取名叫 members_detail，表中有 member_id、address、telephone、description 等字段。其中，member_id 是会员编号，address 字段存储地址信息，telephone 字段存储电话信息，description 字段存储会员个人描述信息。这样就把会员表分成了两个表，分别为 members 表和 members_detail 表。

创建这两个表的 SQL 语句如下：

```
CREATE TABLE members (
  Id int(11) NOT NULL AUTO_INCREMENT,
  username varchar(255) DEFAULT NULL,
  password varchar(255) DEFAULT NULL,
  last_login_time datetime DEFAULT NULL,
  last_login_ip varchar(255) DEFAULT NULL,
  PRIMARY KEY(Id)
);
CREATE TABLE members_detail (
  member_id int(11) NOT NULL DEFAULT 0,
  address varchar(255) DEFAULT NULL,
  telephone varchar(16) DEFAULT NULL,
  description text
);
```

这两个表的结构如下：

```
mysql> desc members;
+-----------------+--------------+------+-----+---------+----------------+
| Field           | Type         | Null | Key | Default | Extra          |
+-----------------+--------------+------+-----+---------+----------------+
| Id              | int(11)      | NO   | PRI | NULL    | auto_increment |
| username        | varchar(255) | YES  |     | NULL    |                |
| password        | varchar(255) | YES  |     | NULL    |                |
| last_login_time | datetime     | YES  |     | NULL    |                |
| last_login_ip   | varchar(255) | YES  |     | NULL    |                |
```

```
+---------------+---------------+------+-----+---------+-------+
5 rows in set (0.00 sec)

mysql> DESC members_detail;
+-------------+---------------+------+-----+---------+-------+
| Field       | Type          | Null | Key | Default | Extra |
+-------------+---------------+------+-----+---------+-------+
| member_id   | int(11)       | NO   | PRI | 0       |       |
| address     | varchar(255)  | YES  |     | NULL    |       |
| telephone   | varchar(16)   | YES  |     | NULL    |       |
| description | text          | YES  |     | NULL    |       |
+-------------+---------------+------+-----+---------+-------+
4 rows in set (0.00 sec)
```

如果需要查询会员的详细信息，可以用会员的 id 来查询。如果需要同时显示会员的基本信息和详细信息，可以对 members 表和 members_detail 表进行联合查询，查询语句如下：

```
SELECT * FROM members LEFT JOIN members_detail ON
members.id=members_detail.member_id;
```

通过这种分解，可以提高表的查询效率。对于字段很多且有些字段不常用的表，可以通过这种分解的方式来优化数据库的性能。

2. 增加中间表

对于需要经常联合查询的表，可以建立中间表以提高查询效率。通过建立中间表，把需要经常联合查询的数据插入中间表，然后将原来的联合查询改为对中间表的查询，以此来提高查询效率。下面将介绍增加中间表优化查询的方法。

首先，分析联合查询表中的字段，然后，使用这些字段建立一个中间表，并将原来联合查询的表的数据插入中间表；最后，就可以使用中间表来进行查询了。

【引例 8-6】联合查询会员信息表和会员组信息表。

建立表的 SQL 语句如下：

```
CREATE TABLE vip(
  Id int(11) NOT NULL AUTO_INCREMENT,
  username varchar(255) DEFAULT NULL,
  password varchar(255) DEFAULT NULL,
  groupId INT(11) DEFAULT 0,
  PRIMARY KEY(Id)
);
CREATE TABLE vip_group (
  Id int(11) NOT NULL AUTO_INCREMENT,
  name varchar(255) DEFAULT NULL,
  remark varchar(255) DEFAULT NULL,
  PRIMARY KEY(Id)
);
```

查询会员信息表和会员组信息表的语句及结果如下。

```
mysql> DESC vip;
+----------+--------------+------+-----+---------+----------------+
| Field    | Type         | Null | Key | Default | Extra          |
+----------+--------------+------+-----+---------+----------------+
| Id       | int(11)      | NO   | PRI | NULL    | auto_increment |
| username | varchar(255) | YES  |     | NULL    |                |
| password | varchar(255) | YES  |     | NULL    |                |
| groupId  | int(11)      | YES  |     | NULL    |                |
+----------+--------------+------+-----+---------+----------------+
4 rows in set (0.01 sec)

mysql> DESC vip_group;
+--------+--------------+------+-----+---------+----------------+
| Field  | Type         | Null | Key | Default | Extra          |
+--------+--------------+------+-----+---------+----------------+
| Id     | int(11)      | NO   | PRI | NULL    | auto_increment |
| name   | varchar(255) | YES  |     | NULL    |                |
| remark | varchar(255) | YES  |     | NULL    |                |
+--------+--------------+------+-----+---------+----------------+
3 rows in set (0.01 sec)
```

已知现在有一个模块需要经常用到会员组名称、会员组备注(remark)和会员用户名信息，根据这种情况可以创建一个 temp_vip 表。temp_vip 表中存储用户名(user_name)、会员组名称(group_name)和会员组备注(group_remark)信息。创建表的语句如下：

```
CREATE TABLE temp_vip (
  Id int(11) NOT NULL AUTO_INCREMENT,
  user_name varchar(255) DEFAULT NULL,
  group_name varchar(255) DEFAULT NULL,
  group_remark varchar(255) DEFAULT NULL,
  PRIMARY KEY (Id)
);
```

接下来，从会员信息表和会员组表中查询相关信息并存储到临时表中：

```
mysql> INSERT INTO temp_vip(user_name, group_name, group_remark)
    -> SELECT v.username,g.name,g.remark
    -> FROM vip as v,vip_group as g
    -> WHERE v.groupId =g.Id;
Query OK, 0 rows affected (0.95 sec)
Records: 0  Duplicates: 0  Warnings: 0
```

以后，可以直接从 temp_vip 表中查询会员名、会员组名称和会员组备注，而不用每次都进行联合查询。这样可以提高数据库的查询速度。

3. 增加冗余字段

设计数据库表时应尽量遵循范式理论的规约，尽可能减少冗余字段，让数据库表的设计看起来精致、简洁。但是，合理地加入冗余字段可以提高查询速度。下面将介绍通过增加冗余字段来优化查询速度的方法。

表的规范化程度越高，表与表之间的关系就越多，需要连接查询的情况也就越多。例如，员工的信息存储在 staff 表中，部门信息存储在 department 表中。通过 staff 表中的 department_id 字段与 department 表建立关联关系。如果要查询一个员工所在部门的名称，必须从 staff 表中查找员工所在部门的编号(department_id)，然后根据这个编号在 department 表中查找部门的名称。如果经常需要进行这个操作，连接查询会浪费很多时间。可以在 staff 表中增加一个冗余字段 department_name，该字段用来存储员工所在部门的名称，这样就不用每次都进行连接操作了。

> **提示：** 冗余字段会导致一些问题。比如，冗余字段的值在一个表中被修改了，就要想办法更新其他表中的该字段，否则就会使原本一致的数据变得不一致。分解表、增加中间表和增加冗余字段都会浪费一定的磁盘空间。从数据库性能来看，为了提高查询速度而增加少量的冗余大部分时候是可以接受的。但是否需要通过增加冗余字段来提高数据库性能，要根据实际需求综合分析。

4．优化插入记录的速度

插入记录时，影响插入速度的主要是索引、唯一性校验、一次性插入记录的条数等。根据这些情况，可以分别进行优化。下面将介绍优化插入记录速度的几种方法。

1) MyISAM 引擎的表常见的优化方法

(1) 禁用索引。

对于非空表，插入记录时，MySQL 会根据表的索引对插入的记录建立索引。如果插入大量数据，建立索引会降低插入记录的速度。为了解决这种情况，可以在插入记录之前禁用索引，数据插入完毕后再开启索引。禁用索引的语句如下：

```
ALTER TABLE table_name DISABLE KEYS;
```

其中，table_name 是禁用索引的表的表名。

重新开启索引的语句如下：

```
ALTER TABLE table_name ENABLE KEYS;
```

对空表批量导入数据，则不需要进行此操作，因为 MyISAM 引擎的表是在导入数据之后才建立索引的。

(2) 禁用唯一性检查。

插入数据时，MySQL 会对插入的记录进行唯一性校验。这种唯一性校验也会降低插入记录的速度。为了降低这种情况对查询速度的影响，可以在插入记录之前禁用唯一性检查，等到记录插入完毕后再开启。禁用唯一性检查的语句如下：

```
SET UNIQUE_CHECKS=0;
```

开启唯一性检查的语句如下：

```
SET UNIQUE_CHECKS=1;
```

(3) 使用批量插入。

插入多条记录时，可以使用一条 INSERT 语句插入一条记录，也可以使用一条 INSERT 语句插入多条记录。插入一条记录的 INSERT 语句如下：

```
INSERT INTO fruits VALUES('x1', '101 ', 'mongo2 ', '5.6');
INSERT INTO fruits VALUES('x2', '101 ', 'mongo3 ', '5.6')
INSERT INTO fruits VALUES('x3', '101 ', 'mongo4 ', '5.6')
```

使用一条 INSERT 语句插入多条记录的情形如下：

```
INSERT INTO fruits VALUES
('x1', '101 ', 'mongo2 ', '5.6'),
('x2', '101 ', 'mongo3 ', '5.6'),
('x3', '101 ', 'mongo4 ', '5.6');
```

第二种方式的插入速度要比第一种方式快。

(4) 使用 LOAD DATA INFILE 批量导入。

当需要批量导入数据时，如果能用 LOAD DATA INFILE 语句，就尽量使用。因为 LOAD DATA INFILE 语句导入数据的速度比 INSERT 语句快。

2) InnoDB 引擎的表常见的优化方法

(1) 禁用唯一性检查。

插入数据之前执行 set unique_checks=0 来禁止对唯一索引的检查，数据导入完成之后再运行 set unique_checks=1。这个和 MyISAM 引擎的表所使用的方法一样。

(2) 禁用外键检查。

插入数据之前执行禁止对外键的检查，数据插入完成之后再恢复对外键的检查。禁用外键检查的语句如下：

```
SET foreign_key_checks=0;
```

恢复对外键检查的语句如下：

```
SET foreign_key_checks=1;
```

(3) 禁止自动提交。

插入数据之前禁止事务的自动提交，数据导入完成之后，执行恢复自动提交操作。禁止自动提交的语句如下：

```
set autocommit=0;
```

恢复自动提交的语句如下：

```
set autocommit=1;
```

5. 分析、检查和优化表

MySQL 提供了分析、检查和优化表的语句。分析表主要是分析关键字的分布，检查表主要是检查表是否存在错误，优化表主要是消除删除或者更新造成的空间浪费。下面将介绍分析、检查和优化表的方法。

1) 分析表

MySQL 中提供了 ANALYZE TABLE 语句用于分析表，这个语句的基本语法如下：

```
ANALYZE [LOCAL | NO_WRITE_TO_BINLOG] TABLE tbl_name[,tbl_name]…
```

LOCAL 关键字是 NO_WRITE_TO_BINLOG 关键字的别名，二者都是执行过程不写入二进制日志，tbl_name 为要分析的表的表名，可以有一个或多个。

使用 ANALYZE TABLE 分析表的过程中，数据库系统会自动对表加一个只读锁。在分析期间，只能读取表中的记录，不能更新和插入记录。ANALYZE TABLE 语句能够分析 InnoDB、BDB 和 MyISAM 类型的表。

【引例 8-7】使用 ANALYZE TABLE 来分析 message 表。

执行的语句及结果如下：

```
mysql> ANALYZE TABLE message;
+-------------+---------+----------+----------+
| Table       | Op      | Msg_type | Msg_text |
+-------------+---------+----------+----------+
| test.fruits | analyze | status   | OK       |
+-------------+---------+----------+----------+
1 row in set (0.18 sec)
```

上面结果显示的信息说明如下。
- Table：表示分析的表的名称。
- Op：表示执行的操作。analyze 表示进行分析操作。
- Msg_type：表示信息类型，其值通常为状态(status)、信息(info)、注意(note)、警告(warning)或错误(error)。
- Msg_text：显示信息。

2) 检查表

在 MySQL 中可以使用 CHECK TABLE 语句检查表。CHECK TABLE 语句能够检查 InnoDB 和 MyISAM 类型的表是否存在错误。对于 MyISAM 类型的表，CHECK TABLE 语句还会更新关键字统计数据。而且，CHECK TABLE 也可以检查视图是否有错误，比如在视图定义中被引用的表是否已不存在。该语句的基本语法如下：

```
CHECK TABLE tbl_name [, tbl_name] ... [option] ...
option = {QUICK | FAST | MEDIUM | EXTENDED | CHANGED}
```

其中，tbl_name 是表名；option 参数有 5 个取值，分别是 QUICK、FAST、CHANGED、MEDIUM、EXTENDED，各值的意义分别介绍如下。
- QUICK：不扫描行，不检查错误的连接。
- FAST：只检查没有被正确关闭的表。
- CHANGED：只检查上次检查后被更改的表和没有被正确关闭的表。
- MEDIUM：扫描行，以验证被删除的连接是有效的。也可以计算各行的关键字校验和，并使用计算出的校验和验证这一点。
- EXTENDED：对每行的所有关键字进行全面的查找，这可以确保表是 100%一致的，但是用时较长。

option 只对 MyISAM 类型的表有效，对 InnoDB 类型的表无效。CHECK TABLE 语句在执行过程中也会给表加上只读锁。

3) 优化表

在 MySQL 中使用 OPTIMIZE TABLE 语句来优化表。该语句对 InnoDB 和 MyISAM

类型的表都有效。但是，OPTIMIZE TABLE 语句只能优化表中的 VARCHAR、BLOB 或 TEXT 类型的字段。OPTIMIZE TABLE 语句的基本语法如下：

```
OPTIMIZE [LOCAL | NO_WRITE_TO_BINLOG] TABLE tbl_name [, tbl_name] ...
```

LOCAL | NO_WRITE_TO_BINLOG 关键字的意义和分析表相同，都是指定不写入二进制日志；tbl_name 是表名。

通过 OPTIMIZE TABLE 语句可以消除删除和更新造成的文件碎片。OPTIMIZE TABLE 语句在执行过程中也会给表加上只读锁。

> 提示：若使用了 TEXT 或者 BLOB 这样的数据类型的表，删除了一部分表的内容，或者对含有可变长度行的表(含有 VARCHAR、BLOB 或 TEXT 列的表)进行了多次更新，则应使用 OPTIMIZE TABLE 来重新利用未使用的空间，并整理数据文件的碎片。在多数的设置中，根本不需要运行 OPTIMIZE TABLE。即使对可变长度的行进行了大量的更新，也不需要经常运行，每周或每月运行一次即可，并且只需要对特定的表运行。

8.1.3 优化 MySQL 服务器

MySQL 服务器主要从两个方面来优化，一方面是对硬件进行优化，另一方面是对 MySQL 服务的参数进行优化。这部分的内容需要较全面的知识，一般只有专业的数据库管理员才能进行这一类的优化。对于可以定制参数的操作系统，也可以针对 MySQL 进行操作系统优化。本节将介绍优化 MySQL 服务器的方法。

1. 优化服务器硬件

服务器的硬件性能直接决定着 MySQL 数据库的性能。硬件的性能瓶颈，直接决定着 MySQL 数据库的运行速度和效率。针对性能瓶颈，提高硬件配置，可以提高 MySQL 数据库的查询、更新的速度。优化服务器硬件的方法如下。

(1) 配置较大的内存。足够大的内存，是提高 MySQL 数据库性能的方法之一。内存的速度比磁盘 I/O 的速度快得多，可以通过增加系统的缓冲区容量，使数据在内存中停留的时间更长，以减少磁盘 I/O。

(2) 配置高速磁盘系统，以减少读盘的等待时间，提高响应速度。

(3) 合理分布磁盘 I/O。把磁盘 I/O 分散在多个设备上，以减少资源竞争，提高并行操作能力。

(4) 配置多处理器。MySQL 是多线程的数据库，多处理器可同时执行多个线程。

2. 优化 MySQL 的参数

通过优化 MySQL 的参数可以提高资源利用率，从而达到提高 MySQL 服务器性能的目的。MySQL 服务的配置参数都在 my.cnf 或者 my.ini 文件的[mysqld]组中。下面详细介绍对性能影响比较大的几个参数。

(1) key_buffer_size：表示索引缓冲区的大小。索引缓冲区所有的线程共享。增加索引缓冲区可以得到更好处理的索引(对所有读和多重写)。当然，这个值也不是越大越好，它的大小取决于内存的大小。如果这个值太大，导致操作系统频繁换页，也会降低系统的性能。

(2) table_cache：表示同时打开的表的个数。这个值越大，能够同时打开的表的个数越多。这个值不是越大越好，因为同时打开的表太多会影响操作系统的性能。

(3) query_cache_size：表示查询缓冲区的大小。该参数需要和 query_cache_type 配合使用。当 query_cache_type 的值是 0 时，所有的查询都不使用查询缓冲区。但是 query_cache_type=0 并不会导致 MySQL 释放 query_cache_size 所配置的缓冲区内存。当 query_cache_type=1 时，所有的查询都将使用查询缓冲区，除非在查询语句中指定 SQL_NO_CACHE，如 SELECT SQL_NO_CACHE * FROM tbl_name。当 query_cache_type=2 时，只有在查询语句中使用 SQL_CACHE 关键字，查询才会使用查询缓冲区。使用查询缓冲区可以提高查询的速度，这种方式只适用于修改操作少且经常执行相同的查询操作的情况。

(4) sort_buffer_size：表示排序缓存区的大小。这个值越大，进行排序的速度越快。

(5) read_buffer_size：表示每个线程连续扫描时为扫描的每个表分配的缓冲区的大小(字节)。当线程从表中连续读取记录时需要用到这个缓冲区。SET SESSION read_buffer_size=n 可以临时设置该参数的值。

(6) read_rnd_buffer_size：表示为每个线程保留的缓冲区的大小，与 read_buffer_size 相似。其主要用于存储按特定顺序读取出来的记录。也可以用 SET SESSION read_rnd_buffer_size=n 来临时设置该参数的值。如果频繁进行多次连续扫描，可以增加该值。

(7) innodb_buffer_pool_size：表示 InnoDB 类型的表和索引的最大缓存。这个值越大，查询的速度就会越快。但是这个值太大会影响操作系统的性能。

(8) max_connections：表示数据库的最大连接数。这个连接数不是越大越好，因为这些连接会浪费内存的资源。过多的连接可能会导致 MySQL 服务器僵死。

(9) innodb_flush_log_at_trx_commit：表示何时将缓冲区的数据写入日志文件，并且将日志文件写入磁盘中。该参数对于 InnoDB 引擎非常重要。该参数有 3 个值，分别为 0、1 和 2。值为 0 时表示每隔 1 秒将数据写入日志文件并将日志文件写入磁盘；值为 1 时表示每次提交事务时将数据写入日志文件并将日志文件写入磁盘；值为 2 时表示每次提交事务时将数据写入日志文件，每隔 1 秒将日志文件写入磁盘。该参数的默认值为 1。默认值为 1 时安全性最高，但是每次事务提交或事务外的指令都需要把日志写入(flush)硬盘，是比较费时的；值为 0 时更快一点，但安全方面比较差；值为 2 时日志仍然会每秒都写入硬盘，所以即使出现故障，一般也不会丢失超过 1~2 秒的更新。

(10) back_log：表示在 MySQL 暂时停止回答新请求之前的短时间内，多少个请求可以被存在堆栈中。换句话说，该值表示到来的 TCP/IP 连接的侦听队列的大小。只有期望在一个短时间内有很多连接，才需要增加该参数的值。操作系统在这个队列大小上也有限制。设定 back_log 高于操作系统的限制将是无效的。

(11) interactive_timeout：表示服务器在关闭连接前等待行动的秒数。

(12) sort_buffer_size：表示每个需要进行排序的线程分配的缓冲区的大小。增加这个参数的值可以提高 ORDER BY 或 GROUP BY 操作的速度。默认数值是 2 097 144 (2MB)。

(13) thread_cache_size：表示可以复用的线程的数量。如果有很多新的线程，为了提高性能可以增大该参数的值。

(14) wait_timeout：表示服务器在关闭一个连接时等待行动的秒数。默认数值是 28 800。

合理地配置这些参数可以提高 MySQL 服务器的性能。除上述参数以外，还有 innodb_log_buffer_size、innodb_log_file_size 等参数。配置完参数以后，需要重新启动 MySQL 服务才会生效。

8.1.4 高可用性

随着信息技术的普及，越来越多的数据都保存到了数据库中。数据是信息系统运行的基础和核心，数据的高可用性也随之受到人们的关注。用户操作错误、存储介质损坏、黑客入侵和服务器故障等不可抗拒因素都将导致数据丢失，从而引起灾难性后果。因此必须对数据库系统采取必要的措施，以保证在发生故障时，可以将数据库恢复到最新的状态，将数据损失降低到最小。

可以说高可用性是高性能的前提和保障。

1. 备份和恢复数据

用户可以使用 select into…outfile 语句把表数据导出到一个文本文件中，并用 load data…infile 语句恢复数据。但是这种方法只能导出或导入数据的内容，不包括表的结构，如果表的结构文件损坏，则必须先恢复表的原来结构。

语法格式：

```
select into*into outfile '文件名' 输出选项
            |dumpfile '文件名'
```

其中，"输出选项"为：

```
[fields
   [terminated by '字符串']
   [[optionally]|enclosed by '字符']
   [escaped by '字符']
]
[lines terminated by '字符串']
```

语法说明：

(1) 使用 outfile 时，可以在输出选项中加入两个自选的字句，它们的作用是决定数据行在文件中存放的格式。

(2) fileds 子句，在 fields 子句中有 terminated by、[optionally]|enclosed by 和 escaped by 三个亚子句。如果指定了 fileds 子句，则这 3 个亚子句中至少要指定一个。其中，terminated by 用来指定字段值之间的符号，例如，terminated by ','，指定逗号作为两个字段值之间的标志；enclosed by 子句用来指定包裹文件中字符值的符号，例如，enclosed by''表示文件中字符值放在双引号之间，若加上关键字 optionally，表示所有的值都放在双引号之间；escaped by 子句用来指定转义字符，例如，escaped by'*'将*指定为转义字符，取代\，如空格将表示为*N。

(3) lines 子句，在 lines 子句中使用 terminated by 指定一行结束的标记，如 lines

terminated by'?',表示一行以"?"作为结束标志。

(4) 如果 fields 和 lines 子句都不指定,则默认声明以下子句。

```
fields terminated by '\t' enclosed by '' escaped by '\'
lines terminated by '\n'
```

如果使用 dumpfile 而不是 outfile,导出文件中所有的行都彼此紧密挨着放置,值和行之间没有任何标记,成了一个长长的值。

dumpfile 语句的作用是将表中 select 语句选中的行写入一个文件中,file_name 是文件的名称,文件默认在服务器主机上创建,并且文件名不能是已经存在的(这可能将原文件覆盖)。如果要将该文件写入一个特定位置,则要在文件名前加上具体的路径。在文件中,数据行以一定的形式存放,空值用\N 表示。

load data…infile 语句是 select into…outfile 的补充,该语句可以将一个文件中的数据导入到数据库中。

语句格式:

```
load data infile '文件名.txt'
    into table 表名
[fields
    [terminated by '字符串']
    [[optionally]enclosed by '字符']
    [escaped by '字符']
]
[lines
    [starting by '字符串']
    [terminated by '字符串']
]
[ignore number lines]
[(字段名或用户变量…)]
[set 字段名=(表达式),…]
```

语法说明:

(1) 文件名,待载入的文件名,文件中保存了待存入数据库的数据行。待载入的文件可以手动创建,也可以使用其他程序创建。载入文件时,可以指定文件的绝对路径,如 D:/file/myfile.txt,则服务器根据该路径搜索文件。若不指定路径,如 myfile.txt,则服务器在默认数据库的数据目录中读取。若文件为./myfile.txt,则服务器直接在数据目录下读取,即 MySQL 的 data 目录。出于安全原因,当读取位于服务器中的文本文件时,文件必须位于数据库目录中,或者是全体可读的。

注:这里使用"/"指定 Windows 路径而不是"\"。

(2) 表名,需要导入数据表的名,该表在数据库中必须存在,表结构必须与导入文件的数据行一致。

(3) fields 子句,此处的 fileds 子句和 select…into outfile 语句类似,用于判断字段之间和数据行之间的符号。

(4) lines 子句,terminated by 亚子句用来指定一行结束的标志;starting by 亚子句则指定一个前缀,导入数据行时,忽略行中该前缀和前缀之前的内容,如果某行不包括该前缀，则整行被跳过。

例如，文件 myfile.txt 中有以下内容：

```
xxx"row",1
something xxx"row",2
```

导入数据时，添加以下子句：

```
starting by 'xxx'
```

最后只得到数据("row",1)和("row",2)。

【引例 8-8】备份 bookstore 数据库的 members 表中的数据到 d 盘 file 目录中，要求字段值是字符就用双引号标注，字段值之间用逗号隔开，每行以"？"为结束标志。备份后的数据导入到一个和 members 表结构一样的空表 member_copy 中。

(1) 导出数据。SQL 代码如下：

```
use bookstore;
select * from members
    into outfile 'D:/myfile1.txt'
    fields terminated by ','
        optionally enclosed by '"'
    lines terminated by '?';
```

导出成功后，可以查看 D 盘 file 文件夹下的 myfile1.txt 文件。

(2) 文件备份完后，可以将文件中的数据导入到 member_copy 表中，使用以下命令。

```
load data in file 'D:/myfile1.txt'
    into table member_copy
    fields terminated by ','
        optionally enclose by '"'
    lines terminated by '?';
```

在导入数据时，必须根据文件中数据行的格式指定判断的符号。例如，在 myfile1.txt 文件中，字段值是以逗号隔开的，导入数据时一定要使用 terminated by ','子句，指定逗号为字段值之间的分隔符，与 select…into outfile 语句相对应。

2. 使用日志备份和恢复数据

数据库日志是数据管理中重要的组成部分，它记录了数据库运行期间发生的任何变化，用来帮助数据库管理员追踪数据库曾经发生的各种事件。当数据库遇到意外损害或是出错时，可以通过对日志文件进行分析查找出错原因，也可以通过日志记录对数据进行恢复。MySQL 提供了二进制日志、错误日志和查询日志文件，它们分别记录着 MySQL 数据库在不同方面的踪迹。这里主要阐述各种日志的作用和使用方法，以及使用二进志日志文件恢复数据。

MySQL 中的日志主要分为 3 类，分别说明如下。

(1) 二进制日志：以二进制文件的形式记录数据库中所有更改数据的语句。

(2) 错误日志：记录 MySQL 服务的启动、运行或停止 MySQL 服务时出现的问题。

(3) 查询日志：又分为通用查询日志和慢查询日志。其中通用查询日志记录建立的客户端连接和记录查询的信息;慢查询日志记录所有执行时间超过 long_query_time 的所有查询或不使用索引的查询。

除二进制日志外,所有日志文件都是文本文件。日志文件通常存储在 MySQL 数据库的数据目录下。只要日志功能处于启用状态,日志信息就会不断地被写入相应的日志文件中。

使用日志可以帮助用户提高系统的安全性,加强对系统的监控,便于对系统进行优化,建立镜像机制和让事务变得更加安全。但日志的启动会降低 MySQL 数据库的性能,在查询频繁的数据库系统中,若开启了通用查询日志和慢查询日志,数据库服务器会花费较多的时间用于记录日志,且日志文件会占用较大的存储空间。

> **学习提示**
>
> 默认情况下,MySQL 服务器只启动错误日志功能,其他日志类型都需要数据库管理员进行配置。

8.2 实践操作:维护电商购物系统的高性能

电商购物系统性能优化的内容,主要包括查询语句优化、数据结构优化和 MySQL 服务器优化。查询语句优化的主要方法有分析查询语句、使用索引优化查询、优化子查询等。数据结构优化的主要方法有分解表、增加中间表、增加冗余字段等。优化 MySQL 服务器主要包括优化服务器硬件、优化 MySQL 服务的参数等。另外,可用图形界面操作数据库的备份与恢复,保障系统性能。

操作目标

(1) MySQL 查询语句优化。
(2) 数据结构优化。
(3) MySQL 服务器优化。
(4) 使用 Navicat 图形工具备份和恢复数据。

操作指导

1. 分析查询语句,理解索引对查询速度的影响

【实例 8-1】使用 EXPLAIN 分析查询语句"SELECT * FROM fruits WHERE f_name='banana';",执行的语句及执行结果如下:

```
mysql> EXPLAIN SELECT * FROM fruits WHERE f_name='banana';
+----+-------------+--------+------+---------------+-------+---------+-------+------+-------------+
| id | select_type | table  | type | possible_keys | key   | key_len | ref   | rows | Extra       |
+----+-------------+--------+------+---------------+-------+---------+-------+------+-------------+
|  1 | SIMPLE      | fruits | ref  | title         | title | 7       | const |    1 | Using where |
+----+-------------+--------+------+---------------+-------+---------+-------+------+-------------+
1 row in set (0.07 sec)
```

由上面的分析结果可以看到，该语句使用了名为 title 的索引，只扫描了 1 条记录。

【实例 8-2】使用 EXPLAIN 分析查询语句 "SELECT * FROM fruits WHERE f_name like '%na'"，执行的语句及执行结果如下：

```
mysql> EXPLAIN SELECT * FROM fruits WHERE f_name like '%na';
+----+-------------+--------+------+---------------+------+---------+------+------+-------------+
| id | select_type | table  | type | possible_keys | key  | key_len | ref  | rows | Extra       |
+----+-------------+--------+------+---------------+------+---------+------+------+-------------+
|  1 | SIMPLE      | fruits | ALL  | NULL          | NULL | NULL    | NULL |   16 | Using where |
+----+-------------+--------+------+---------------+------+---------+------+------+-------------+
1 row in set (0.00 sec)
```

从上面的分析结果可以看出，该查询语句没有使用索引，扫描了表中的 16 条记录。

【实例 8-3】使用 EXPLAIN 分析查询语句 SELECT * FROM fruits WHERE f_name like 'ba%';执行的语句及执行结果如下：

```
mysql> EXPLAIN SELECT * FROM message WHERE title like ' ba%';
+----+-------------+--------+-------+---------------+------------+---------+------+------+-------------+
| id | select_type | table  | type  | possible_keys | key        | key_len | ref  | rows | Extra       |
+----+-------------+--------+-------+---------------+------------+---------+------+------+-------------+
|  1 | SIMPLE      | fruits | range | index_name    | index_name | 510     | NULL |    1 | Using where |
+----+-------------+--------+-------+---------------+------------+---------+------+------+-------------+
1 row in set (0.00 sec)
```

可以看到，使用索引只扫描了表中的 1 条记录。

2. 用语句分析表、检查表和优化表

【实例 8-4】使用 ANALYZE TABLE 语句分析 message 表，执行的语句及结果如下：

```
mysql> ANALYZE TABLE message;
+--------------+---------+----------+----------+
| Table        | Op      | Msg_type | Msg_text |
+--------------+---------+----------+----------+
| test.fruits  | analyze | status   | OK       |
+--------------+---------+----------+----------+
1 row in set (0.40 sec)
```

可以看出，message 表的分析状态是 OK，没有错误状态和警告状态。

【实例 8-5】使用 CHECK TABLE 语句检查表 message，执行的语句及结果如下：

```
mysql> CHECK TABLE message;
+--------------+-------+----------+----------+
| Table        | Op    | Msg_type | Msg_text |
+--------------+-------+----------+----------+
| test.fruits  | check | status   | OK       |
+--------------+-------+----------+----------+
1 row in set (23.43 sec)
```

可以看出，message 表的检查状态是 OK，没有错误状态和警告状态。

【实例 8-6】使用 OPTIMIZE TABLE 语句优化表 message，执行的语句及结果如下：

项目 8　数据库性能优化

```
mysql> OPTIMIZE TABLE message;
+--------------+----------+----------+----------+
| Table        | Op       | Msg_type | Msg_text |
+--------------+----------+----------+----------+
| test.message | optimize | status   | OK       |
+--------------+----------+----------+----------+
1 row in set (0.47 sec)
```

可以看出，message 表的优化状态是 OK，没有错误状态和警告状态。

3. 使用 Navicat 图形工具备份数据

使用 Navicat 图形工具备份数据可以简单、快速地完成备份操作。

【实例 8-7】使用 Navicat 图形工具备份数据库 onlinedb。

操作步骤如下。

(1) 启动 Navicat 图形工具，打开 onlinedb 所在服务器的连接，选中 onlinedb 数据库中的"备份"对象，如图 8-2-1 所示。

图 8-2-1　选中"备份"对象

(2) 单击"对象"选项卡中的"新建备份"按钮，弹出"新建备份"窗口，如图 8-2-2 所示。

(3) 切换到"新建备份"窗口中的"高级"选项卡，选中"使用指定文件名"复选框，并在对应的文本框中输入备份数据库文件名 onlinedb1，如图 8-2-3 所示。

(4) 单击"开始"按钮，系统开始执行备份，如图 8-2-4 所示。

(5) 备份执行完毕后，单击"保存"按钮，在弹出的"设置文件名"对话框中输入文件名 onlinedb，如图 8-2-5 所示，并单击"确定"按钮，完成数据备份操作。

图 8-2-2 "新建备份"窗口

图 8-2-3 新建备份高级属性设置

图 8-2-4 执行数据备份

图 8-2-5 设置备份文件名

> **学习提示**
>
> MySQL 中备份文件的扩展名为 psc,以笔者的 Windows 7 系统为例,文件默认存放在 C:\Users\Administrator\Documents\Navicat\MySQL\servers\MySQL02 目录下,打开该文件夹,该文件夹中已经保存了名为 onlinedb1.psc 的备份文件。

4. 使用 Navica 图形工具恢复数据

使用 Navicat 图形工具同样可以简单快速地恢复数据。

【**实例 8-8**】使用 Navicat 图形工具,将实例 8-7 生成的备份文件 onlinedb1.psc 还原到数据库 onlinedb2 中。

操作步骤如下。

(1) 启动 Navicat 图形工具,打开服务器连接,右击服务器选择新建数据库,新建名为 onlinedb2 的数据库,选中 onlinedb2 数据库的备份对象,单击"还原备份"按钮,弹出"打开"对话框,如图 8-2-6 所示。

(2) 在"打开"对话框中选中备份文件 onlinedb1.psc,单击"打开"按钮,打开"还原备份"窗口,如图 8-2-7 所示。

项目 8　数据库性能优化

图 8-2-6　选择备份文件

图 8-2-7　"还原备份"窗口

（3）单击"还原备份"窗口中的"对象选择"标签，从选项卡中选择待还原数据库对象，如图 8-2-8 所示。

（4）单击"还原备份"窗口中的"高级"标签，从选项卡中设置所需的服务器选项和对象选项，如图 8-2-9 所示。

（5）单击"还原备份"窗口中的"开始"按钮，在弹出的"警告"对话框中单击"确定"按钮，执行数据库还原操作，如图 8-2-10 所示。

（6）还原操作执行完后，单击"还原备份"窗口中的"关闭"按钮。选择数据库 onlinedb2 的表对象，可以看到数据库 onlinedb 的表已经全部还原至 onlinedb2 中，如图 8-2-11 所示。

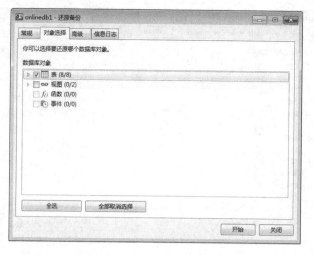

图 8-2-8 "对象选择"选项卡

图 8-2-9 "高级"选项卡

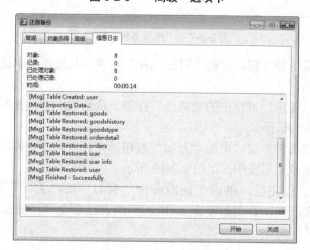

图 8-2-10 执行还原操作

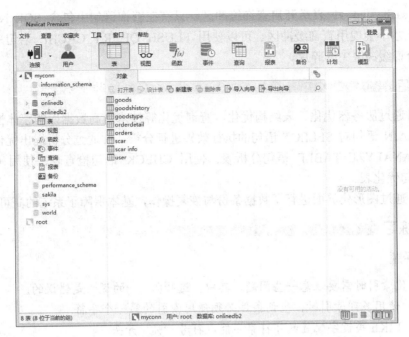

图 8-2-11 还原后数据库内容

经验点拨

经验 1：是不是索引建立得越多越好？

合理的索引可以提高查询的速度，但不是索引越多越好。在执行插入语句的时候，MySQL 要为新插入的记录建立索引。所以过多的索引会导致插入操作变慢。原则上是只有查询用的字段才建立索引。

经验 2：为什么查询语句中的索引没有起作用？

在一些情况下，查询语句中虽然使用了带有索引的字段，但索引并没有起作用。例如，在 WHERE 条件中的 LIKE 关键字匹配的字符串以 "%" 开头，这种情况下索引不会起作用。又如，WHERE 条件中使用 OR 关键字连接查询条件，如果有一个字段没有使用索引，那么其他索引也不会起作用。如果使用多列索引，但没有使用多列索引中的第一个字段，那么多列索引也不会起作用。

经验 3：如何使用查询缓冲区？

查询缓冲区可以提高查询的速度，但是这种方式只适合查询语句比较多、更新语句比较少的情况。默认情况下查询缓冲区的大小为 0，也就是不可用。可以修改 query_cache_size 以调整查询缓冲区大小，修改 query_cache_type 以调整查询缓冲区的类型。在 my.ini 中修改 query_cache_size 和 query_cache_type 的值如下：

```
[mysqld]
query_cache_size=512M
query_cache_type=1
```

query_cache_type=1 表示开启查询缓冲区。只有在查询语句中包含 SQL_NO_CACHE 关键字时，才不会使用查询缓冲区。可以使用 FLUSH QUERY CACHE 语句来刷新缓冲区，清理查询缓冲区中的碎片。

项目小结

本项目通过服务器优化、表结构优化、查询优化等技术提高数据库的整体性能，包括使用 EXPLAIN 语句对 SELECT 语句的执行效果进行分析，并通过分析提出优化查询的方法；使用 ANALYZE TABLE 语句分析表；使用 CHECK 语句检查表；使用 OPTIMIZE TABLE 语句优化表。

另外，通过图形化界面进行了数据备份与恢复操作，基本保障了系统的高可用性。

思考与练习

1. 选择题

(1) 优化索引时需要注意一些问题，其中，选项(　　)的说法是错误的。
　　A. 使用多列索引时，查询条件必须使用索引的第一个字符
　　B. LIKE 关键字配置的字符串不能以符号 "%" 开头
　　C. OR 关键字连接的所有条件都必须使用索引
　　D. 使用多列索引时，查询条件必须使用索引的最后一个字符

(2) 下面关于优化查询的基本原则，说法正确的是(　　)。
　　A. 当 WHERE 子句中存在多个条件以"或"并存时，MySQL 的优化器可以解决优化的问题，因此需要尽可能地使用 OR 关键字
　　B. 当 SELECT 语句中存在 ORDER BY 操作时，其子句中的字段多少会在很大的程度上影响排序效率，因此应该尽量避免使用 SELECT *查询
　　C. 频率低的 SQL 语句的破坏性要比高并发的 SQL 语句的破坏性高得多，因此需要优化频率低的 SQL 语句
　　D. 使用 UNION ALL 需要将两个或多个结果集合并后再进行唯一性过滤操作，这将加大资源的消耗和延迟，因此尽量使用 UNION 来代替 UNION ALL

(3) 优化数据库表时需要使用(　　)语句。
　　A. ANALYZE TABLE　　　　　　B. OPTIMIZE TABLE
　　C. CHECK TABLE　　　　　　　D. EXPLAIN TABLE

(4) 优化 MySQL 服务器的配置参数时，(　　)参数表示查询缓存区的大小。
　　A. query_cache_size　　　　　　B. sort_buffer_size
　　C. read_buffer_size　　　　　　D. read_md_buffer_size

2. 填空题

(1) 使用 EXPLAIN 的每个输出行都会提供一个表的相关信息，其＿＿＿＿＿＿字段的值表示输出行所引用的表。

(2) 当 select_type 字段的值是查询语句的类型，当它的值是＿＿＿＿＿＿时，则表示最外层的 SELECT 查询。

(3) MySQL 数据库中 GROUP BY 利用索引进行优化有两种方式：使用松散索引和_____。

(4) 优化数据库结果时，分析表需要执行_____语句。

拓展训练

技能大赛项目管理系统中如何优化操作

一、任务描述

本任务通过服务器优化、表结构优化、查询优化等技术提高数据库的整体性能，包括使用 EXPLAIN 语句对 SELECT 语句的执行效果进行分析，并通过分析提出优化查询的方法；使用 ANALYZE TABLE 语句分析表；使用 CHECK 语句检查表；使用 OPTIMIZE TABLE 语句优化表。

二、任务分析

优化 MySQL 数据库是一项非常重要的技术，是数据库管理员的必备技能之一，不论是进行数据库表结构的设计，还是创建索引，创建、查询数据库，都需要注意数据库的性能优化。数据库的性能优化包括很多方面，例如，优化 MySQL 服务器，优化数据库表结构，优化查询速度，优化更新速度等，其目的都是使 MySQL 数据库运行速度更快，占用磁盘空间更小。

三、任务实施

1. 优化 MySQL 服务器

(1) 通过修改 my.ini 文件的配置可以提高服务器的性能。在 MySQL 配置文件中，索引的缓冲区大小默认为 16MB，可以修改这个值来提高索引的处理性能。例如，将默认值修改为 256MB。打开 my.ini 文件，直接在[mysqld]后面加一行代码。

(2) 设置 MySQL 服务器的最大连接数(max_connections)为 800。

2. 优化数据表结构

(1) 在数据库 competition 中，假设要经常查询学生姓名、班级名、系别名。但这些字段分别来自 student、department、class 三张数据表，所以必须进行连接查询。为了提高查询效率，可以创建一张中间表。

(2) 在创建数据表时，字段的宽度可以设置得尽可能小，例如，数据库 competition 中 project 表中的字段 dp_address，考虑到地址信息的长度只有 50 个字符左右，因此没必要将其数据类型设置为 CHAR(255)，而可以设置为 CHAR(50)或者 VARCHAR(50)。

(3) 如果数据表中有大量记录，可以采用先加载数据再建立索引的方法。如果已经建立了索引，可以先将索引禁止，因为，每当有新记录要插入表时，都会刷新索引，这样会降低插入的速度。请写出禁止与启用索引的 SQL 语句。

(4) MySQL 的 Optimizer(优化器)在优化 SQL 语句时，首先需要收集一些相关信息，其中就包括表的 cardinality(散列程度)，它表示某个索引对应的字段包含多少个不同的值，如果 cardinality 大于数据的实际散列程度，那么索引就基本失效了。可以使用 SHOW INDEX 语句查看索引的散列程度。

(5) 使用 OPTIMIZE TABLE 语句优化 student 表。
(6) 利用 DESCRIBE 代替上面的 EXPLAIN 语句分析 student 表。

3. 优化查询

(1) 对 student 表中的 st_sex 字段建立索引时，利用 DESCRIBE 语句分析表。
(2) 要查询信息工程学院所有学生的姓名，使用子查询的 SQL 语句如下：

```
SELECT st_name FROM student WHERE dp_id IN(SELECT dp_id FROM department WHERE dp_name='信息工程学院');
```

将查询改为 JOIN 连接查询，输入 SQL 语句。

(3) 设置查询缓冲区(query_cache_size)的大小为 64MB。
(4) 设置联合查询操作缓冲区(join_buffer_size)的大小为 8MB。
(5) 设置读查询操作缓冲区(read_buffer_size)的大小为 4MB。
(6) 设置排序查询操作缓冲区(sort_buffer_size)的大小为 6MB。
(7) 使用 EXPLAIN 语句对一个比较复杂的查询进行分析，并提出优化方案。

项目9 数据库开发设计

学习目标

【知识目标】

- 了解软件项目开发中数据库设计的生命周期。
- 掌握数据库设计的一般步骤。
- 了解开发工具。

【技能目标】

- 能够尝试设计数据库模型。
- 能够尝试进行物理设计。
- 能够尝试运用图形工具进行数据库实施。
- 能够进行一般性数据库维护操作。

【拓展目标】

能对指定需求进行数据库开发。

任务描述

电商购物是随着互联网一起普及的新兴产物。根据买卖双方的类型,可以分为两种类型。第一种是 B2C,即商家对用户。在这种类型里,系统的使用者作为一家企业,一边向供应商采购物品,一边面向顾客提供销售服务。京东商城、苏宁易购就是这种类型。第二种是 C2C,即客户对客户。此时,系统仅仅提供一个平台,供应商作为卖方,而顾客此时作为买方。平台可以提供广告,或者信用担保的第三方服务。比较典型的公司有国外的 eBay 和国内的淘宝。本系统定位于综合型 B2C 网上商城系统。

9.1 知识准备：如何设计数据库

9.1.1 软件项目开发中数据库设计的生命周期

软件项目开发中数据库设计的生命周期大概分为以下几个阶段。
(1) 需求分析阶段，分析客户的业务和数据处理需求。
(2) 概要设计阶段，设计数据库 E-R 模型图，确认需求的正确和完整性。
(3) 详细设计阶段，应用三大范式审核数据库。
(4) 代码编写阶段，物理实现数据库，编码实现应用。
(5) 软件测试阶段。
(6) 安装部署阶段。

上面数据库的设计经历了从"现实世界"到"信息世界"到"数据库模型"再到"数据库"产生的一个完整过程。

9.1.2 设计数据库的步骤

1. 了解功能需求

在设计数据库之前，设计人员必须要先了解系统的功能需求。这里可以通过阅读产品需求规格说明书，与项目相关人员(比如项目经理、客户等)进行充分沟通。

2. 定义实体

了解系统功能需求之后，设计人员通过分析系统功能定义出系统有哪些实体。比如，到酒店开房。这里应该至少包含两个实体：客人和房间。

在定义出实体以后，还要定义实体的属性。例如：
客人：姓名、性别、手机号码、证件号码、证件类型(身份证、驾驶证、通行证等)…
房间：房号、房间类型(单人房、双人房、豪华房等)、入住时间、离开时间、房间状态(已入住、未入住)…

3. 绘制 E-R 图

定义好实体之后，接下来应该根据实体以及实体之间的关系绘制出 E-R 图(见图 9-1-1)。比如：长方形代表实体，椭圆形代表实体的属性，菱形代表实体之间的关系。

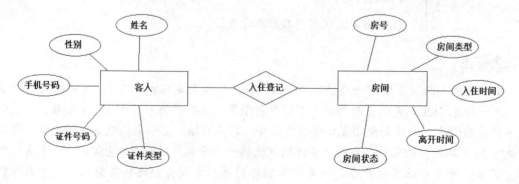

图 9-1-1 E-R 图

4. 把 E-R 图转换成模型

绘制出 E-R 图之后，需要根据它来构建物理模型。构建物理模型可以使用一些工具，比如目前比较流行的 PowerDesigner(见图 9-1-2)。

图 9-1-2　物理模型

5. 检查模型

完成模型设计后，还要检查模型是否满足第三范式的要求。如果不满足就需要重新对模型进行修正，直到满足第三范式的要求为止。

比如，上面的模型并没有满足第三范式的要求。因为 customer 和 room 这两个表都存在一些与该表没有直接关系的字段。如果要满足第三范式要求，就需要把模型修改为图 9-1-3 所示。

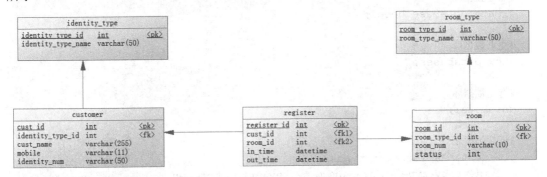

图 9-1-3　修改后的模型

上面模型增加了三个表，分别是 identity_type(证件类型表)、register(入住登记表)、room_type(房间类型表)，经过对模型的修正后，已经满足第三范式的要求。

6. 根据模型定义数据库

不同数据库的 SQL 命令可能会有小小差别。比如我们这里使用了 MySQL 数据库。

DDL 指令的功能就是定义数据库 database、表 table、索引 index、视图 view、列 column 等。DDL 与 DML 的区别就在与 DDL 是对表进行定义、对结构进行修改，DML 只能处理数据库中的数据，不能对表结构进行更改。

```
#创建数据库
create database 数据库名;

#删除数据库
drop database 数据库名;
```

```
#查询数据库
show databases;

#选定数据库
use 数据库名;

#创建表
create table 表名 (
    列名 数据类型 [primary key] [auto_increment],
    列名 数据类型 [not null] [unique] [default '默认值'] [comment '字段说明'],
    列名 数据类型 [not null] [unique] [default '默认值'] [comment '字段说明'],
    ...
    [constraint 外键名 foreign key(外键列) references 表名(主键列) [on update|delete cascade]]
);

#删除表
drop table 表名;
```

下面根据模型定义数据库：

```
#创建数据库
create database hotel;

#查询数据库
show databases;

#选定数据库
use hotel;

#证件类型表
create table identity_type(
    identity_type_id int primary key auto_increment,
    identity_type_name varchar(50) not null comment '证件类型名称'
);

#客人表
create table customer(
    cust_id int primary key auto_increment,
    cust_name varchar(255) not null unique default '' comment '客人名称',
    mobile varchar(11) default '' comment '手机号码',
    identity_num varchar(50) not null unique default '' comment '证件号码',
    identity_type_id int not null comment '外键列,引用证件类型表',
    constraint fk_cust_identity_type foreign key(identity_type_id)
references identity_type(identity_type_id)
);

#房间类型
create table room_type(
    room_type_id int primary key auto_increment,
    room_type_name varchar(50) not null comment '房间类型名称'
```

```
);

#房间
create table room(
    room_id int primary key auto_increment,
    room_num varchar(10) not null comment '房号',
    room_type_id int not null comment '外键列,引用房间类型表',
    status int not null comment '房间状态,1 代表未入住,2 代表已入住',
    constraint fk_room_type foreign key(room_type_id) references room_type(room_type_id)
);

#入住登记表
create table register(
    cust_id int not null comment '外键,引用客人表',
    room_id int not null comment '外键,引用房间表',
    in_time datetime not null comment '入住时间',
    out_time datetime comment '离开时间',
    constraint fk_register_cust foreign key(cust_id) references customer(cust_id),
    constraint fk_register_room foreign key(room_id) references room(room_id)
)
```

至此,数据库设计阶段的任务已经完成。

9.1.3 数据模型的优化

数据库逻辑设计的结果不是唯一的。为了进一步提高数据库应用系统的性能,通常以规范化理论为指导,还应该适当地修改、调整数据模型的结构,这就是数据模型的优化。

数据模型的优化方法为:

(1) 确定数据依赖。

(2) 对于各个关系模式之间的数据依赖进行极小化处理,消除冗余的联系。

(3) 按照数据依赖的理论对关系模式逐一进行分析,确定各关系模式分别属于第几范式。

(4) 按照需求分析阶段得到的对数据处理的要求,分析对于这样的应用环境这些模式是否合适,确定是否需要对它们进行合并或分解。

(5) 对关系模式进行必要的分解。

9.1.4 物理设计

物理设计也分为两个部分:物理数据库结构的选择和逻辑设计中程序模块说明的精确化。

数据库最终是要存储在物理设备上的。为一个给定的逻辑数据模型选取一个最适合应用环境的物理结构(存储结构与存取方法)的过程,就是数据库的物理设计。物理结构依赖于给定的 DBMS 和硬件系统,因此设计人员必须充分了解所用 DBMS 的内部特征,特别是存储结构和存取方法；充分了解应用环境，特别是应用的处理频率和响应时间要求；以及充分了解外存设备的特性。

1) 设计数据的存取路径

在关系数据库中，选择存取路径主要是指确定如何建立索引。例如，应把哪些域作为次码建立次索引，建立单码索引还是组合索引，建立多少个为合适，是否建立聚集索引等。

2) 确定数据的存放位置

为了提高系统性能，数据应该根据应用情况将易变部分与稳定部分、经常存取部分和存取频率较低部分分开存放。

3) 评价物理结构

数据库物理设计过程中需要对时间效率、空间效率、维护代价和各种用户要求进行权衡，其结果可以产生多种方案。数据库设计人员必须对这些方案进行细致的评价，从中选择一个较优的方案作为数据库的物理结构。

9.1.5 数据库的实施

根据物理设计的结果产生一个具体的数据库和它的应用程序，并把原始数据装入数据库。实施阶段主要有三项工作：

(1) 建立实际数据库结构。
(2) 装入实验数据对应用程序进行调试。
(3) 装入实验数据操作。

在数据库实施阶段，设计人员运用 DBMS 提供的数据语言及其宿主语言，根据逻辑设计和物理设计的结果建立数据库，编制与调试应用程序，组织数据入库，并进行试运行。

9.1.6 数据库的运行维护

数据库系统的正式运行，标志着数据库设计与应用开发工作的结束和维护阶段的开始。运行和维护阶段的主要任务有四项：

(1) 维护数据库的安全性与完整性。
(2) 监测并改善数据库运行性能。
(3) 根据用户要求对数据库现有功能进行扩充。
(4) 及时改正运行中发现的系统错误。

数据库应用系统经过试运行后即可投入正式运行。在数据库系统运行过程中必须不断地对其进行评价、调整与修改。

需要指出的是，这个设计步骤既是数据库设计的过程，也包括了数据库应用系统的设计过程。在设计过程中把数据库的设计和对数据库中数据处理的设计紧密结合起来，将这两个方面的需求分析、抽象、设计、实现在各个阶段同时进行，相互参照，相互补充，以完善两方面的设计。事实上，如果不了解应用环境对数据的处理要求，或没有考虑如何去实现这些处理要求，是不可能设计出一个良好的数据库结构的。

数据库试运行结果符合设计目标后，数据库就可以真正投入运行了。数据库投入运行标志着开发任务的基本完成和维护工作的开始，但并不意味着设计过程的终结。由于应用环境在不断变化，数据库运行过程中物理存储也会不断变化，对数据库设计进行评价、调整、修改等维护工作是一个长期的任务，也是设计工作的继续和提高。

9.1.7 开发工具及相关技术

软件的开发工具用以支持软件开发的相关过程、活动和任务。运行环境为工具集成和软件的开发、维护及管理提供统一的支持。本系统依据开发的实体需求，采用的开发工具有 Eclipse、Tomcat、MySQL 和 Navicat For MySQL 等。

开发工具在软件开发过程中是必不可少的，其属于一种被软件开发工程师定性地认为是为特定的软件包、系统(或软件)框架以及操作平台等创建应用性软件的特殊软件。在一个完善的系统的开发过程中，必要的开发工具将为整个开发的过程减少较多的成本和时间，提高了开发效率。而每个系统的开发平台不一样，因此其所搭建的开发环境当然也会有很大的差别。

1. Java 语言

Java 是一种可以撰写跨平台应用软件的面向对象的程序设计语言，是由 Sun Microsystems 公司于 1995 年 5 月推出的 Java 程序设计语言和 Java 平台(即 JavaSE、JavaEE、JavaME)的总称。Java 技术具有卓越的通用性、高效性、平台移植性和安全性，广泛应用于个人 PC、数据中心、游戏控制台、科学超级计算机、移动电话和互联网，同时拥有全球最大的开发者专业社群。在全球云计算和移动互联网的产业环境下，Java 更具备了显著优势和广阔前景。

Java 编程语言具有简单性、面向对象、分布式、健壮性、安全性、平台独立与可移植性、高性能、多线程和动态性等特点。

2. Eclipse

Eclipse 是一个开放源代码的、基于 Java 的可扩展开发平台。就其本身而言，它只是一个框架和一组服务，用于通过插件组件构建开发环境。幸运的是，Eclipse 附带了一个标准的插件集，包括 Java 开发工具(Java Development Kit，JDK)。

3. Tomcat

Tomcat 服务器是一个免费的开放源代码的 Web 应用服务器，属于轻量级应用服务器，在中小型系统和并发访问用户不是很多的场合下被普遍使用，是开发和调试 JSP 程序的首选。对于一个初学者来说，可以这样认为，当在一台机器上配置好 Apache 服务器，可利用它响应对 HTML 页面的访问请求。

4. Navicat For MySQL

Navicat For MySQL 是一款功能强大的 MySQL 数据库管理和开发工具，它为专业开发者提供了一套强大的足够尖端的工具，但对于新用户仍然易于学习。Navicat For MySQL 基于 Windows 平台，为 MySQL 量身定做，提供类似于 MySQL 的用户管理界面工具。此解决方案的出现，将解放 php、Java 等程序员以及数据库设计者、管理者的大脑，降低开发成本，为用户带来更高的开发效率。

5. MVC 框架

MVC 是一个框架模式，它强制性地使应用程序的输入、处理和输出分开。MVC 应用程序被分成三个核心部件：模型、视图、控制器。它们各自处理自己的任务。最典型的 MVC 就是 JSP + Servlet + Javabean 的模式。

6. B/S 架构

B/S 最大的优点就是可以在任何地方进行操作而不用安装任何专门的软件，只要有一台能上网的电脑就能使用，客户端零安装、零维护，系统的扩展非常容易。B/S 同时具有升级和维护方式相对简单、成本较低等优势。

9.2 实践操作：电商购物系统的设计与开发

现在流行的网上购物系统不仅要有漂亮的网页，更要有严谨的规划，注重每一个细小的环节，这样才能使得在电子交易时避免不必要的错误发生。我们将使用 HTML、JSP 等技术来编辑网页，采用 MVC 开发模式，以 B/S 为架构，并运用 JDBC 技术把数据库和动态网页相关联。本设计参照实际的网店的业务逻辑建立而成，同时自己建立数据库，使得所需商品信息可以及时地保存、更新。这样，前台可以更好地完成网上购物体验，而管理员也可以及时了解商品买卖的情况。

操作目标

通过本电商购物系统的设计与开发，顾客可浏览商品信息，搜索到自己想要的商品，并可以完成对商品下单等操作。而后台管理员可以管理注册用户的信息，同时也可以完成对商品、订单和新闻等的管理操作。本系统致力于提供给用户完善的购物体验，同时方便管理员对后台的管理。

操作指导

1. 功能模块分析

本电子商务网站涉及两种业务角色，即前台用户角色和后台管理员角色。

2. 前台功能模块分析

(1) 用户信息模块，即用户注册、用户登录、用户查看和修改个人信息。
(2) 商品信息模块，即分类查看商品信息、搜索商品信息。
(3) 购物车信息模块，即添加购物车、删除购物车、搜索购物车信息。
(4) 订单信息模块，即添加订单、删除订单，搜索订单信息。
(5) 新闻信息模块，即浏览发布的新闻信息。
(6) 留言板信息模块，即添加留言，查看所有的留言信息。

3. 后台功能模块分析

(1) 管理员信息模块，即管理员登录、查看个人信息，修改个人信息。

(2) 用户管理模块，即查看所有用户信息、搜索用户信息、删除用户。
(3) 商品管理模块，即添加商品、查询商品、删除商品。
(4) 订单管理模块，即查看所有订单信息、搜索订单、删除订单。
(5) 新闻管理模块，即查看所有的新闻、搜索新闻、修改新闻、删除新闻。
(6) 留言板管理模块，即查看所有留言信息、删除留言。

4. 业务流程分析

本电子商务网站分为前后台两种角色管理，前台用户可以完成对应的业务逻辑，如图 9-2-1 所示。后台管理员完成对应的业务逻辑，如图 9-2-2 所示。

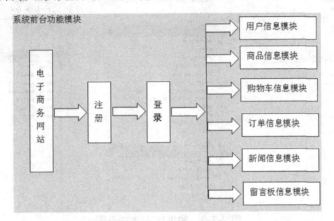

图 9-2-1　前台业务流程

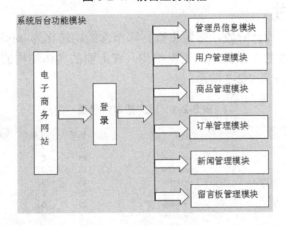

图 9-2-2　后台业务流程

5. 数据库需求分析

数据库需求分析的任务是通过详细调查现实世界要处理的对象(组织、部门、企业等)，充分了解系统的工作概况，明确用户的各种需求，然后在此基础上确定系统的功能，因此必须充分考虑今后可能的扩充和改变，不能仅仅按照当前应用需求来设计数据库。本系统相对比较简单，从前台到后台操作涉及的实体及其属性的定义都能满足系统的要求，因此考虑后期可能的应用需求，本数据库的设计相对合理，应用性良好。

6. 数据库概念设计

数据库概念设计阶段是在需求分析的基础上，设计出能满足用户需求的各种实体，以及它们之间的关系，为后面的逻辑结构设计打下基础。在本电子商务网站中，各项实体之间的关系并不复杂，本系统的数据库没有设计外键关联，只是将关联数据库的字段存放到需要的数据库表中，从而能达到数据关联的目的，如图 9-2-3 所示，因此概念设计也相对比较容易。

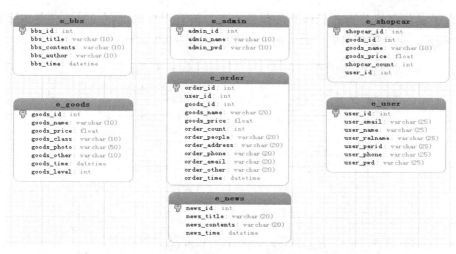

图 9-2-3　数据库实体关系图

7. 数据库逻辑设计

在数据库逻辑结构设计阶段，需要将数据库概念结构转化为 MySQL 数据库系统所支持的实际数据模型，也就是数据库的逻辑结构。在上面的实体结构的基础上，形成对应的数据库表，如表 9-2-1～表 9-2-7 所示。

表 9-2-1　用户基本信息表

名	类型	长度	小数点	允许空值	
user_id	int	10	0	☐	🔑1
user_email	varchar	25	0	☐	
user_name	varchar	25	0	☐	
user_relname	varchar	25	0	☐	
user_perid	varchar	25	0	☐	
user_phone	varchar	25	0	☐	
user_pwd	varchar	25	0	☐	

表 9-2-2　商品基本信息表

名	类型	长度	小数点	允许空值	
goods_id	int	10	0	☐	🔑1
goods_name	varchar	10	0	☐	
goods_price	float	10	0	☐	
goods_class	varchar	10	0	☐	
goods_photo	varchar	50	0	☐	
goods_other	varchar	10	0	☐	
goods_time	datetime	0	0	☐	
goods_level	int	10	0	☐	

表 9-2-3 订单基本信息表

名	类型	长度	小数点	允许空值	
order_id	int	20	0	☐	🔑1
user_id	int	20	0	☐	
goods_id	int	20	0	☐	
goods_name	varchar	20	0	☐	
goods_price	float	20	0	☐	
order_count	int	20	0	☐	
order_people	varchar	20	0	☐	
order_address	varchar	20	0	☐	
order_phone	varchar	20	0	☐	
order_email	varchar	20	0	☐	
order_other	varchar	20	0	☐	
order_time	datetime	0	0	☐	

表 9-2-4 购物车基本信息表

名	类型	长度	小数点	允许空值	
shopcar_id	int	10	0	☐	🔑1
goods_id	int	10	0	☐	
goods_name	varchar	10	0	☐	
goods_price	float	10	0	☐	
shopcar_count	int	10	0	☐	
user_id	int	10	0	☐	

表 9-2-5 新闻基本信息表

名	类型	长度	小数点	允许空值	
news_id	int	10	0	☐	🔑1
news_title	varchar	20	0	☑	
news_contents	varchar	20	0	☑	
news_time	datetime	0	0	☑	

表 9-2-6 管理员基本信息表

名	类型	长度	小数点	允许空值	
admin_id	int	10	0	☐	🔑1
admin_name	varchar	10	0	☐	
admin_pwd	varchar	10	0	☐	

表 9-2-7 留言板基本信息表

名	类型	长度	小数点	允许空值	
bbs_id	int	10	0	☐	🔑1
bbs_title	varchar	10	0	☐	
bbs_contents	varchar	10	0	☐	
bbs_author	varchar	10	0	☐	
bbs_time	datetime	0	0	☐	

8. 数据库结构实现

在需求分析、概念结构设计的基础上得到数据库的逻辑结构之后，就可以在 MySQL 数据库系统中实现该逻辑结构。实现数据库的逻辑结构的方式是借助 Navicat for MySQL 来管理实现，详细步骤如下所述。

(1) 打开 Navicat for MySQL，单击"连接"按钮出现"新建连接"界面，在"连接名"文本框中输入项目名(如 eshop)，其他选择对应的数值，如端口号、数据库的用户名和密码等。当单击"测试连接"按钮时，若出现如图 9-2-4 所示的效果，则表示连接成功，单击"确定"按钮即可看到如图 9-2-5 所示的界面。

图 9-2-4　新建数据库连接　　　　　　　　图 9-2-5　连接列表

(2) 在"数据库名"文本框中输入数据库名(如 eshop)，"字符集"选择"utf8--UTF-8 Unicode"，其他选择默认设置，如图 9-2-6 所示。

(3) 双击展开"eshop"数据库，选中"表"对象，右击弹出快捷菜单，单击"新建表"按钮，如图 9-2-7 所示，进入输入数据项信息的界面。选中下面的"自动增加"复选框(表示 id 为自动增加)；按照提示输入表名(如 e_user)，输入完信息后保存，即可完成新建表操作，如图 9-2-8 所示。

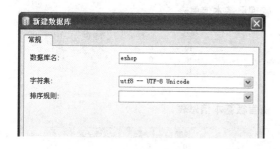

图 9-2-6　新建数据库　　　　　　　　　　图 9-2-7　新建表

图 9-2-8　e_user 数据表

项目 9 数据库开发设计

(4) 这样我们在 MySQL 数据库系统中就创建了一个名为 eshop 的数据连接，并在该连接下创建一个 eshop 数据库，并且能够建立所需的数据表，如图 9-2-9 所示。后期的操作中只要连接到该数据库，就可以直接对数据库中的数据表进行操作。

图 9-2-9 所有的数据表

9. 应用软件开发方案

本应用软件采用 B/S 架构。用户通过浏览器访问本系统，在服务器端有应用服务器和数据库服务器。

在服务器端方面，系统采用 J2EE 技术来实现，使用 Tomcat 服务器作为 J2EE 的容器。采用 Spring MVC 框架来提供 MVC 开发的支持，使用 Spring JDBC 来封装数据库的访问。

在客户端方面，系统采用 Bootstrap 框架来实现用户界面，使用 jQuery 来实现对 HTML 的 DOM 操作。在数据库服务器方面，使用 MySQL v5.6 来作为数据库存放数据，使用 InnoDB 作为 MySQL 的存储引擎。同时，使用 Memcached 来提供数据缓冲支持。

更详细的开发，有待大家自己探索。

经验点拨

经验 1：数据库设计意识要提高。

在初次设计的项目中，很多由于没有数据库设计的意识和理论的支持，使得表结构设计很随意，实体关系之间的依赖性没有考虑到。这让后期开发举步维艰，经常要在开发阶段返工来修改数据库的表结构。

经验 2：合理控制 MySQL 数据库的规模和数量。

(1) 建议单表数据量不超过 100 万条。

(2) 建议单库不超过 100 个表。

(3) 建议单表字段数量上限控制在 20~50 个。

(4) 表之间一致性：业务拆分为大表和小表，创建、删除操作需要保证事务。

(5) 并发写一致性：合法性检测到修改都要保证原子操作，比如限制数量。

(6) 数据冗余一致性：表字段冗余，要保证类型一致，修改同步。

(7) 数据迁移一致性：数据迁移前后要保证一致性，保证表数量、记录数、检查和校验不变。

(8) 主从库一致性：因为主从库为异步复制，不是强一致性。

(9) 数据库和缓存一致性：设定缓存过期时间，让非热点数据自动老化，保证最终一致性；缓存双淘汰机制。

(10) 微服务之间一致性：微服务之间可能有些共享依赖数据，可选的方案有对流程优化、基于租约的定期校验等。

项目小结

本系统的设计与研发基于软件工程学，用来对网上商品等信息进行有效的管理。大体可分为两大功能模块，前台模块和后台模块。往下又可分为许多子模块。前台模块提供了商品展示功能和用户购物功能。后台模块提供了管理用户信息、管理商品信息，以及处理订单信息等功能。

思考与练习

【练习1】

设计一个基于 B/S 架构的学生选课管理系统，画出其功能图及流程图。

【练习2】

搭建一个基于 B/S 架构的 Web 开发平台，实现 Web 服务器的正常访问。

拓展训练

技能大赛项目管理系统设计与开发

一、任务描述

本任务主要是对学生竞赛项目管理系统进行设计，依据学生竞赛项目管理系统的需求情况，设计系统的功能和操作流程，然后设计系统前端页面和后台管理系统。

二、任务分析

Java Web 系统开发需要经过需求分析、功能分析、系统设计、数据库设计、编码、实现、测试、发布等几个阶段。竞赛过程中，首先需要由学院下发竞赛通知并指定竞赛负责人，然后学生进行报名，管理人员对报名信息进行审核，接着学生参加竞赛，教师对参赛学生进行评审打分，并录入成绩，最后对学生成绩进行查询。

三、任务实施

本次任务主要进行学生竞赛项目管理系统的设计开发。在 Java Web 系统开发过程中，功能分析和系统设计尤其重要。

1. 需求分析阶段

学生竞赛项目管理系统是由系统前端页面和系统后台管理两部分组成，其中系统前端页面是一个公共的平台，所有的系统访问者都可以使用。其主要提供用户页面的浏览，满足普通用户的需求，便如用户注册、用户登录、参赛选手报名、参加比赛、赛后成绩查询等。

2. 功能分析阶段

功能分析阶段根据需求分析阶段来确定系统的功能模块，提供普通用户的功能部分和管理用户的功能部分，实现竞赛管理功能、系统管理功能、用户注册登录功能、竞赛信息发布功能、竞赛信息浏览查阅功能、竞赛成绩查询功能等。其中，系统管理主要包括学生管理、班级管理、院系管理等；而竞赛管理包括赛项信息管理、赛项成员管理、成绩录入管理等。根据功能要求，请设计系统功能模块图，参考图 9-1。

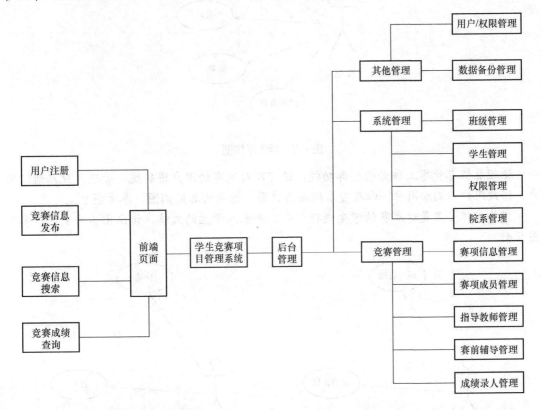

图 9-1　学生竞赛项目管理系统功能模块图

在学生竞赛项目管理系统中，对于普通用户，只能进入学生竞赛项目管理系统的前端页面，选择自己感兴趣的竞赛项目进行报名。竞赛管理工作者，除具有普通用户的所有权限外，还可以对竞赛进行管理，包括竞赛信息发布、浏览竞赛项目和删除竞赛项目等；还可以对系统中注册的用户进行管理，包括新增用户、更新用户、浏览所有用户和删除指定用户等。系统后台则只供竞赛管理工作者使用，只提供给特定的用户，主要用来管理竞赛赛项事务，如赛前信息发布、学生注册审核、竞赛成绩管理、系统管理、用户管理等。

3. 绘制用例图

利用 UML 统一建模语言工具绘制用例图，确定系统功能。通过系统分析可知，学生竞赛项目管理系统包含学生、管理员、指导教师等用户角色，下面分析这 3 种角色所对应的用例图。

学生用户仅能选择已发布的竞赛信息，进行浏览、注册、登录、报名参赛、赛后成绩查询等操作，请画出其用例图，参考图 9-2。

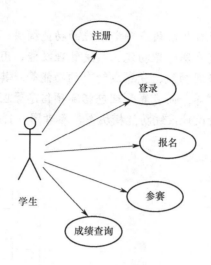

图 9-2 学生用例图

管理员拥有竞赛工作者的全部功能，还可以对所有的用户进行统一管理，包括新增用户、修改用户、删除用户，以及查看所有用户等，请画出其用例图，参考图 9-3。

指导教师主要是对参赛的学生进行打分，并录入学生的成绩，请画出其用例图，参考图 9-4。

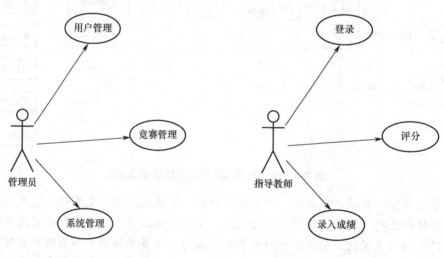

图 9-3 管理员用例图　　　　　　　图 9-4 指导教师用例图

4. 设计系统流程图

根据系统的功能分析，理清事务性的处理过程，设计系统流程图，参考图 9-5。

5. 数据库设计部分

根据系统设计，使用 MySQL 数据库来存储学生竞赛项目管理系统中的数据，具体的数据表在之前已经介绍，这里不再详细叙述。

6. 系统开发模式设计

Java Web 项目开发模式可以是 MVC(Mode View Controller)开发模式。MVC 模式是一

种软件架构模式,把软件系统分为 Mode(模型)、View(视图)、Controller(控制器)3 个基本部分。其中,控制器部分负责转发请求,对请求进行处理;视图部分由界面设计人员进行图形界面设计;模型部分由设计人员编写程序功能、实现算法。进行数据管理和数据库设计等系统开发模式设计,参考图 9-6。

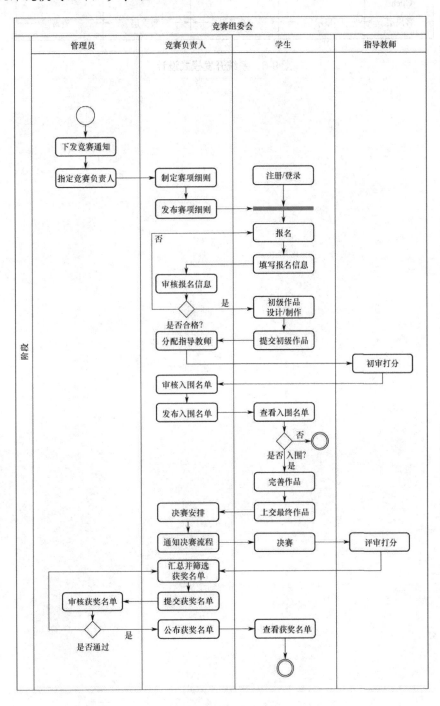

图 9-5 系统流程图

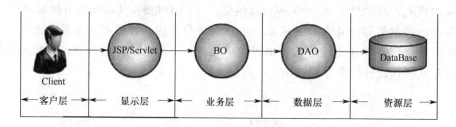

图 9-6 系统开发模式设计

项目 10　Java 访问 MySQL 数据库

学习目标

【知识目标】

- 了解 JDBC 的基本概念。
- 掌握下载与安装 MySQL Connector/J 的方法。
- 了解开发工具。

【技能目标】

- 掌握用 Java 连接 MySQL 数据库的方法。
- 掌握用 Java 操作 MySQL 数据库的方法。
- 掌握使用 Java 备份和还原 MySQL 数据库的方法。
- 能够进行一般性数据库访问操作。

【拓展目标】

能对数据库进行定向的维护和访问。

任务描述

　　Java 是由 Sun 公司开发的面向对象的程序设计语言。Java 技术具有卓越的通用性、高效性、平台移植性和安全性，广泛应用于 PC、数据中心、游戏控制台、科学超级计算机、移动电话和互联网，同时拥有全球最大的开发者专业社群。Java 语言可以通过 MySQL 数据库的接口操作 MySQL 数据库。

10.1 知识准备：JDBC 介绍

在 Java 程序中，对数据库的操作都是通过 JDBC 组件来完成的。JDBC 在 Java 程序和数据库之间充当桥梁的作用。Java 程序可以通过 JDBC 向数据库发出命令，数据库管理系统获得命令后，执行请求，并将请求结果通过 JDBC 返回给 Java 程序。

JDBC(Java Data Base Connectivity，Java 数据库连接)是一种用于执行 SQL 语句的 Java API，可以为多种关系数据库提供统一访问，它由一组用 Java 语言编写的类和接口组成。JDBC 提供了一种基准，据此可以构建更高级的工具和接口，使数据库开发人员能够使用纯 Java 语言编写完整的数据库应用程序。用 Java 编写的程序能够自动将 SQL 语句传送给相应的数据库管理系统。不但如此，使用 Java 编写的应用程序还可以在支持 Java 的任何平台上运行，而不必在不同的平台上编写不同的应用。

只要数据库厂商支持 JDBC，并为数据库预留 JDBC 接口驱动程序，就不必为访问 MySQL 数据库专门编写程序了。Java 程序访问 MySQL 数据库的过程如图 10-1-1 所示。

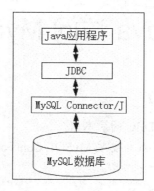

图 10-1-1 Java 程序访问 MySQL 数据库的过程

MySQL Connector/J 是 JDBC 的驱动程序，由 MySQL 数据库开发商提供。

10.1.1 下载与安装 MySQL Connector/J

1. 下载

读者可以在 MySQL 的官方网站下载 MySQL 驱动 MySQL Connector/J。下载网站为 http://dev.mysql.com/downloads/connector/j/5.1.html。在下载页面中有 Source and Binaries(zip) 和 Source and Binaries(tar.gz)两个下载项。前者用于 Windows 操作系统，后者用于 Linux 操作系统。下载后的文件分别是 mysql-connector-java-5.1.35.zip 和 mysql-connector-java-5.1.35.tar.gz，均包含驱动的源代码和二进制包。源代码可以自行进行编译；二进制包是编译好的驱动，名称为 mysql-connector-java-5.1.35-bin.jar。

2. 安装

在 Windows 操作系统中，将 mysql-connector-java-5.1.35.zip 解压后，将其路径添加到环境变量中，在 DOS 窗口中执行 Java 语句时若需要调用 JDBC 驱动，系统会自动到环境变量中查找。

在桌面上右击"计算机"图标，在弹出的快捷菜单中选择"属性"命令，打开"系统"窗口，选择"高级系统设置"选项，打开"系统属性"对话框，在 classpath 变量中添加 mysql-connector-java-5.1.35-bin.jar 路径即可。具体的设置步骤可以参照本书 1.2.2 节的相关内容。

10.1.2　Java 连接 MySQL 数据库

在 java.sql 包中存在 DriverManager 类、Connection 接口、Statement 接口和 ResultSet 接口。这些类和接口的含义和作用如下。

扫码观看视频学习

(1) DriverManager 类：负责加载各种不同的驱动程序(Driver)，并根据不同的请求，向调用者返回相应的数据库连接(Connection)。

(2) Connection 接口：数据库连接，负责进行数据库间通信，SQL 执行以及事务处理都在某个特定的 Connection 环境中进行。主要用于管理建立好的数据库连接。

(3) Statement 接口：主要用于执行 SQL 语句。

(4) ResultSet 接口：主要用于存储数据库返回的记录。

Java 连接 MySQL 数据库的过程如下。

1. 指定 MySQL 驱动程序

使用 java.lang.Class 类中的 forName()方法指定 JDBC 驱动的类型，语句如下：

```
Class.forName("com.mysql.jdbc.Driver");
```

其中，com.mysql.jdbc.Driver 是指 MySQL 的 JDBC 驱动中的 Driver 类。另外一个 Driver 类存储在 org.git.mm.mysql 包下，作用和 com.mysql.jdbc.Driver 完全一样，也可以使用 forName()方法指定 MySQL 驱动，语句如下：

```
Class.forName("org.git.mm.mysql.Driver");
```

org.git.mm.mysql.Driver 类的代码如下：

```
public class Driver extends com.mysql.jdbc.Driver {
//Driver 类继承 com.mysql.jdbc.Driver 类
    public Driver() throws SQLException{    //抛出 SQLException 异常
    super();                                 //调用 super()方法
    }
}
```

从上面的代码可以看出，org.git.mm.mysql.Driver 类是 com.mysql.jdbc.Driver 的子类。尽管随着 com.mysql.jdbc.Driver 的退出，org.git.mm.mysql.Driver 也开始退出历史的舞台，但是为了保证早期使用 org.git.mm.mysql.Driver 的 Java 代码的可用性，在新的 JDBC 驱动程序中需要添加名为 org.git.mm.mysql.Driver 的类。

2. 使用 getConnection()方法连接数据库

指定 MySQL 驱动程序以后，就可以使用 DriverManager 类和 Connection 接口来连接数据库了。这里使用 DriverManager 类中的 getConnection()方法。getConnection()方法返回一个 JDBC Connection 对象，应该把它存储在程序中，以便以后引用。调用 getConnection()方法的语法如下：

```
DriverManager.getConnection(URL, username, password);
```

其中，URL 是程序要连接的数据库和要使用的 JDBC 驱动程序；username 是程序连接时所用的数据库用户名；password 是该用户名的密码。

10.1.3 Java 操作 MySQL 数据库

连接 MySQL 数据库以后，可以对 MySQL 数据库中的数据进行查询、插入、更新和删除等操作。Statement 接口主要用来执行 SQL 语句，执行后返回的结果由 ResultSet 接口管理。Java 主要通过这两个接口来操作数据库。

扫码观看视频学习

1. 创建 Statement 对象

Connection 对象调用 createStatement()方法来创建 Statement 对象，该方法的语法格式如下：

```
Statement mystatement=connection.createStatement();
```

其中，mystatement 是 Statement 对象；createStatement 是 connection 对象；createStatement()方法返回 Statement 对象。Statement 对象创建成功后，可以调用其中的方法来执行 SQL 语句。

2. 使用 SELECT 语句查询数据

Statement 对象创建完成后，可以调用 executeQuery()方法执行 SELECT 语句，查询结果会返回给 ResultSet 对象。调用 executeQuery()方法的语法格式如下：

```
ResultSet rs = statement.executeQuery("SELECT 语句");
```

通过该语句可以将查询结果存储到 rs 中。如果查询包含多条记录，可以使用循环语句来读取所有的记录，其代码如下：

```
while(rs.next()){
    String ss=rs.getString("字段名");
    System.out.print(ss);
}
```

其中，"字段名"参数表示查询出来的记录的字段名称。使用 getString()函数可以将指定字段的值取出来。

3. 插入、更新和删除数据

如果需要插入、更新和删除数据，需要用 Statement 对象调用 executeUpdate()方法来实现，该方法执行后，返回影响表的行数。

使用 executeUpdate()方法的语法格式如下：

```
int result=statement.executeUpdate(sql);
```

其中，sql 参数可以是 INSERT 语句，也可以是 UPDATE 语句或者 DELECT 语句。该语句的结果为数字。

4. 执行任意 SQL 语句

如果无法确定 SQL 语句是查询还是更新时，可以使用 execute()函数。该函数的返回结果是 boolean 类型的值，返回值为 true 表示执行查询语句，返回值为 false 表示执行更新语句。下面是调用 execute()方法的代码：

```
boolean result=statement.execute(sql);
```

如果要获取 SELECT 语句的查询结果，需要调用 getResultSet()方法。要获取 INSERT 语句、UPDATE 语句或者 DELECT 语句影响表的行数，需要调用 getUpdateCount()方法。这两个方法的调用语句如下：

```
ResultSet result01=statement.getResultSet();
int result02= statement.getUpdateCount();
```

5. 关闭创建的对象

当所有的语句执行完毕后，需要关闭创建的对象，包括 Connection 对象、Statement 对象和 ResultSet 对象。关闭对象的顺序是先关闭 ResultSet 对象，然后关闭 Statement 对象，最后关闭 Connection 对象，这个和创建对象的顺序正好相反。关闭对象使用的是 close()方法，将对象的值设为空。关闭对象的部分代码如下：

```
if(result!=null) {                //判断 ResultSet 对象是否为空
    result.close();               //调用 close()方法关闭 ResultSet 对象
    result=null;
}
if(statement!=null) {             //判断 Statement 对象是否为空
    statement.close();            //调用 close()方法关闭 Statement 对象
    statement=null;
}
if(connection!=null) {            //判断 Connection 对象是否为空
    connection.close();           //调用 close()方法关闭 Connection 对象
    connection=null;
}
```

10.1.4 数据库的备份

备份数据库前需要停止数据库服务，防止在备份数据库时还有用户继续向数据表中添加数据，这样会导致备份数据不全面。MySQL 数据库管理系统备份数据库时，是使用 mysqldump 命令将数据库中的数据备份成一个 sql 文件。表的结构和表中的数据将存储在生成的 sql 文件中。使用 mysqldump 命令备份数据库时，首先查找出需要备份的表的结构，再在文本文件中生成一个 CREATE 语句，然后，将表中的所有记录转换成一条 INSERT 语句，通过这些语句，就能够创建表并插入数据，最终完成数据库备份工作。

1. 备份数据库

用 Java 备份 MySQL 数据库。部分代码如下:

```
String str = "mysqldump  -u root  -pzth123456
-pot  booksDB  > G:/booksDB.sql ";
Runtime rr = Runtime.getRuntime();
rr.exec("cmd /c"+str);
```

上面的例子将 booksDB 数据库备份到 G:\ 目录下的 booksDB.sql 文件中。使用-pot 选项可以提高备份的速度；cmd 表示要使用 cmd 命令来打开 DOS 窗口；/C 表示执行完毕后关闭 DOS 窗口。

2. 数据库还原

用 Java 还原 MySQL 数据库时，使用 exec()方法来执行 mysql 命令。

```
String  str = "mysql -u  root   -pzth123456
booksDB   < G:\\booksDB.sql";
Runtime   rr =  Runtime.getRuntime();
rr.exec("cmd /c" + str);
```

将 G:\目录下的 booksDB.sql 文件还原到数据库 booksDB 中。

10.2　实践操作：Java 访问 MySQL 数据库实例

操作目标

(1) 掌握用 Java 连接 MySQL 数据库的方法。
(2) 掌握用 Java 操作 MySQL 数据库的方法。
(3) 掌握用 Java 备份和还原 MySQL 数据库的方法。

操作指导

【实例 10-1】连接本地计算机 MySQL 数据库，MySQL 使用默认端口号 3306，连接的数据库为 test，使用用户 root 连接，密码为 feiyu123。连接 MySQL 的语句如下:

```
Connection myConnection = DriverManager.getConnection(
"jdbc:mysql://localhost:3306/test",
"root",
"feiyu123"
);
```

本例也可以写成如下形式:

```
String url="jdbc:mysql://localhost:3306/test";//获取协议、IP 和端口等信息
String user="root";                           //获取数据库用户名
String password="feiyu123";                   //获取数据库用户密码
Connection myConnection =DriverManager.getConnection(url, user, password);
                                              //创建 Connection 对象
);
```

这个语句要调用 java.sql 包下的 DriverManager 类和 Connection 接口。Connection 接口是在 JDBC 驱动中实现的。JDBC 驱动的 com.mysql.jdbc 包下有 Connection 类。

【实例 10-2】从 fruits 表中查询水果的名称和价格。

部分代码如下：

```
Statement mystatement=connection.createStatement();  //创建Statement对象
//执行SELECT语句，并且将查询结果传递到Statement对象中
ResultSet rs = statement.executeQuery("SELECT f_name,f_price FROM
fruits");
while(rs.next()){                                    //判断是否还有记录
        String fn=rs.getString("f_name");            //获取f_name字段的值
        String fp=rs.getString("f_price");           //获取f_price字段的值
    System.out.print(fn+" "+fp);                     //输出字段的值
}
```

【实例 10-3】向 fruits 表中插入一条新记录。

部分代码如下：

```
Statement mystatement=connection.createStatement();    //创建Statement对象
String sql="INSERT INTO fruits VALUES('h1',166,'blackberry',20.2)";
                                                       //获取INSERT语句
int result=statement.executeUpdate(sql);   //执行INSERT语句，返回插入的记录数
System.out.print(result);                              //输出插入的记录数
```

上述代码执行后，新记录将插入 fruits 表中，同时返回数字 1。

【实例 10-4】更新 fruits 表中 f_id 为 h1 的记录，并将该记录的 f_price 改为 33.5。

部分代码如下：

```
Statement mystatement=connection.createStatement();    //创建Statement对象
String sql="UPDATE fruits SET f_price=33.5 WHERE f_id='h1'";//获取UPDATE语句
int result=statement.executeUpdate(sql);   //执行UPDATE语句，返回更新的记录数
System.out.print(result);                              //输出更新的记录数
```

上述代码执行后，f_id 为 h1 的记录被更新，同时返回数字 1。

【实例 10-5】删除 fruits 表中 f_id 为 h1 的记录。

部分代码如下：

```
Statement mystatement=connection.createStatement();//创建Statement对象
String sql="DELECT FROM fruits WHERE f_id='h1'";       //获取DELECT语句
int result=statement.executeUpdate(sql);   //执行DELECT语句，返回删除的记录数
System.out.print(result);                              //输出删除的记录数
```

上述代码执行后，f_id 为 h1 的记录被删除，同时返回数字 1。

【实例 10-6】使用 execute() 函数执行 SQL 语句。

部分代码如下：

```
Statement mystatement=connection.createStatement();    //创建Statement对象
sql=("SELECT f_name,f_price FROM fruits");  //定义sql变量，获取SELECT语句
boolean rst=statement.execute(sql);                    //执行SELECT语句
//如果执行SELECT语句，则execute()方法返回TRUE
```

```
if(rst==true) {
        ResultSet result = statement.getResultSet();   //将查询结果传递给 result
        while(result.next()){                           //判断是否还有记录
           String fn=rs.getString("f_name");            //获取 f_name 字段的值
           String fp=rs.getString("f_price");           //获取 f_price 字段的值
           System.out.print(fn+" "+fp);                 //输出字段的值
           }
        }
//如果执行 UPDATE 语句、INSERT 语句或者 DELECT 语句，则 execute()方法返回 FALSE
else {
    int ss=stat.getUpdateCount();                       //获取发生变化的记录数
    System.out.println(ss);                             //输出记录数
}
```

如果执行的是 SELECT 语句，则 rst 的值为 true，将执行 if 语句中的代码；如果执行的是 INSERT 语句、UPDATE 语句或者 DELECT 语句，将执行 else 语句中的代码。

【实例 10-7】在 Windows 操作系统下用 Java 备份 MySQL 数据库。

部分代码如下：

```
String str="mysqldump -u root -p feiyu123 -pot mytest>d:/mytest.sql";
                                            //将 mysqldump 命令的语句赋值给 str
Runtime rr=Runtime.getRuntime();            //创建 Runtime 对象
rr.exec("cmd /c"+str);                      //调用 exec()函数
```

上面的例子将数据库 mytest 备份到 D:\目录下的 mytest.sql 文件中。使用 - pot 选项可以提高备份的速度；cmd 表示要使用 cmd 命令来打开 DOS 窗口；/c 表示执行完毕后关闭 DOS 窗口。

【实例 10-8】在 Windows 操作系统下用 Java 还原 MySQL 数据库。

部分代码如下：

```
String str="mysql -u root -p feiyu123  mytest>d:/mytest.sql";
                                            //将 mysql 命令的语句赋值给 str
Runtime rr=Runtime.getRuntime();            //创建 Runtime 对象
rr.exec("cmd /c"+str);                      //调用 exec()函数
```

上面的例子将 D:\目录下的 mytest.sql 文件还原到数据库 mytest 中。

经验点拨

经验 1：执行查询语句后，如何获取查询的记录数？

在 executeQuery()方法执行 SELECT 语句后，查询结果会返回给 ResultSet 对象，而该对象没有定义获取结果集记录数的方法。如果需要知道记录数，则需要使用循环读取的方法来计算记录数。假如 ResultSet 对象为 rst，可以使用下面的方法来计算记录数：

```
int a=0;
while(rst.next())
i++;
```

经验 2：用 Java 备份与还原时一定要加上 cmd/c 吗？

如果是在 Windows 操作系统中，mysqldump 命令是在 DOS 窗口中运行的，所以必须加上 cmd/c。

思考与练习

(1) 下载和安装 MySQL Connector/J。
(2) 编写 DB.java 类连接 MySQL 数据库。
(3) 操作 test 数据库下的 fruits 数据表，包括查询、插入、更新和删除操作。
(4) 备份和还原 test 数据库。

参 考 文 献

[1] 刘增杰，李坤. MySQL 5.6 从零开始学[M]. 北京：清华大学出版社，2013.
[2] 任进军，林海霞. 数据库技术与应用[M]. 北京：人民邮电出版社，2017.
[3] 仲林林，王沫. PHP 从入门到精通[M]. 北京：中国铁道出版社，2014.
[4] 石坤泉，汤双霞，王鸿铭. MySQL 数据库任务驱动式教程[M]. 北京：人民邮电出版社，2014.
[5] 传智播客高教产品研发部. MySQL 数据库入门[M]. 北京：清华大学出版社，2015.
[6] 王志刚，江友华. MySQL 高效编程[M]. 北京：人民邮电出版社，2012.
[7] 王飞飞，崔洋，贺亚茹. MySQL 数据库应用从入门到精通[M]. 2 版. 北京：中国铁道出版社，2014.
[8] 刘增杰，张少军. MySQL 5.5 从零开始学[M]. 北京：清华大学出版社，2012.
[9] 孙祥盛. MySQL 数据库基础与实例教程[M]. 北京：人民邮电出版社，2014.
[10] 李兴华. JavaWeb 开发实践[M]. 北京：清华大学出版社，2014.
[11] 刘增杰，姬远鹏. 精通 PHP+MySQL 动态网站开发[M]. 北京：清华大学出版社，2013.
[12] Kevin Yank. PHP 和 MySQL Web 开发从新手到高手[M]. 5 版. 李强，裴云，黄向党译. 北京：人民邮电出版社，2013.
[13] 刘乃奇，李忠. PHP 和 MySQL Web 应用开发[M]. 北京：人民邮电出版社，2013.
[14] 房爱莲. PHP 动态网页设计与制作案例教程[M]. 北京：北京大学出版社，2011.